Stefan Carstens · Hans Ulrich Diener

Zeichnungen: Ulrike Carstens

GÜTERWAGEN

Band 2

Gedeckte Wagen – Sonderbauarten

© Copyright 1989 W. Tümmels Buchdruckerei und Verlag GmbH,
BAHN & MODELL, Postfach 81 02 60, D-8500 Nürnberg 81

CIP-Kurztitelaufnahme der Deutschen Bibliothek:
Güterwagen, Band 2: Gedeckte Wagen – Sonderbauarten /
Stefan Carstens, Hans Ulrich Diener / Nürnberg, W. Tümmels 1989

ISBN 3-921590-09-4

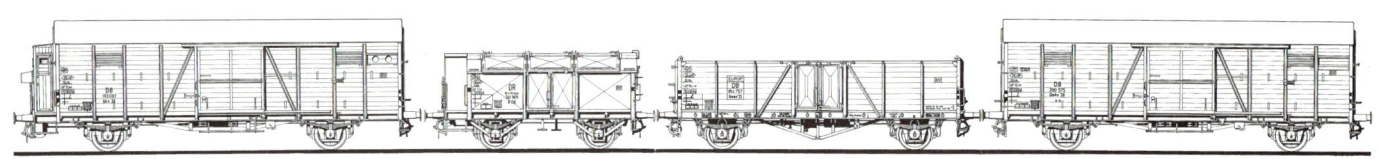

Güter auf die Bahn

- so lautet ein Werbespruch des Vorbilds. „Güterwagen auf die Modellbahn - aber richtig". So könnte man diesen Spruch abwandeln. Gerade die Güterwagen sind es, die das Spielen mit der Modellbahn lebendig und interessant machen können. Güterzüge zusammenstellen, zerlegen, einzelne Wagen auf Anschlußgleise rangieren, Sammelgüterzüge, Durchgangsgüterzüge, Ganzzüge bilden, frei nach Phantasie oder mit Vorbildbezug

und immer wieder rangieren, rangieren, rangieren - Modellbahnerherz, was willst du mehr? ROCO bietet Ihnen dazu im aktuellen Programm über 150 verschiedene H0 Güterwagen nach Vorbildern fast aller europäischer Bahnverwaltungen und auch einige interessante Privatwaggons. Epochenspezifisch von II bis IV beschriftet und ausgeführt, weisen die ROCO-Güterwagen ein besonderes Plus auf. Sie sind fast alle mit einer Kurzkupplungs-

kinematik sowie mit der genormten Kupplungsaufnahme NEM 362 ausgestattet. Der Einsatz der ROCO-Kurzkupplung mit Vorentkupplung ist daher leicht möglich. Gerade aber diese Kurzkupplung mit Vorentkupplung ist Voraussetzung für höchstes Rangiervergnügen. Informieren Sie sich bitte über dieses umfassende Angebot im ROCO H0 Hauptkatalog.

Österreich: ROCO-Modellspielwaren Ges.m.b.H. & Co. KG, A-5033 Salzburg, Jakob-Auer-Str. 8 – D: ROCO-Modellspielwaren Vertriebsgesellschaft mbH & Co. Handels-KG, D-8228 Freilassing, Georg-Wrede-Str. 49

Inhaltsverzeichnis

Inhalt

Vorwort

Der Band 1 der Buchreihe „Güterwagen" behandelte die gedeckten Güterwagen deutscher Staatsbahnen in Regelbauart. Es liegt also nahe, in dem nun vorliegenden Band 2 die gedeckten Güterwagen der Sonderbauarten vorzustellen. Dies sind:

– Klappdeckelwagen und andere Wagen der Gattung K wie Schiebe- und Schwenkdachwagen sowie Schiebewandwagen,

– Kühlwagen (Gattung Gk, ab 1943 Gattung T für Thermoswagen),

– Verschlagwagen (Gattung V) für Geflügel- und Viehtransporte,

– Staubbehälterwagen, die in diesem Band ebenfalls beschrieben werden, da sie ursprünglich auch das Hauptgattungszeichen K (wie die Klappdeckelwagen) trugen.

Nach der ab 1964 gültigen UIC-Kennzeichnung handelt es sich um Wagen der Gattungen H, I, T und U (mit Ausnahme der H-Wagen, die schon in Band 1 enthalten sind, und der Tiefladewagen der Gattung U, deren Behandlung einem späteren Band vorbehalten bleibt).

Auch in diesem Band werden ausschließlich Fahrzeuge deutscher Staatsbahnen (also Länderbahn-Wagen bis 1920, Reichsbahn-Wagen zwischen 1920 und 1949 und Bundesbahn-Wagen ab 1949) oder bei deren Verwaltungen verbliebene Fremdbauarten beschrieben. Dabei wird gegebenenfalls auch auf beispielgebende Entwicklungen und Erfahrungen mit Privatwagen eingegangen. Nicht berücksichtigt wurden neue Fahrzeuge bei der Deutschen Reichsbahn in der DDR, deren Entwicklung größtenteils andere Wege ging. Auch Fahrzeuge, die nur in Versuchsserien oder als Einzelstücke existierten, bleiben unerwähnt, soweit – über die reine Existenz hinaus – weder Zeichnungen, Bauartbeschreibungen, Fotos noch sonstige Informationen zu ermitteln waren.

Trotz dieser strengen Abgrenzung handelt es sich um ein sehr weit gestecktes Themengebiet, das bei aller Fülle an vorliegenden Informationen in einem solchen Buch nicht annähernd erschöpfend zu behandeln ist. Man stelle sich vergleichsweise ein Buch mit der Abhandlung lediglich einer einzigen Wagenbauart – beispielsweise des Kds 54 – vor, wie das bei Lokomotivbaureihen-Büchern üblich ist.

Mühselig gestalteten sich bei der Auswertung des Materials (neben der Beschränkung auf die wesentlichsten Entwicklungen und Merkmale) die immer deutlicher werdenden Informationslücken und Widersprüche auch in amtlichen Unterlagen. Trotzdem gelang es, über die reine Beschreibung der Fahrzeuge zum Zeitpunkt ihrer Indienststellung hinaus, auch den Werdegang der Wagen und die Hauptentwicklungslinien der kennzeichnenden Baugruppen zu beschreiben. Dennoch sind die Verfasser für ergänzende oder verbessernde Hinweise jederzeit dankbar.

Ähnliches gilt für die Anfertigung der Zeichnungen. Die als Vorlage dienenden Übersichtszeichnungen sind häufig ungenau, fehlerhaft oder nicht mehr vorhanden. So mußten z.B. die zweiachsigen Selbstentladewagen aus etlichen Detailzeichnungen entwickelt werden. Noch umständlicher gestaltete sich die Anfertigung der Kühlwagenzeichnungen der Reichsbahn-Bauarten. Sämtliche Wagen mußten anhand von Fotos und unvollständigen Skizzen mühselig rekonstruiert werden.

Der Umfang dieses Buches konnte gegenüber dem ersten Band um acht Seiten erhöht werden; dennoch war der verfügbare Platz aufgrund der großen Typenvielfalt sehr knapp bemessen. Wir hätten uns natürlich mehr Raum für noch detailliertere Informationen und vor allem mehr Platz für weitere Bilder gewünscht ...

Selbstverständlich konnten auch nicht sämtliche Maß- bzw. Gewichtsänderungen in den Datenspiegeln berücksichtigt werden. Dies gilt insbesondere für die Angabe der Lastgrenzen. Da sie in der Vergangenheit mehrfach geändert wurden, haben wir in den Datenspiegeln nach Möglichkeit einheitlich die Lastgrenzen für die Ursprungsausführungen und den Zeitraum um 1970 angegeben, neuere Daten hingegen nur bei „jüngeren" Wagen.

Die selbstverständlich unverzichtbare Erklärung der – leider unvermeidlichen – Fachausdrücke, die Beschreibung der einzelnen Baugruppen und eine Darstellung der betriebs- und verkehrstechnischen Gegebenheiten, wie z.B. Verladetechnik, Wagenstellung und Unterhaltung oder Zugbildung, wird aus Platz- und thematischen Gründen in einem gesonderten Band erfolgen; dieser ist bereits in Arbeit.

In den Überschriften werden wieder die Gattungsbezeichnungen der verschiedenen Epochen (die im 1. Band ausführlich aufgelistet und erklärt sind) berücksichtigt. Da jedoch innerhalb der ursprünglich vorgesehenen Zeitintervalle die Bauartbezeichnungen zum Teil mehrfach geändert wurden, war eine einheitliche Plazierung und damit eindeutige Zuordnung nicht möglich. Die Überschriften beinhalten, in Abhängigkeit von dem Einsatzzeitraum der Wagen, folgende Gattungsbezeichnungen:

– Deutsche Reichsbahn: Bei verschiedenen Gattungsnamen links bzw. oben die ursprüngliche Bezeichnung, daneben bzw. darunter die geänderten Gattungsnamen (Zeitpunkt für die Einführung s. „Güterwagen Band 1"). Die ab 1943 vorgenommene Änderung des Gattungskennzeichens „Gk" in „T" konnte jedoch nicht bei allen Kühlwagen berücksichtigt werden.

– Deutsche Bundesbahn: zweistellige, von 1951 bis 1968 gültige Bauartnummer (ohne Berücksichtigung der ab 1960 eingeführten vorläufigen neuen Bezeichnung) sowie die seit 1964 gültige UIC-Bauartbezeichnung, ggf. ergänzt um die 1980/1984/1988 erneut geänderte Bezeichnung. Auf letztere wird im Text nur in Ausnahmefällen eingegangen, da die Umzeichnung erst bei wenigen Wagen erfolgt ist.

In allen Fällen wurden die Nebengattungszeichen nur dann berücksichtigt, wenn sie für einen nennenswerten Anteil der Fahrzeuge zutreffen bzw. zutrafen.

Wie Sie gewiß schon bemerkt haben, zeichnen wieder zwei Autoren für das Buch (und hoffentlich nur wenige Fehler) verantwortlich, die mit der Darstellung der Entwicklung beim Vorbild weitgehend ausgelastet waren. Dankenswerte Unterstützung fanden wir bei Modelleisenbahnern, allen voran Rolf

Michael Haugg und Dr. Andreas Prange, die uns durch den Bau bzw. die Verbesserung von Modellen geholfen haben. Sie haben, ebenso wie Ulrike Carstens, die wieder die Zeichnungen angefertigt hat, entscheidend zum Gelingen dieses Buches beigetragen.

Bedanken möchten wir uns bei den Mitarbeitern der DB-Dienststellen, die uns mit Rat, Informationen, Unterlagen und Zeichnungen weitergeholfen haben; hier möchten wir vor allem Herrn Erich Rancke erwähnen, ehemals in den AW Oldenburg und Hamburg-Harburg für die Unterhaltung der Kühlwagen verantwortlich. Ebenso danken wir den Fahrzeugherstellern, insbesondere den Firmen DUEWAG, Orenstein & Koppel, Talbot und Waggon-Union, die Zeichnungen, Informationen und Werkfotos zur Verfügung stellten. Unser Dank gilt auch allen Fotografen und „Archivaren"; ohne die Bilder von Joachim Claus oder aus der Sammlung von Klaus Heidt hätte dieses Buch so nicht zustande kommen können. Unser Dank für die gute Zusammenarbeit schließt auch Verlag und Lektorat ein.

Nicht unerwähnt bleiben soll auch die Unterstützung durch alle großen und kleinen Modellbahnhersteller, für die wir ebenfalls danken. Besonders freut uns in diesem Zusammenhang die Tatsache, daß Band 1 der Reihe „Güterwagen" in den Konstruktionsabteilungen der Modellbahnfirmen aufmerksam studiert wird. Von einigen Herstellern wissen wir, daß Anregungen auf fruchtbaren Boden gefallen sind, wie kommende Messeneuheiten zeigen werden.

Schließlich danken wir allen Eisenbahnfreunden, besonders Herrn Henning Böttcher, ehemals für die Güterwagenkonstruktion bei der Firma Waggon-Union in Siegen verantwortlich, die Informationen beisteuerten, Korrektur lasen und uns motivierten, dieses Buch – trotz des sehr mühseligen Quellenstudiums in schier unerschöpflichen Bergen meist lückenhafter Informationen – sachgerecht und rasch abzuschließen.

Darmstadt und Hasloh, im Oktober 1989

Stefan Carstens
Hans Ulrich Diener

Klappdeckelwagen

Die Klappdeckelwagen dienten der Beförderung nässeempfindlicher Schüttgüter wie z.B. Kalk oder Salz. Da die Wagen zwar mit Fördergeräten beladen, aber nur von Hand entladen werden konnten, begann schon frühzeitig die Suche nach Alternativen zu dieser Konstruktion. So wurden bereits in den zwanziger Jahren vierachsige Sattelwagen für den Transport von Kali in Ganzzügen entwickelt.

Zwar blieben vorerst die Klappdeckelwagen für den Transport kleinerer Mengen unverzichtbar, aber an der Stückzahl der gebauten Wagen wird deutlich, daß der Trend bereits zur Reichsbahnzeit zu den Selbstentladewagen ging. Die letzten Klappdeckelwagen, die noch in nennenswerten Stückzahlen beschafft wurden, waren die Austauschbauwagen, von denen zwischen 1927 und 1933 insgesamt 991 Wagen gebaut wurden.

Alle Nachfolgebauarten kamen über kleine Versuchsserien nicht hinaus. Heute werden die Ladegüter, die ehemals in Klappdeckelwagen befördert wurden, ausschließlich in Td-, Tal- und Ucs-Wagen transportiert.

Entwicklung

Klappdeckelwagen wurden seit der zweiten Hälfte des vorigen Jahrhunderts beschafft, wobei sich anfangs die Konstruktion sehr eng an die offenen Wagen anlehnte. So ähnelten die ab 1883/84 gebauten Wagen nach dem preußischen Musterblatt II c 8 den offenen Wagen des gleichen Beschaffungszeitraums. Ebenso wie diese besa-

ßen sie senkrechte Kastensäulen zur Aussteifung der Wände. Im Gegensatz zu den offenen Wagen waren die Türen bei diesen Wagen jedoch noch nicht gebuckelt. Während die ersten Wagen noch gewölbte Dachklappen besaßen, wurden die Wagen späterer Lieferungen, ebenso wie alle Folgebauarten, mit ebenen Dachklappen und einem Dachfirst gebaut.

Die Wagen der Nachfolgebauart (die späteren K 06), die ab 1897 gebaut wurden, besaßen einen Wagenkasten mit gepreßten Seitenwänden. Diese Wagen nach dem preußischen Musterblatt II d 4 hatten nun auch die gleiche Tür wie die entsprechenden offenen Wagen bekommen. Während des Beschaffungszeitraums bis 1913 wurde die Konstruktion teilweise überarbeitet: Ab 1904 (3. Auflage des o.g. Musterblattes) erhielten die Wagen Preßblechachshalter anstelle der Fachwerkachshalter.

Nahezu unverändert wurden diese Wagen ab 1912 als Verbandsbauartwagen (bei der DB als K 15 bezeichnet) weitergebaut. Während die ersten Wagen ohne Handbremse nur an den geänderten Türverschlüssen von den Länderbahnwagen zu unterscheiden waren, erhielten die Wagen mit Handbremse ein mittig angeordnetes, geschlossenes Bremserhaus. Die Hauptabmessungen wurden beibehalten. Erst 1918 wurde der Achsstand (3,00 m bei den Wagen ohne Handbremse, 3,30 m bei Handbremswagen) auf einheitlich 3,50 m verlängert. 1920 schließlich bekamen die Wagen anstelle der kreuzweise gebuckelten Klappdeckel Klappen mit einem quadratischen Mittelfeld und das Bremsgestän-

ge rückte zur Vorbereitung der Wagen auf den Einbau der Kunze-Knorr-Druckluftbremse auf die andere Wagenseite. Gleichzeitig wurde das Bremserhaus wieder außermittig angeordnet.

Die letzten Verbandsbauartwagen erhielten Mitte der zwanziger Jahre schließlich die Abmessungen der Austauschbauwagen, hatten also bereits eine Ladelänge von 6790 mm anstelle von 5295 mm. Die Teile und Fertigungstoleranzen dieser Wagen waren allerdings noch nicht genormt, so daß sie nicht zu den Austauschbauwagen gezählt werden können.

Dies gilt erst für die ab 1927 beschafften Wagen, die bei der Deutschen Reichsbahn als K Elberfeld (ab 1930 K Wuppertal) 80 001 ff. eingereiht wurden; Bei der Deutschen Bundesbahn erhielten die Wagen die Bezeichnung K 25.

Als Versuchswagen wurden in den Jahren 1934/35 verschiedene geschweißte Austausch-

bauwagen in Stahl St 37 und St 52 gebaut. Hierzu zählten auch zwei K-Wagen, die als K Wuppertal 16 701 (St 37) und 16 702 (St 52) eingereiht wurden. Die Wagen ähnelten den normalen Austauschbauwagen, waren jedoch in etlichen Details modifiziert, auf die hier nicht näher eingegangen werden soll.

Eine völlige Neukonstruktion waren hingegen die acht im Jahr 1941 gebauten geschweißten K-Wagen mit einem Laderaum von $28{,}6\,m^3$ (gegenüber $23{,}7\,m^3$ bei den K 25). Die Wagen, von denen vier eine Handbremse und ein Blechbremserhaus hatten, besaßen außen liegende

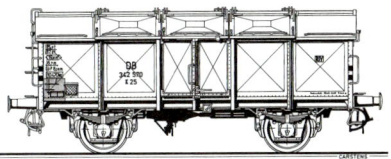
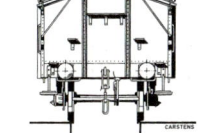

Der Austauschbau-Klappdeckelwagen K 25 mit und ohne Handbremse, ebenfalls im Maßstab 1 : 160.

Langträger und acht Dachklappen (alle Vorgängerbauarten hatten sechs Dachklappen). Die Wagen wurden bei der Deutschen Reichsbahn als Kmr Wuppertal 20 001 ff., bei der DB als Kmr 35 eingereiht.

Den Abschluß der Entwicklung der Klappdeckelwagen bildeten 20 im Jahr 1949 beschaffte geschweißte Klappdeckelwagen, die mit $37{,}7\,m^3$ einen noch größeren Laderaum besaßen. Die wichtigsten Unterscheidungsmerkmale dieser als Kmm Düsseldorf (später Kmm 36) bezeichneten Wagen gegenüber den älteren Typen waren die deutlich größere Höhe, die zwei Türen je Wagenseite, die insgesamt zehn Dachklappen und das Doppelschakenlaufwerk.

Klappdeckelwagen der Länderbauart K 06 (oben) und der Verbandsbauart K 15 (unten), jeweils mit und ohne Handbremse im Maßstab 1 : 160. Die Verbandsbauartwagen ohne Handbremse sind als KK 15-Einheit mit unterschiedlich langem Achsstand und mit bzw. ohne Kkg-Bremsanlage dargestellt.

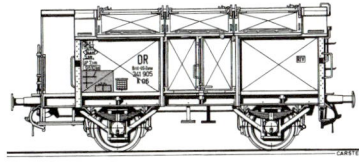
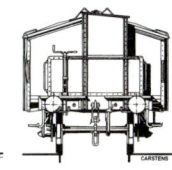
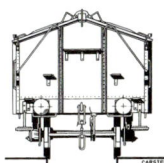
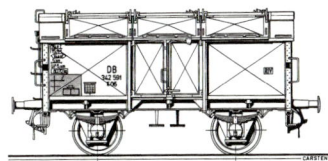
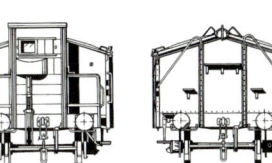
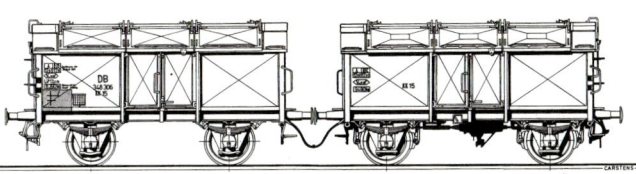

Nach 50 Jahren Einsatzzeit nahezu unverändert: das Vorbild des Fleischmann-K-Wagens mit Handbremse, am 5.1.1959 in Minden. Damals war dieser Wagen noch international verwendungsfähig (RIV-Zeichen). Der Wagen besaß, wie alle Länderbahn-K-Wagen, keine Druckluftbremse, sondern nur eine Handbremse.

K Elberfeld   K Wuppertal   K 06, KK 06

	m. Hbr. / o. Hbr.
Erstes Baujahr	1892
Letztes Einsatzjahr K 06	1966
Letztes Einsatzjahr KK 06	1967
Länge über Puffer	7300/6600 mm
Achsstand	3300/3000 mm
Ladelänge	5290 mm
Ladebreite	2808 mm

Ladefläche	14,8 m²
Laderaum	18,6 (21,6) m³
Ladegewicht	15,0 t
Tragfähigkeit	15,75 t
Lastgrenze A/B/C	15,5 t
Eigengewicht	10300/9500 kg
Achslager	Gleitlager
Höchstgeschwindigkeit	65 km/h

Bremsbauart	(Kkg)*
Federgehänge	Laschen
Federblattanz./-länge	10/1000 mm
Pufferlänge	650 mm
Puffertellerdurchmesser	370 mm

* Lt. Merkbuch für Schienenfahrzeuge der DB, Ausg. 1952, jedoch für keinen Wagen nachgewiesen.

Die Musterzeichnungen für Betriebsmittel der Preußischen Staatseisenbahnen zeigen 1897 erstmals einen Klappdeckelwagen, dessen Wagenkasten gepreßte Seitenwände und Dachklappen sowie einen Dachfirst besitzt. Von diesen Wagen nach Musterblatt II d 4 beschaffte die Preußische Staatsbahn bis 1913 6305 Stück, wobei die Konstruktion während des Beschaffungszeitraums ständig weiterentwickelt wurde. Während die ersten Wagen noch Fachwerkachshalter besaßen, erhielten die ab 1904 gebauten Wagen Preßblechachshalter. In dieser Form ähnelten die Wagen bereits dem Nachfolgetyp der Verbandsbauart in der ersten Bauform.

Bei der Deutschen Reichsbahn wurden alle K-Wagen in den Gattungsbezirk Elberfeld (ab 1930 Wuppertal) eingereiht, wobei den Länderbahnwagen die Nummerngruppe von 101 bis 12395 zugeordnet wurde.

Nach 1951 erhielten die ehemaligen Länderbahnwagen das Gattungskennzeichen K06. Da Ende der fünfziger Jahren noch nicht genug großräumige K-Wagen zur Verfügung standen,

Der K 06 mit Handbremse als Modell . . .

wurden etliche K-Wagen der Länderbauart (ebenso wie Wagen der Verbandsbauart) zu zweiteiligen KK-Einheiten zusammengekuppelt, um den Kunden einen attraktiveren Tarif anbieten zu können. Gleichzeitig erhielten diese KK-Einheiten eine neue Nummer (die nur an dem jeweils linken Wagen angeschrieben war). Während die K-Wagen Nummern zwischen 340 000 und 347 999 hatten, waren die KK-Einheiten zwischen 349 000 und 349 999 eingereiht. Sowohl die K 06 als auch die KK 06 wurden bis Mitte der sechziger Jahre ausgemustert, so daß wohl kein Wagen mehr auf die neue Bauartbezeichnung Tk-u 900 (K 06) bzw. Tak-u 940 (KK 06) umgezeichnet wurde. Ein großer Teil wurde als Müll- oder Schlackenwagen, teils ohne Klappdeckel, bis in die siebziger Jahre weiterverwendet.

Modell

Die Fleischmann-H0-Modelle sind Nachbildungen der Länderbahn-Klappdeckelwagen, die ab 1904 gebaut wurden. Für den Einsatz in Epoche III sind an den sehr gut detaillierten Wagen keine Änderungen erforderlich, so daß die Wagen nur neue Anschriften aus dem Gaßner-Beschriftungssatz G 331 zu bekommen brauchen. Zusätzlich habe ich jedoch an dem Wagen mit Handbremse noch einige kleine Verbesserungen vorgenommen. So hat der Wagen neue Griffstangen (u.a. freistehend auf der dem Bremserhaus gegenüberliegende Stirnwand), Signal- und Zettelhalter, Federpuffer mit 4,3 mm Pufferteller durchmesser und Rangierertritte von Weinert sowie die beim Vorbild nachträglich unter den Türen eingeschweißten Blechdreiecke (aus Kunststoff zurechtgeschnitten) bekommen.

Modell mit alten Achshaltern

Da der K 06 ohne Handbremse ein Wagen der alten Bauform werden sollte, habe ich hierfür das Fahrwerk eines bayerischen O-Wagens von Trix geopfert, das zersägt und in den passenden Abmessungen (s. Zeichnung) wieder zusammengeklebt wurde. Anschließend wurden die Länderbahnachslager weggeschliffen und auf die glatte Fläche die vorsichtig abgetrennten Gleitlagernachbildungen des nicht mehr benötigten Fleischmann-Fahrwerks geklebt. Komplettiert wird das Fahrwerk wiederum durch Federpuffer, Rangierertritte sowie geätzte Pufferbohlen und Trittstufen unter den Türen (alle

. . . und in dem selben Zugverband als Wagen ohne Handbremse mit alten Achshaltern.

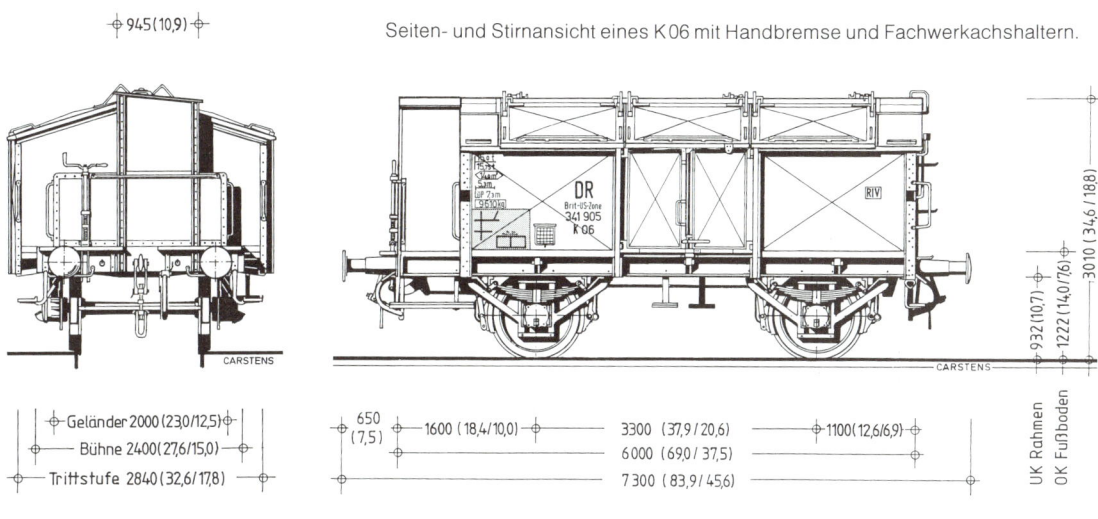

Seiten- und Stirnansicht eines K 06 mit Handbremse und Fachwerkachshaltern.

Der K 06 370 773 mit Fachwerkachshaltern (und ohne Handbremse) in den fünfziger Jahren.

Bauteile von Weinert). Am Wagenkasten habe ich die gleichen Verbesserungen wie an dem Wagen mit Handbremse vorgenommen, wobei ich bei beiden Wagen die falsche Anordnung der Aufstiegstritte an der Stirnwand beibehalten habe.

Eine KK06-Einheit aus zwei Wagen ohne Handbremse, jedoch mit unterschiedlichen Achshaltern, aufgenommen am 23.12.1959 im Bf. Willingen. Daneben gab es auch etliche KK06-Einheiten, die aus einem Wagen mit und einem Wagen ohne Handbremse (z.T. mit abgebautem Bremserhaus) bestanden.

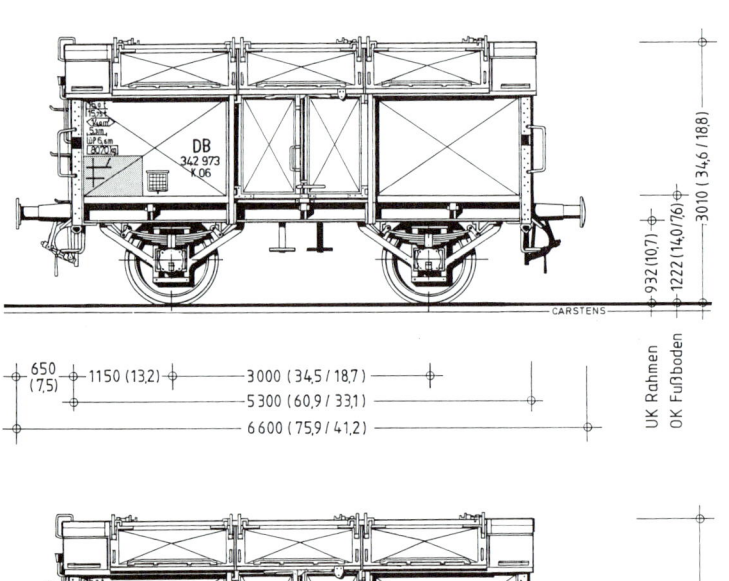

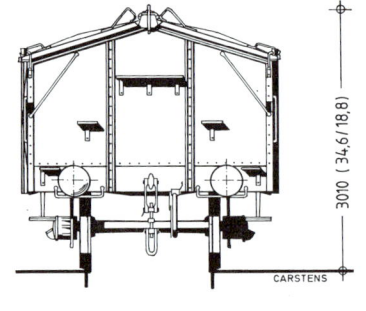

K06 ohne Handbremse mit Fachwerk- (links) und Preßblechachshaltern (darunter) im Maßstab 1:87.

Der K06-Museumswagen Berlin 17400 am 25.4.1988 im Bf. Hamburg Hgbf.

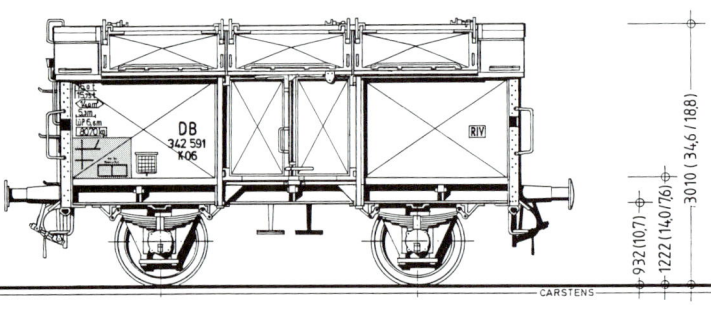

So endeten viele K06: als Schlacken- und Müllwagen, wie der Nürnberg 1929 am 29.1.1966 in Heimbuchental und . . .

. . . der 61 096 in Hanau am 12.7.1971.

Der K 15 340 488 vermutlich im Jahr 1956 aufgenommen. Wie bei vielen Wagen war das Bremserhausfenster bei diesem Wagen in den fünfziger Jahren mit einer Blech-platte mit einem runden Bullauge verschlossen.

K Elberfeld

	m. Hbr. / o. Hbr.
Erstes Baujahr	1913
Letztes Einsatzjahr K 15	1967
Letztes Einsatzjahr KK 15	1967
Länge über Puffer	7300/6600 mm
Achsstand	3500 mm*
Ladelänge	5295 mm
Ladebreite	2812 mm
Ladefläche	14,9 m²
Laderaum	18,6 (21,6) m³
Ladegewicht	15,0 t
Tragfähigkeit	17,5 t
Lastgrenze A/B/C	17,5 t
Eigengewicht	10300/9500 kg
Achslager	Gleitlager
Höchstgeschwindigkeit	65 km/h
Bremsbauart	Kkg
Federgehänge	Laschen
Federblattanz./-länge	10/1000 mm
Pufferlänge	650 mm
Puffertellerdurchmesser	370 mm

* Bei Wagen bis zum Baujahr 1917 betrugen die Achsstände 3300 mm (m.Hbr.) bzw. 3000 mm (o.Hbr.).

Die Klappdeckelwagen der Verbandsbauart sind die direkten Nachfolger der preußischen Klappdeckelwagen nach Musterblatt II d 4. Die grundsätzliche Konstruktion und die Hauptabmessungen wurden bei den Verbandsbauartwagen beibe-

K Wuppertal

halten, so daß diese kaum von den letzten Länderbahnwagen zu unterscheiden sind.

Allerdings wichen bereits die ersten Verbandsbauartwagen in einigen Details von den Länderbahnwagen ab. Am auffälligsten dürfte das bereits im Jahr 1912 mit der ersten Auflage der Zeichnung A7 eingeführte, ge-

K 15, KK 15

schlossene Holzbremserhaus gewesen sein. Daneben unterschieden sich die Wagen von ihren Vorläufern durch die abweichende Form der Türverschlüsse (die oberen Hebel und die zu deren Bedienung erforderlichen Trittstufen unter den Türen entfielen), die an beiden Enden angeordneten Signalstützen und die nicht mehr vorhan-

denen Wagenkastenstützen am Langträger über den Achslagern.

Ab 1918 wurde der kurze Achsstand (3,00 m bei den Wagen ohne Handbremse, 3,30 m bei Handbremswagen) auf einheitlich 3,50 m verlängert. Diese Änderung, die erstmals in den Untergestellzeichnungen auftaucht, wurde übrigens in der

Die 1. Ausführung der Klappdeckelwagen der Verbandsbauart mit 3,30 m Achsstand, mittig angeordnetem Bremserhaus und Klappen mit kreuzweiser Buckellung.

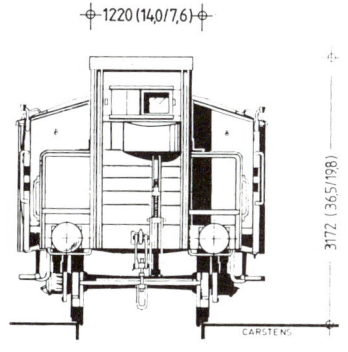

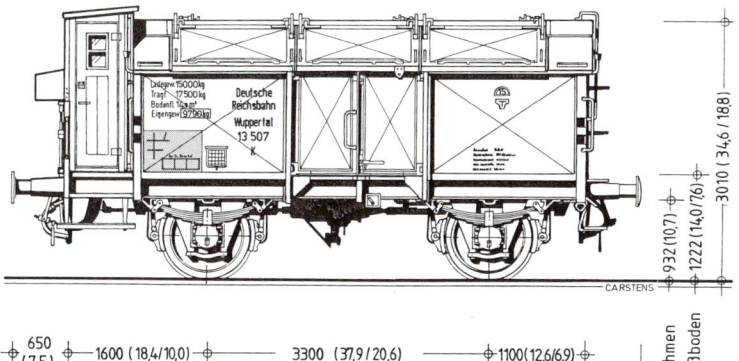

Der K 15 mit Handbremse im Modell.

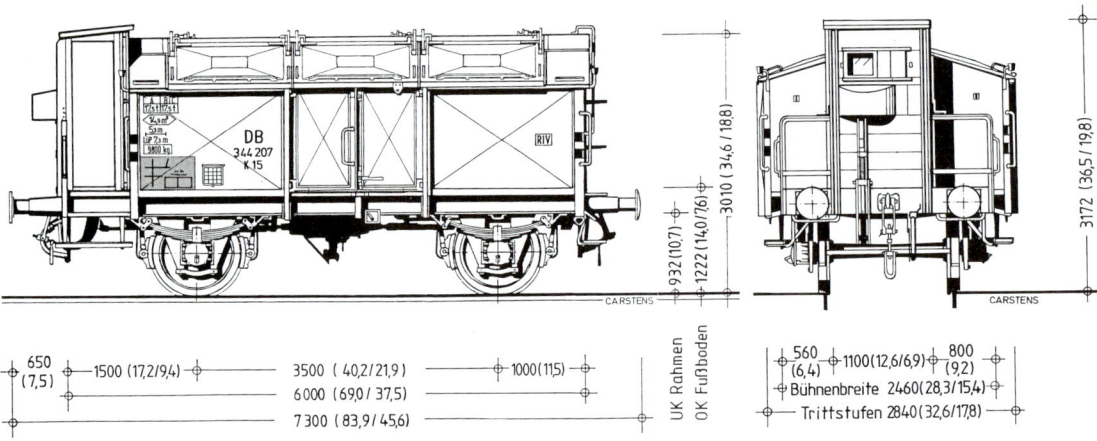

Ein K 15 mit Handbremse und langem Achsstand als Bundesbahn-Wagen (bereits ohne Bremserhaustüren).

zweiten Ausgabe der Musterzeichnung vom November 1920 nur durch eine geänderte Maßangabe übernommen, zeichnerisch wurde der größere Achsstand nicht berücksichtigt.

Die letzten Wagen der Verbandsbauart wurden Mitte der zwanziger Jahre bereits in den Abmessungen der Austauschbauwagen beschafft (entsprachen aber noch nicht den Grundsätzen des Austauschbaus). Da diese Wagen als direkte Vorläufer der Austauschbauwagen zu betrachten sind, werden sie bei diesen mitbehandelt.

Insgesamt wurden 4585 K Elberfeld bzw. K Wuppertal der Verbandsbauart gebaut. Sie belegten bei der Deutschen Reichsbahn die Nummerngruppe zwischen 13 001 – 16 700 (der Widerspruch zwischen Gesamtstückzahl und belegten Nummern konnte bislang nicht geklärt werden, u.U. wurde ein Teil der Wagen in anderen Nummernbereichen eingereiht).

Ebenso wie die K 06 wurden auch die bei der Deutschen Bundesbahn als K 15 bezeichneten Verbandsbauartwagen in den fünfziger Jahren zu KK 15-Einheiten gekuppelt, wobei Einheiten aus einem Wagen nur mit Luftleitung und einem Wagen mit Kkg-Bremse an beiden Wagen die Kennzeichnung für gebremste Wagen erhielten (wie auch die übrigen Anschriften sich z.T. auf die gesamte Einheit bezogen: Wagennummer, Gattungsbezeichnung und LüP. Die Angaben über die Lastgrenzen und das Eigengewicht der Einzelwagen wurden auf dem jeweils linken Wagen um Angaben für die komplette Einheit ergänzt). Wegen der besonderen Tarifbestimmungen für die KK-Einheiten (und da die Wagen im Betrieb nicht getrennt werden durften) erhielten sie alle kein RIV-Zeichen und durften somit nicht grenzüberschreitend eingesetzt werden. Die letzten K 15 und KK 15 wurden 1967 ausgemustert, wobei allerdings fraglich erscheint, ob die Wagen noch die neue Gattungsbezeichnung Tk-u 901 (K 15) bzw. Tak-u 941 (KK 15) erhielten.

Modell

Die Modelle des K 15 mit Handbremse bzw. des KK 15 lassen sich ebenfalls auf der Basis des Länderbahn-Klappdeckelwagens von Fleischmann bauen, wobei neben den abgebildeten Typen etliche andere Varianten möglich sind. Genannt seien hier nur K 15 (Einzelwagen) ohne Handbremse oder Wagen mit abgebautem Bremserhaus.

Stellvertretend werden hier drei Umbauten vorgestellt: ein K 15 ohne Bremsanlage mit 3,00 m Vorbildachsstand, ein K 15 mit Druckluftbremse und 3,50 m Vorbildachsstand (beide Wagen sind Bestandteil einer KK 15-Einheit) und ein K 15 mit Bremserhaus und ebenfalls 3,50 m Achsstand.

K 15 mit 3 m Achsstand

Am schnellsten entsteht aus dem K 06 ein K 15 mit 3 m Vorbildachsstand (der Leitungswagen der oben genannten Einheit). Nachdem der Wagen demontiert ist (hierzu werden am besten die sechs Punkte, an denen der Aufbau mit dem Fahrgestell verschweißt ist, vorsichtig aufgebohrt), werden an den Langträgern die beiden äußeren Wagenkastenstützen weggeschliffen (am besten mit einer Mini-Bohrmaschine und langsam laufender Trennscheibe). Anschließend werden die Trittstufen unter den Türen und ggf. die Rangierertritte und Puffer abgeschnitten (wenn die Teile sauber mit einem kleinen Seitenschneider abgetrennt werden, brauchen die Schnittstellen kaum geglättet zu werden). Nachdem das Fahrgestell mit neuen Rangierertritten (Weinert 8718), Rangierergriffen aus 0,4 mm-Draht (oder Weinert 8512) und Federpuffern (Weinert 8614/15) versehen ist, kann dieses zum Lackieren beiseite gelegt werden (sofern nicht die Anordnung der Aufstiegtritte an der Stirnseite dem Vorbild entsprechend verändert werden soll; in diesem Fall müßten noch zwei zusätzliche Tritte neben den Puffern angebracht werden).

Vom Wagenkasten werden die angespritzten Griffstangen abgetrennt bzw. mit einem kleinen Skalpell abgeschabt, ebenso die Signalstützen. Sofern die Aufstiegtritte richtig angeordnet werden sollen, müßten die angespritzten Tritte ebenso dem Messer zum Opfer fallen wie die oberen Griffe der Türverschlüsse.

Nachdem der Wagenkasten soweit vorbereitet ist, werden neue Griffstangen aus 0,4 mm-Draht (bzw. 0,3 mm-Draht für die kleine Griffstange am Dachfirst), entsprechend zurechtgebogene Signalstützen (Weinert 8261) und Zettelhalter aus dem Weinert Ätzblech 9254 angebracht. Schließlich bekommt der Wagen mittig unter der Tür noch eine weitere Wagenkastenstütze, die bei meinem Wagen von einem ausgeschlachteten O Schwerin (mit Handbremse –

Die KK 15-Einheit 348 931, aufgenommen am 16.3.1961 in Mainz-Bischofsheim, bestand aus einem Leitungswagen mit 3,00 m Achsstand und einem Wagen mit Kkg-Bremse und 3,50 m Achsstand.

s.u.) stammt. Der Wagen ist damit bereits fertig zum Lackieren und Beschriften, wobei die Beschriftung bei der abgebildeten KK 15-Einheit noch aus verschiedenen Beschriftungssätzen von Gaßner zusammengestückelt ist; dies ist zum Glück inzwischen nicht mehr nötig.

K 15 mit 3,50 m Achsstand und Kkg-Bremse

Damit der Aufwand für den Bau eines K 15 mit langem Achsstand einigermaßen vertretbar ist, habe ich mich entschlossen, hierfür einen O Schwerin mit Handbremse zu opfern. Das

Fahrwerk wird neben der Nachbildung des Hauptluftbehälters sauber durchgetrennt (am besten mit einer Roco-Säge). Anschließend wird hier ein ca. 2,8 mm langes Rahmenstück, das bei dem nicht mehr benötigten Ursprungsfahrwerk herausgetrennt werden kann, eingesetzt

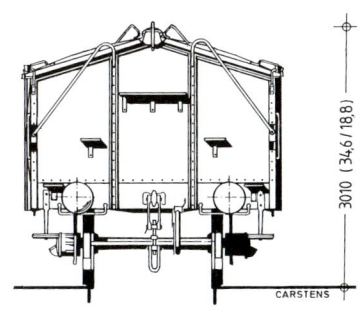

Die gleiche Einheit als 1:87-Zeichnung und als H0-Modell (unten).

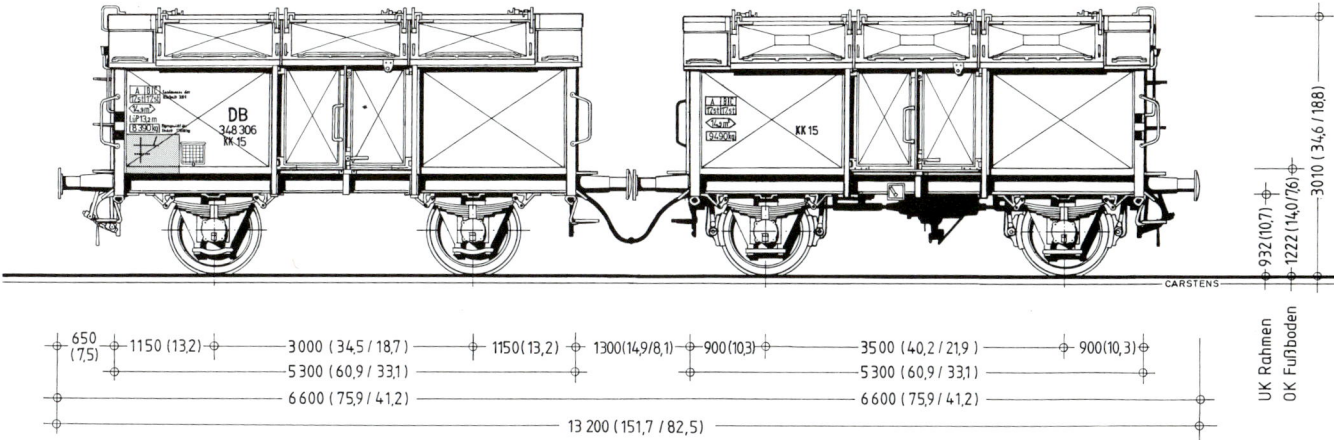

und das Fahrwerk zur Erzielung einer größeren Stabilität mit der Beschwerungsplatte verklebt. Durch diese Prozedur wird der Achsstand auf das Vorbildmaß von 3,50 m verlängert (das einzusetzende Rahmenstück muß etwa 0,5 mm länger als die Differenzmaß sein, um den Materialverlust durch Sägen und Schmirgeln auszugleichen).

Als nächstes werden die Handbremsbühne und die Pufferbohle abgesägt. Nachdem der Rahmen auf die richtige Länge gekürzt ist, werden die abgetrennte Pufferbohle und eine Pufferbohle des Ursprungsfahrwerks angeklebt. Die weiteren Arbeiten am Fahrwerk entsprechen denen beim K 15 mit 3 m Achsstand.

Achsstand, wobei jedoch ggf. ein Kkg-Bremszylinder mit Steuerventil und Luftbehälter (Ersatzteil für den Roco-Dresden) oder die Kkg-Bremsanlage von Weinert (9257) und der Bremsumstellhebel aus dem o.g. Weinert-Ätzblech angebracht werden sollte.

Die Arbeiten am Wagenkasten sind bereits bei dem K 15 mit 3 m Achsstand beschrieben. Zusätzlich sollten jedoch zuvor die Klappdeckel mit einer Polierscheibe im mittleren Bereich vorsichtig glatt geschliffen werden, so daß eine quadratische Mittelfläche entsteht. Hierbei braucht übrigens nicht allzu pingelig vorgegangen zu werden, denn beim Vorbild sind – besonders bei den üblicherweise stark verschmutzten Klappen – die Preßkanten kaum zu erkennen.

K 15 mit Handbremse

Bei diesem Umbau muß man sich entscheiden, ob man einen älteren K 15 mit 3,30 m Achsstand oder einen Wagen mit 3,50 m Achsstand bauen will. Bedeutend einfacher ist der erste Umbau, da hier das Fahrwerk des K 06 (bzw. O Schwerin) mit Handbremse unverändert übernommen werden kann. Soll der Wagen 3,50 m Achsstand bekommen, sind hier ähnliche Fahrwerksänderungen wie bei dem K 15 ohne Handbremse erforderlich, nur daß in diesem Fall der Fahrwerksteil der Handbremsbühne nicht abgeschnitten werden darf, sondern nur ein schmaler Streifen direkt neben dem Achslager herausgetrennt wird.

Beim Wagenkasten wird die Stirnseite, an der das Bremserhaus sitzt (das ist die Seite ohne Aufstiegstritte) glatt geschliffen. Anschließend werden die Ecksäulen durch zwei aufgeklebte Kunststoff- oder Messingstreifen angedeutet. Verbandsbauartbremserhäuser gibt es als Ersatzteile von verschiedenen Herstellern. Mit Abstand am besten gelungen ist das von Fleischmann, das z.B. am Om Breslau/Essen (Om 12) verwendet wird. Für meinen Umbau habe ich ein Roco-Bremserhaus (vom Om 21) verwendet, das in einigen Details verbessert wurde. So habe ich die zu flachen Stirnwandsäulen glatt geschliffen und durch 1 x 1 mm-Messing-U-Profile ersetzt. Außerdem habe ich die zu großen Fensteröffnungen durch Einsätze mit einem runden Fensterloch (wie dies nach dem Zweiten Weltkrieg bei vielen DB-Wagen zu finden war) verschlossen. Schließlich mußten noch das Geländer aus 1 x 1 mm-Messing-L-Profilen, 1 x 0,5 mm-Messingstreifen und den von der Bremserbühne des K 06 abgeschnittenen Griffen sowie die Bühne aus Resten des K 06-Bühnenfußbodens hergestellt werden. Der einzige Nachteil bei diesem Umbau ist, daß der Kurbelkasten des Roco-Bremserhauses etwas arg klein ausgefallen ist, so daß ich Nachbauinteressenten von der Verwendung dieses Bremserhauses abraten möchte; greifen Sie lieber gleich zu dem oben erwähnten Fleischmann-Teil. Wer schließlich einen Wagen nur mit Handbremsbühne (ohne Bremserhaus) bauen will, kann auf die sehr stimmige Bühne des Leuna-Kesselwagens von Fleischmann zurückgreifen.

Alle anderen Arbeiten entsprechen beim Handbremswagen denen bei den bereits beschriebenen K 15-Umbauten

Der am 7.1.1962 in Karlsruhe aufgenommene K 15-Leitungswagen 343392 hatte 3,50 m Achsstand, ...

... ebenso wie der Handbremswagen 341 006, der im Januar 1959 bereits kein Bremserhaus mehr besaß.

Der Austauschbau-K 25 340 827 aufgenommen Anfang der fünfziger Jahre, unten die Zeichnung eines gleichen Wagens.

K Elberfeld   K Wuppertal   K 25   Tk-u 902

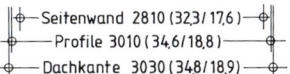

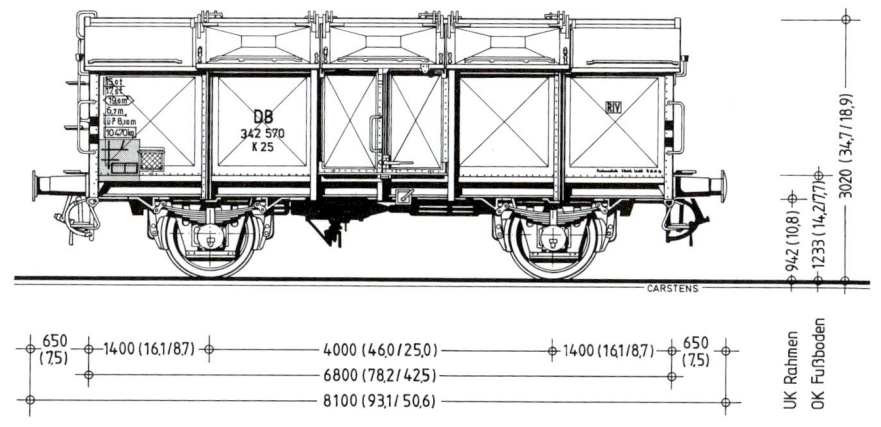

Bereits in den Abmessungen der K 25 gebaut, jedoch noch kein echter Austauschbauwagen: der K 15 343 028 mit Verbandsbauart-Achshaltern und abweichender Anordnung der Kkg-Bremse.

	m. Hbr. / o. Hbr.
Erstes Baujahr	1924
Letztes Einsatzjahr	1968
Länge über Puffer	8800/8100 mm
Achsstand	4000 mm
Ladelänge	6790 mm
Ladebreite	2800 mm
Ladefläche	19,0 m²
Laderaum	23,7 (27,9) m³
Ladegewicht	15,0 t
Tragfähigkeit	17,5 t
Lastgrenze A/B/C	17,5 t
Eigengewicht	11600/11000 kg
Achslager	Gleitlager
Höchstgeschwindigkeit	65 km/h
Bremsbauart	Kkg
Federgehänge	Laschen
Federblattanz./-länge	11/1100 mm
Pufferlänge	650 mm
Puffertellerdurchmesser	370 mm

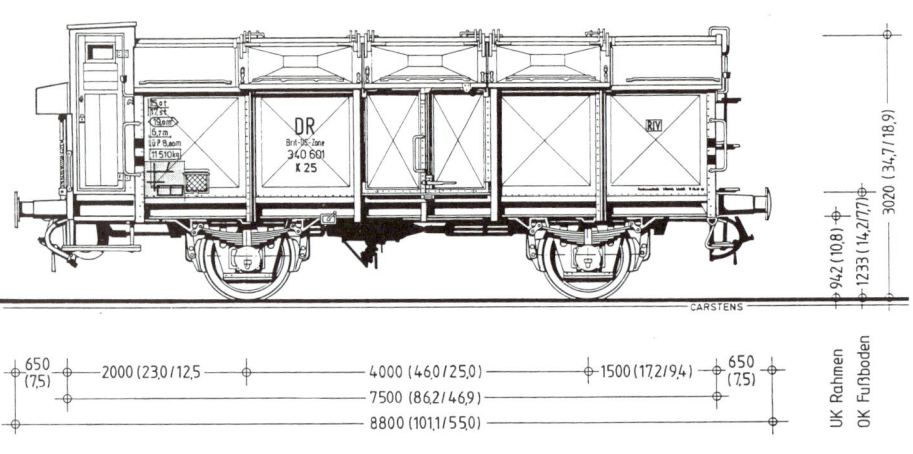

Seiten- und Stirnansicht eines K 25 mit Handbremse im Maßstab 1 : 87.

Mit der Einführung des Austauschbaus in der zweiten Hälfte der zwanziger Jahre wurde die Konstruktion der K-Wagen überarbeitet und der Laderaum der Wagen um rund 5 m³ vergrößert.

Während die ersten Wagen mit vergrößertem Laderaum noch keine genormten Teile besaßen und somit noch keine echten Austauschbauwagen waren (zu erkennen sind diese Wagen an den Achshaltern der Verbandsbauart, der abweichenden Anordnung der Bremsanlage, an den fehlenden unteren Winkeln an den Eckrungen und der tiefer liegenden unteren Nietenreihe

der Seitenbleche), wurden ab 1927 991 Wagen nach Austauschbaugrundsätzen beschafft. Diese Wagen wurden bei der Deutschen Reichsbahn als K Elberfeld (bzw. ab 1930 K Wuppertal) 80 001 ff. eingereiht.

Bei der Deutschen Bundesbahn erhielten die Wagen die Bezeichnung K 25 (wobei die Wagen, die keine genormten Teile besaßen, zum Teil als K 15 und zum Teil als K 25 eingereiht wurden). Sie wurden in die gleiche Nummerngruppe wie die K 06 und K 15 eingereiht. Der Bestand, der 1962 noch nahezu 300 Wagen umfaßte, nahm in den Folgejahren stark ab, da die zwischenzeitlich in großen Stückzahlen gebauten Ktmm-Wagen weitgehend die Transportaufgaben der Klappdeckelwagen übernahmen. 1968 wurde der letzte K 25 mit der neuen Gattungsbezeichnung Tk-u 902 ausgemustert. Es waren noch Nummern zwischen 568 0 200 und 568 0 299 vorgesehen.

Modell

Zwar haben sich schon verschiedenen Hersteller an einem Modell des K 25 versucht, aber heutigen Anforderungen wird keiner dieser Wagen gerecht. Während das Fleischmann-Modell ungefähr im Maßstab 1:82 gehalten ist und ein Fahrwerk mit Rollenlagern besitzt, ist der Roco-Wagen 4 mm zu lang und in den Proportionen ziemlich mißglückt. Beiden Wagen merkt man das hohe Alter deutlich an.

K 25 mit Handbremse: Während der 343 310 ebenfalls kein echter K 25, sondern ein langer Verbandsbauartwagen ist, entspricht der 340 000 (der erste Wagen im Nummernbereich für die K-Wagen!) der Zeichnung.

Kmr Wuppertal
Kmr 35
T-u 904

	m. Hbr. / o. Hbr.
Erstes Baujahr	1941
Letztes Einsatzjahr	1967
Länge über Puffer	9800/9100 mm
Achsstand	6000 mm
Ladelänge	7792 mm
Ladebreite	2800 mm
Ladefläche	21,8 m^2
Laderaum	28,6 (34,5) m^3
Ladegewicht	20,0 t
Tragfähigkeit	21,0 t
Lastgrenze A	20,5/21,0 t
B/C	21,0 t
Eigengewicht	11240/10730 kg
Achslager	Gleitlager
Höchstgeschwindigkeit	65 km/h
Bremsbauart	Hik-G
Federgehänge	Schaken
Federblattanz./-länge	7/1400 mm
Pufferlänge	650 mm
Puffertellerdurchmesser	370 mm

Als Versuchsserie wurden im Jahr 1941 acht geschweißte K-Wagen mit außenliegenden Langträgern gebaut, die konstruktiv eng an die Omm Linz und Villach angelehnt waren. Die Wagen, die bei der Deutschen Reichsbahn als Kmr Wuppertal 20001 ff. eingereiht wurden, erhielten bei der DB die Bezeichnung Kmr 35 und waren zum Teil bis 1967 im Einsatz.

Einer der vier Kmr 35 ohne Handbremse: der 350 002 am 21. 12. 1959 in Karlsruhe.

Der Kmr Wuppertal 20 002 bei der Ablieferung im Jahr 1942.

K Wuppertal (Pl)
K 90

Die nach dem Zweiten Weltkrieg in den Bestand der Deutschen Bundesbahn gelangten Klappdeckelwagen polnischer Bauart erhielten ab 1951 die Bauartbezeichnung K 90. Die Abmessungen der Wagen waren unterschiedlich, wobei viele Wagen in den Hauptabmessungen den Verbandsbauartwagen entsprachen. Die letzten K 90 wurden erst in der zweiten Hälfte der sechziger Jahre ausgemustert.

Ein ehemals polnischer K 90 Ende der fünfziger Jahre.

Der Kmm 36 350 001 Anfang der fünfziger Jahre. Die Nummer 350 002 war übrigens von einem Kmr 35 belegt (siehe Vorseite).

Kmm Düsseldorf

Erstes Baujahr	1949
Letztes Einsatzjahr	1970
Länge über Puffer	10000 mm
Achsstand	5100 mm
Ladelänge	8692 mm
Ladebreite	2800 mm
Ladefläche	24,3 m²
Laderaum	37,7 (42,9) m³
Ladegewicht	24,0 t
Tragfähigkeit	25,0 t
Lastgrenze A	21,0 t
B	25,0 t
C	29,0 t
Eigengewicht	10800 kg
Achslager	Gleitlager
Höchstgeschwindigkeit	80 km/h
Bremsbauart	Hik-G
Federgehänge	Doppelschaken
Federblattanz./-länge	8/1200 mm
Pufferlänge	650 mm
Puffertellerdurchmesser	370 mm

Im Jahr 1949 beschaffte die Deutsche Reichsbahn eine Serie von 20 geschweißten Klappdeckelwagen, die sich auffällig von den Vorgängerbauarten unterschieden. Während diese nur jeweils eine Seitenwandtür besaßen, erhielten die als Kmm Düsseldorf bezeichneten neuen Wagen zwei Türen auf jeder Wagenseite. Weitere Unterschiede gegenüber den älteren Wagen waren insgesamt 10 Klappdeckel (die älteren Wagen besaßen 6 bzw. 8 Klappdeckel), die deutlich vergrößerte Ladehöhe sowie das neu eingeführte Doppelschakenlaufwerk.

Ein Weiterbau der ab 1951 als Kmm 36 bezeichneten Wagen unterblieb, da die gleichzeitig entwickelten Schiebedachwagen (Kmmks 51) für die gleichen Transportaufgaben eingesetzt werden konnten, dabei aber leichter zu bedienen waren. Der letzte Kmm 36 wurde im Jahr 1970 als T-u 905 ausgemustert.

Modell

Den Kmm 36 gibt es als recht gut detailliertes Trix-Modell. Das

Kmm 36

Untergestell des Wagens stammt jedoch vom Omm 46 und hat daher die für den Klappdeckelwagen falschen, geschlossenen Federböcke. Durch Aufbohren und Befeilen können diese im Aussehen dem Vorbild angepaßt werden.

Zusätzlich sind folgende Arbeiten am Untergestell sinnvoll: Abtrennen der Bremsbacken und Ersatz durch neue, in der Ebene der Radlaufflächen liegende, Austausch der ange-

T-u 905

spritzten Rangierertritte durch gegossene von Weinert sowie Anbringen neuer Bremsumsteller und Komplettierung der Pufferbohlen mit Federpuffern, Rangierergriffen und Bremsschläuchen sowie ggf. einer neuen Kupplung. Der Wagenkasten kann durch neue, freistehende Griffstangen, Signalhalter und Seilösen ebenfalls weiter verfeinert werden. Zum Schluß sollte der Wagen neu lackiert und mit Schiebebildern von Gaßner neu beschriftet werden.

Der gleiche Wagentyp als gesupertes Trix-Modell, mit aufgebohrten Federböcken sowie neuen Trittstufen, Griffstangen und Signalhaltern.

Wagen mit Schiebe- oder Schwenkdach

Verwendung

Wagen mit öffnungsfähigen Dächern verdrängen, zusammen mit den Schiebewandwagen, immer mehr die herkömmlichen gedeckten Wagen, da diese sich für heutige Verhältnisse nicht mehr wirtschaftlich be- und entladen lassen.

Wurden bis zur Mitte dieses Jahrhunderts die gedeckten Güterwagen vorwiegend manuell (mit Hilfe von Sackkarren etc.) beladen, so werden hierfür seit den sechziger Jahren im großen Umfang Gabelstapler und Kräne eingesetzt. Hierfür gibt es mehrere Gründe. Zum einen wurden Arbeitskräfte zunehmend knapper, zum anderen die Ladungseinheiten immer größer – nicht mehr Kisten und Säcke, sondern Paletten –, so daß Hilfsmittel verwendet werden mußten, um sie zu bewegen. Um diese Geräte wirtschaftlich einsetzen zu können, muß die Ladefläche moderner Güterwagen möglichst gut zugänglich sein. Hierzu müssen die Dächer oder Seitenwände (zumindest teilweise) geöffnet werden können.

Für die verschiedenen Einsatzzwecke gibt es spezielle Wagenkonstruktionen, was aber nicht bedeutet, daß diese Wagen nur beschränkt eingesetzt werden können. Gerade Schiebedach-/Schiebewandwagen sind sehr vielseitig einsetzbar, und die unten aufgezeigten Kombinationen stellen nur die optimale Ausnutzung der Möglichkeiten der Wagen dar:

– Be- und Entladung mit Kränen: Wagen mit Schiebedach (Tms), für besonders schwere oder sperrige Güter Drehgestellwagen mit Schwenk- oder Rolldach (Taes).

– Beladung mit Kränen, Entladung mit Gabelstaplern (oder umgekehrt): Wagen mit Schiebedach und Schiebewänden (Tims, Tbis).

– Be- und Entladung mit Gabelstaplern: Wagen mit Schiebewänden (Hbis – siehe S. 45).

Entwicklung

Die Entwicklung der Hubschiebedachwagen begann Ende der vierziger Jahre. Im Jahr 1949 wurden zu Vergleichszwecken eine kleine Serie Klappdeckelwagen herkömmlicher Bauart (Kmm Düsseldorf, später Kmm 36) sowie verschiedene Wagen mit Hubschiebedach beschafft. Diese anfangs als Kmms Göttingen bezeichneten Versuchswagen unterschieden sich in etlichen Details von der späteren Serienausführung. So besaß ein Teil der Wagen zwischen der Tür und den Eckrungen jeweils zwei senkrechte Kastensäulen (in der Serienausführung eine, sich nach oben verjüngende Säule) und, ähnlich wie bei herkömmlichen K-Wagen, einzelne Aufstiegstritte an der Stirnwand anstelle der Leiter. Zumindest ein Wagen besaß insgesamt vier Türen und Leitern an der Stirnwand, die ähnlich wie die Aufstiegsleitern zu erhöht angeordneten Bremserhäusern aussahen. Später wurden diese Wagen in Kmmks 51 umgezeichnet.

Millimeterarbeit muß der Gabelstaplerfahrer bei der Beladung dieses Kmmks 51 leisten. Das Foto verdeutlicht, daß für diesen Transportzweck ein Schiebewandwagen bedeutend besser geeignet wäre, während . . .

. . . bei der Beladung von Hand, wie hier im Hamburger Hafen Ende der fünfziger Jahre, die Vorteile des Kmmgks 58 noch nicht voll ausgenutzt werden.

Ebenfalls Ende der vierziger Jahre wurden die vorhandenen vierachsigen offenen Versuchsgüterwagen OOfs Kattowitz und Berlin umgebaut und mit Schiebedächern ausgerüstet. Während aus den 14,2 m langen Wagen insgesamt sieben hochwandige KKfk 47 mit Stirntüren (zum Teil mit Ladeluken in den Seitenwänden) entstanden, wurden die beiden 18 m langen OOfs Berlin zu zwei KKk 48 umgebaut. Bei allen Wagen wurde die Aufteilung der Seitenwände der Ursprungswagen beibehalten.

Aufgrund der mit den Versuchswagen gemachten Erfahrungen begann 1951 die Serienfertigung der Kmmks Düsseldorf, die nach dem ursprünglichen Umzeichnungsplan die

Bei den ersten Wagen wurden verschiedene Federböcke verwendet (offene Federböcke Siegener Bauart, ähnlich wie bei den Kmm 36, und normale Federböcke Uerdinger Bauart). Die Wagen späterer Lieferungen bekamen hingegen nur noch Uerdinger Federböcke. Ab dem Baujahr 1955 wurde die Hik-GP-Bremse, wie bei den meisten Güterwagenbauarten, durch die KE-GP-Bremse ersetzt.

Weitere Änderungen betreffen die Fanghaken für das Dach an den Stirnwänden, die die Wagen der ersten Lieferungen noch nicht besaßen, die Schutzbügel über den Türen, die später entfielen bzw. ausgebaut wurden, und die Seillösen, die im Laufe des Lieferzeitraums durch

Hingegen wurden ab 1964 insgesamt 100 Fährbootwagen nach den gleichen Baugrundsätzen beschafft (s. „Güterwagen Band 1 – Gedeckte Wagen").

Eng mit den Kmmks 51 verwandt sind die Kmmfks 52, die ab 1955 gebaut wurden. Sie unterscheiden sich von den Kmmks 51 nur durch die dreiflügeligen Stirnwandtüren anstelle der Stirnwandklappen.

Als dritte Wagengattung auf dem gleichen Fahrgestell wurden ab 1957 die Kmmgks 58 gebaut. Im Gegensatz zu den anderen beiden Wagentypen besitzen sie nicht nur Hubschiebedächer, sondern auch Schiebewände, die jeweils etwa die halbe Wagenlänge zum Be- und Entladen freigeben. Die Wagen eignen sich dadurch als Mehrzweckfahrzeuge, die sowohl mit Kränen als auch mit Gabelstaplern beladen werden können. Die Seitenwände der Wagen sind 2,17 m hoch (bei den Kmm(f)ks 51/52 nur 1,7 m), so daß zwei Boxpaletten übereinander gestapelt werden können.

Die zunehmende Palettierung der Ladegüter bewirkte ab Anfang der sechziger Jahre das Interesse der Eisenbahnkunden an großräumigen Schiebewandwagen. Als Weiterentwicklung aus dem Kmmgks 58 entstand 1960 der Klmmgks 66. Bei diesem Wagen wurde die grundsätzliche Konstruktion des kurzen Kmmgks 58 übernommen, die Ladelänge jedoch um 4 m auf 12,74 m verlängert und die Seitenwandhöhe auf 2,26 m vergrößert. Um das Eigengewicht der Schiebetüren in Grenzen zu halten, bestehen diese nicht mehr (wie bei den kurzen Wagen) aus Stahlblech, sondern aus Leichtmetall. Weitere Abweichungen gibt es bei den Einrichtungen zum Festlegen des Ladegutes.

Ab 1962 wurde bei beiden Wagentypen die Form der Schiebetüren geändert. Während die Wagen der ersten Lieferungen nach außen gewölbte Schiebetüren besaßen, erhielten die ab 1966 gebauten Wagen, ebenso wie alle Folgebauarten, ebene Wände mit aufgeschweißten Verstärkungsprofilen.

Im Jahr 1961 ließ die DB zwei Schiebewand-Versuchswagen bauen, die in ihren Hauptabmessungen dem Klmmgks 66 entsprachen. Diese als Glmmgks 01 (später Tbis 864) bezeichneten Wagen hatten dreiteilige Schiebewände, die im Gegensatz zu allen anderen Schiebewandwagen von außen zu betätigende Lüftungsjalousien besaßen. Ein Weiterbau dieser Fahrzeuge unterblieb jedoch.

Als weitere Variante des Klmmgks 66 entstand 1962 (nach dem Bau eines Versuchswagens mit etwas anderer Anordnung der Verstärkungsprofile im Jahr 1961) der Klmmgks 68 mit dreiteiligen Schiebetüren. Bis auf diese Änderung wurde dabei die Konstruktion des Klmmgks 66 übernommen; allerdings wurde der Tbis 871, wie die neue Bezeichnung lautet, im Gegensatz zum Tbis 870 (Klmmgks 66) auch mit Handbremsbühne geliefert.

Der Tbis 874 wurde 1964 als Versuchswagen gebaut. Die Konstruktion des Wagenkastens wurde vom Tbis 870 übernommen. Er ist für den Transport besonders stoßempfindlicher Güter konzipiert und zu diesem Zweck mit einem Langhub-Stoßdämpfer ausgerüstet. Die Länge des Wagens vergrößert sich dadurch um 1,3 m auf 15,3 m.

Ab 1966 wurde die erste Bauform (Bauform A) der Tbis 869 beschafft, die äußerlich und ver-

Der Kmmks 51 als Kmmks Düsseldorf mit Handbremsbühne und offenen Federböcken, darunter der Kmmfks 52 im Maßstab 1:160.

neue Gattungsbezeichnung Kmmks 37 bekommen sollten, dann aber doch zu Kmmks 51 wurden. Diese Wagen unterschieden sich von den Versuchswagen durch die andere Seitenwand mit nur einer senkrechten Kastensäule zwischen Tür und Eckrunge sowie die Leitern an den Stirnwänden. Wichtigstes Unterscheidungsmerkmal, da nicht nur konstruktiv, sondern auch für den Einsatz der Wagen von Bedeutung, ist die Ausführung der Stirnwände als Klappen (ähnlich wie bei offenen Wagen), so daß die Wagen stirnkippfähig und somit noch vielseitiger einsetzbar sind.

Während des Beschaffungszeitraums wurde die Konstruktion der Kmmks 51 häufig in Details modifiziert. Daneben gab es versuchsweise auch auffällige Änderungen (wie z.B. einen Wagenkasten, der an die Konstruktion der Omm 52 angelehnt ist).

Seilanker ersetzt wurden. Außerdem waren bei Wagen späterer Lieferungen die Bühnen schmaler als bei den ersten Wagen. Der Grund hierfür: Die Wagen der ersten Baujahre waren für den Anbau der Handbremsbühne mit Blechbremserhaus vorbereitet, das unter die Bühne bzw. zwischen die Stützbleche passen mußte. Erst als feststand, daß auf dieses Bremserhaus verzichtet werden sollte, konnten die Bühnen schmaler ausgeführt werden.

Während bei den Kmmks 51 gewissermaßen die Konstruktion der offenen Wagen übernommen wurde und ein Schiebedach erhielt, wurde 1953 eine Probeserie von 10 gedeckten Wagen mit Schiebedach und dreiflügeligen Stirntüren gebaut. Die Wagen entsprachen im Wagenkasten weitgehend den Glmehs 50. Bei den "normalen" G-Wagen wurde diese Konstruktion nicht weiter verfolgt.

Beide Ausführungen des Kmmgks 58/Tims 858: der Wagen mit Handbremse stammt aus den ersten Baulosen, der Wagen ohne Handbremsbühne aus den Lieferungen ab 1962.

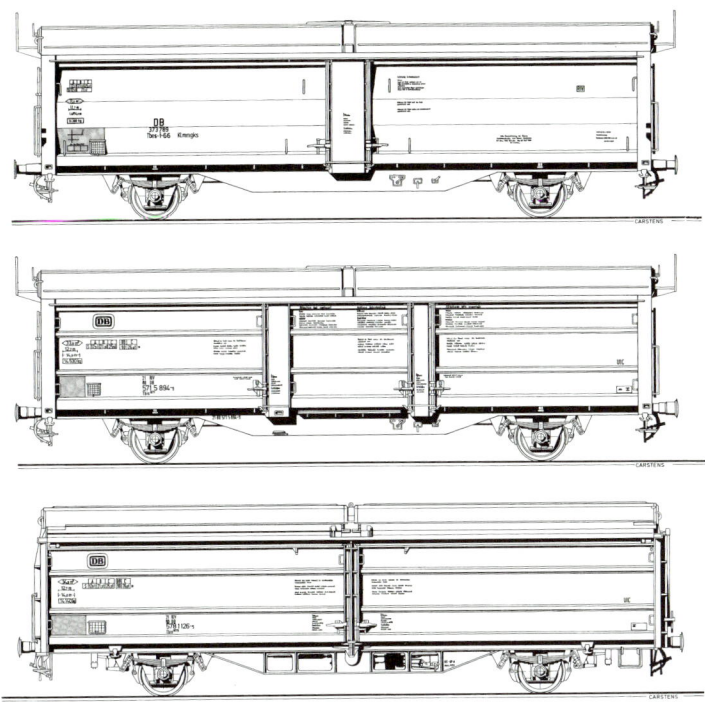

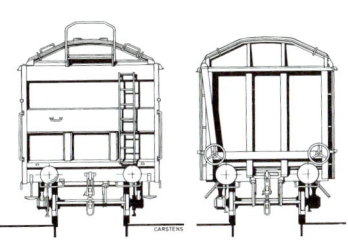

Von oben nach unten: Tbis 870 der ersten Bauform, Tbis 871 und Tbis 875. Links die Stirnansichten der Wagen (die linke Zeichnung gilt für den Tbis 870 und 871)

kehrlich fast völlig den Tbis 870 gleicht. Der Hauptunterschied besteht in dem für die Aufnahme der automatischen Kupplung vorbereitetem Untergestell, das aufgrund internationaler Vereinbarungen um 20 mm verlängert wurde.

1968 wurde die Konstruktion der Tbis 869 überarbeitet. Die toten Ecken an den Stirnwänden, die die älteren Wagen besaßen, konnten beseitigt werden. Außerdem wurde die Breite der Mittelsäule von 1000 mm auf 320 mm verringert (nachdem diese 320 mm breite Mittelsäule ab 1966 bereits bei den Hbis-Wagen verwendet wurde). Dadurch war es möglich, die freie Ladebreite je Türhälfte von 5660 mm auf 6227 mm zu vergrößern. Schließlich wurde bei diesen Wagen die Betätigung der Schiebedächer geändert. War es bislang noch erforderlich, hierzu den Wagen zu besteigen, erfolgt bei den Tbis 869 ab Baujahr 1968 die Bedienung mit Handrädern vom Boden aus.

Als letzte Schiebewand-/ Schiebedachwagenbauart entstanden ab 1970 die Tbis 875. Die Wagen entsprechen den Tbis 869 Bauform B, haben jedoch eine SS-Bremse mit auto-

matischer Lastabbremsung, so daß sie für Geschwindigkeiten bis 120 km/h zugelassen sind.

Da bei allen Schiebedachwagen immer nur die halbe Dachfläche zur Beladung geöffnet werden kann, sind die Wagen nicht für den Transport schwerer, sperriger Güter geeignet. Um für diesen Transportzweck geeignete Wagen zu schaffen, wurden 1964 drei Versuchswagen gebaut. Hierbei handelte es sich zum einen um einen auf dem Fahrgestell des Kmmks 51 aufgebauten Wagen mit einem vierschaligen, über die ganze Wagenlänge reichenden Schwenkdach. Dieser Wagen erhielt die Bezeichnung Kmmks 01 (später Ts 852). Außerdem wurden zwei 11,5 m lange Drehgestellwagen gebaut, die als KKks 01 (später Taes 887 bzw. Taes 888) bezeichnet wurden. Während bei dem Taes 887 die Dachkonstruktion des Ts 852 übernommen wurde, besaß der Taes 888 ein einteiliges Schwenkdach. Ein Weiterbau des zweiachsigen Wagens unterblieb. Hingegen wurden die vierachsigen Wagen in den Folgejahren in Serie gebaut, wobei allerdings von den Taes 887 nur eine Serie von 50 Wagen mit

überarbeiteter Dachmechanik beschafft wurde (gegenüber 280 Taes 888).

Ab 1966 wurde eine längere Ausführung der Schwenkdachwagen gebaut. Diese als Taes 890 bezeichneten Wagen haben eine rund 2 m größere Ladelänge als die Taes 888 (bei einer Länge über Puffer von 14,04 m), entsprechen im Aufbau aber sonst weitgehend den kurzen Wagen.

Die Taes 891, die als Nachfolgebauart ab 1971 gebaut wurden, sind baugleich mit den Taes 890, haben im Gegensatz zu diesen jedoch eine Bremsanlage mit selbsttätiger Lastabbremsung.

Die Wagen bewährten sich sehr gut, so daß von beiden Typen zusammen rund 2500 Stück gebaut wurden. Einziger Nachteil ist, daß das Dach im offenen Zustand ins Profil des Nachbargleises ragen kann und den Zugang durch die Seitenwandtür behindert.

Aus diesem Grund wurden ab 1973 Wagen mit den gleichen Hauptabmessungen gebaut, die jedoch anstelle des Schwenkdaches ein Kunststoff-Rolldach erhielten. Sie wurden in zwei Bauformen beschafft. Während die

ab 1973 gelieferten Taes 889 eine selbsttätige Lastabbremsung erhielten, bekamen die ab 1976 gebauten Taes 892 nur eine einfache KE-GP-Bremse. Letztere unterscheiden sich außerdem in der Anordnung der senkrechten Seitenwandprofile neben den Türen geringfügig von den Taes 889.

Den Abschluß der Entwicklung bilden der Tams 886 und der Tamns 893. Der Tams 886 wurde 1986 in einer kleinen Serie von 20 Wagen gebaut. Der Wagen entstand in Anlehnung an den Eaos 051. Er besitzt auf jeder Seite zwei Türen sowie ein Rolldach, das den Taes 889/892 entspricht.

Da sich während der Betriebserprobung der Wagen herausstellte, daß der Laderaum in vielen Fällen nicht zur Auslastung des Wagens bis an die Lastgrenze ausreichte, wurde mit dem Tamns 893 ein 1,7 m längerer Wagen konzipiert. Der Wagen wurde auf der Basis des gerade standardisierten Eanos 052 entwickelt, das Rolldach wurde von den Vorgängerbauarten übernommen. Die Serienfertigung der Wagen, die mit und ohne Handbremse gebaut werden, begann 1988.

Stirn- und Seitenansichten der Taes 887, Taes 889 und Taes 890 (von links nach rechts bzw. oben nach unten). Alle Zeichnungen im Maßstab 1 : 160.

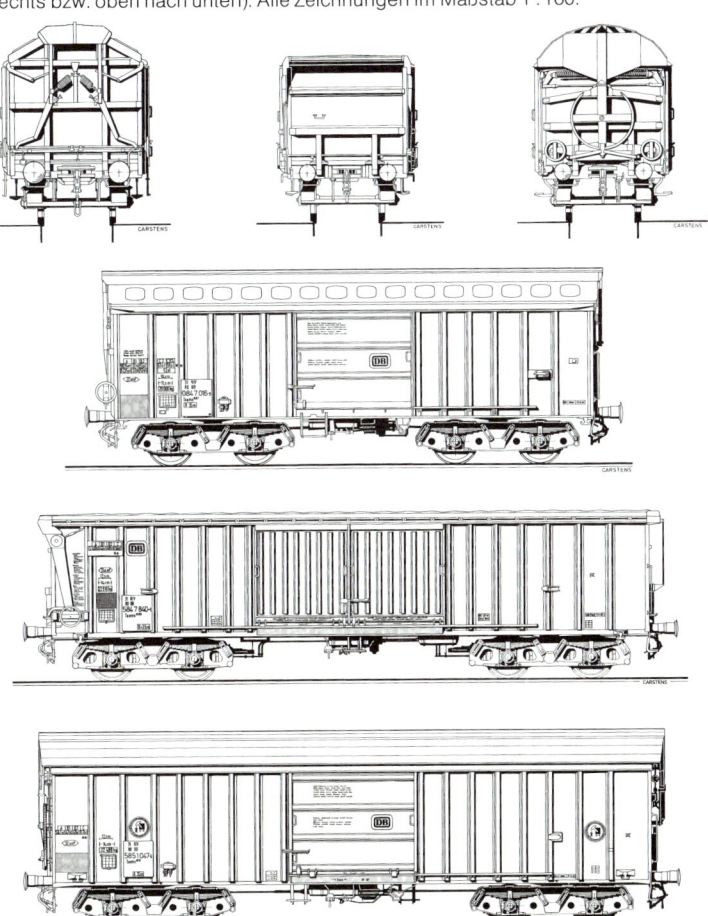

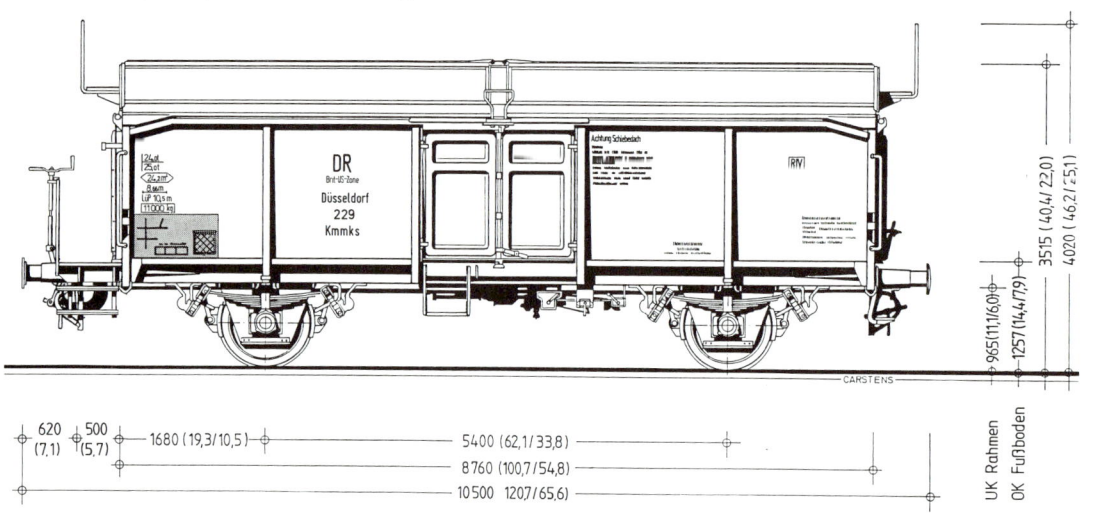

Der Kmmks Düsseldorf 229 mit Handbremsbühne und offenen Federböcken auf einem SEAG-Werkfoto aus dem Jahr 1951. Wegen des relativ geringen Eigengewichtes von 11 000 kg konnte die Tragfähigkeit auf 25 t festgesetzt werden (vgl. Datenspiegel).

Kmmks Düsseldorf   Kmmks 51   Ts 851   Tms 851

	m. Hbr. / o. Hbr.			
Erstes Baujahr	1949	Ladegewicht		24,0 t
Länge über Puffer	10500/10000 mm	Tragfähigkeit		24,2 t
Achsstand	5400 mm	Lastgrenze A*		20,5/20,5 t
Ladelänge	8760 mm	B*		24,0/24,5 t
Ladebreite	2760 mm	C*		28,0/28,5 t
Ladefläche	24,0 m²	S*max.		24,0/24,5 t
Laderaum	40,6 (59,0) m³	Eigengewicht*		11700/11400 kg
		Achslager		Rollenlager

Höchstgeschwindigkeit	100 km/h
Bremsbauart	Hik-GP oder KE-GP
Federgehänge	Doppelschaken
Federblattanz./-länge	9/1400 mm
Pufferlänge	620 mm
Puffertellerdurchmesser	370 mm

* Die Lastgrenzen für die Wagen der 1. Bauserie und Wagen mit Blechfußboden liegen wegen des 500 kg bis 800 kg höheren Eigengewichts bis 1,0 t unter den angegebenen Werten. Ths 851 haben ein 2000 kg höheres Eigengewicht, die Lastgrenzen sind entsprechend niedriger.

Der oben gezeigte Wagen als 1:87-Zeichnung.

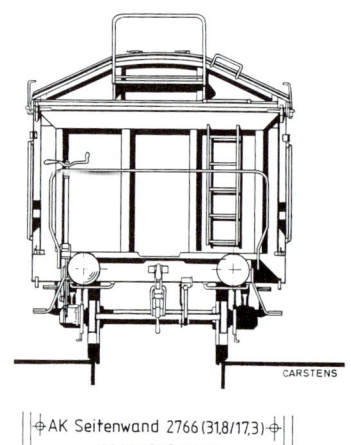

Die ersten Hubschiebedachwagen wurden 1949 gebaut. Diese Versuchswagen unterschieden sich in etlichen Details von der späteren Serienausführung: Ein Teil der Wagen besaß zwischen der Tür und den Eckrungen jeweils zwei senkrechte Kastensäulen und einzelne Aufstiegtritte an den Stirnwänden.

1951 wurden die ersten Kmmks Düsseldorf der Serienausführung geliefert. Sie erhielten Seitenwände mit nur einer senkrechten Kastensäule zwischen Tür und Eckrunge sowie Leitern an den Stirnwänden. Außerdem wurden die Stirnwände als Klappen ausgeführt, so daß die Wagen stirnkippfähig sind. Ein Teil der Wagen der ersten Lieferjahre hat nicht die üblichen Uerdinger Federböcke, sondern die offenen Federböcke Siegener Bauart.

Nach dem ersten Umzeichnungsplan sollten die Wagen die Gattungsnummer Kmmks 37 erhalten (die sie z.T. tatsächlich erhielten). Später wurden sie dann jedoch in Kmmks 51 umgezeichnet und in die Nummerngruppe 360 000 ff. eingereiht.

Bis 1967 stieg der Bestand auf rund 4575 Wagen an, von denen die Wagen der letzten Lieferjahre bereits als Ts-51 abgeliefert wurden. Zum Jahresende 1968 wurden alle Wagen in Ts 851 umgezeichnet und erhielten die Nummern 570 0000 – 570 4 580.

Ab 1980 wurden die Gattungsbezeichnung in Tms 851 und die Wagennummern in 575 6000 – 575 9 999 und 576 3000 ff. geändert. Einige wenige Wagen erhielten Einrichtungen für den Transport von Blechrollen. Sie bekamen die neue Gattungsbezeichnung Th(m)s 851 und Wagennummern ab 576 6 000.

Die heute noch vorhandenen insgesamt rund 2500 Wagen werden ab 1988 erneut umgenummert, wobei die Fünf an der ersten Stelle durch eine Null ersetzt wird.

Modell

Modelle des Ts 851 gibt es von Fleischmann und Märklin. Leider können beide nicht so ganz überzeugen, und das, obwohl das Fleischmann-Modell erst in diesem Jahr erschienen ist. Trotz

Ebenfalls mit Handbremsbühne ausgerüstet: der Tms 851 575 8 884 im Oktober 1987 im Bf. Hamburg Hgbf. Von dem links abgebildeten Wagen unterscheidet er sich durch die geschlossenen Federböcke, die Regenrinne über der Tür, die anderen Dachbühnen, die Seilanker sowie die zusätzlichen Signalhalter und Griffstangen an den Stirnwänden.

Modell des Märklin- (oben) und Fleischmann-Kmmks 51 mit den im Haupttext beschriebenen Verbesserungen. Der Fleischmann-Wagen hat zusätzlich eine Weinert-Handbremsbühne bekommen.

Kmmks 51-Versuchs- und Vorserienwagen. Links oben der 360 003 mit zwei Kastensäulen neben den Türen und Einzeltritten an den Stirnwänden, daneben der 360 000, zusätzlich mit einer Handbremsbühne, Stirnwandleitern und abweichendem Obergurt (der Wagen wirkt wie ein Umbau aus einem Omm-Wagen). Unten der Kmmks 37 (!) 360 011, der weitgehend der Serienausführung entspricht, und der von der SEAG auf einem Omm 52-Wagenkasten aufgebaute 361 550.

Mit Bremserhaus und offenen Federböcken: der Kmmks 51 360 135 Mitte der fünfziger Jahre.

1:87-Zeichnung eines Kmmks 51 der Serienausführung.

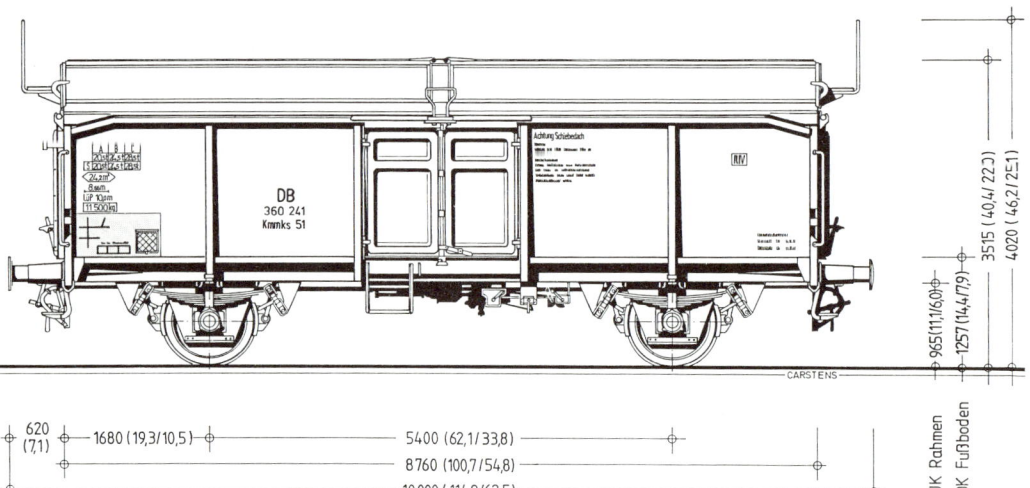

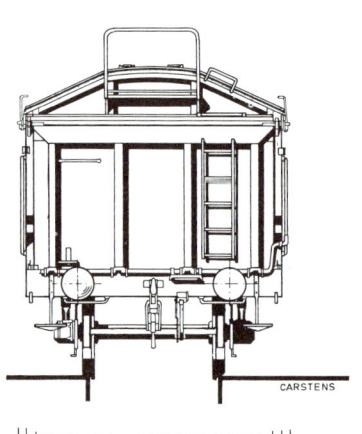

620 (7,1)   1680 (19,3/10,5)   5400 (62,1/33,8)

8760 (100,7/54,8)

10 000 (114,9/62,5)

UK Rahmen
OK Fußboden

965 (11,1/6,0)
1257 (14,4/7,9)

3515 (40,4/22,)
4020 (46,2/25,1)

AK Seitenwand 2766 (31,8/17,3)
2985 (34,3/18,7)
Dachgriffe 3118 (35,8/19,5)

seines hohen Alters von nun bald dreißig Jahren ist das Märklin-Modell in einigen Details (Dach, Stirnwände, Achslager) besser als der Fleischmann-Wagen. Genau maßstäblich ist keiner der beiden. Während der Fleischmann-Tms 851 etwas zu kurz geraten ist, ist der Märklin-Wagen geringfügig zu lang.

Fleischmann-Modell

Folgende Verbesserungen sind an dem Fleischmann-Kmmks 51 möglich: Anbringen neuer Rangierertritte (bei Wagen mit Signalhaltern an beiden Enden vier, mit Signalhaltern einseitig drei oder vier Tritte) und Rangierergriffe, Abschleifen der angespritzten Leitern an den Stirnwänden und Ersatz durch neue geätzte oder gegossene Messingleitern. Außerdem können die dem Modell fehlenden Knebelwellen für die Stirnwandklappen aus 0,6 mm-Draht mit Fanghaken aus dem Weinert-Ätzblech angebracht werden, ebenso wie neue Griffe über den Leitern und an der Dachkante. Schließlich kann das Dach noch Riffelblechfolie auf den Dachlaufstegen sowie Nachbildungen der Öffnungsbügel für die Dachhälften bekommen. Diese werden am besten aus 0,4 mm-Messingdraht U-förmig gebogen (Länge x Breite: ca. 9 x 2 mm) und mit einem 3 mm langen Stück 0,7 mm-Draht als Welle jeweils rechts von der Mitte auf die Dachhälften geklebt. (Wer im Besitz eines Kmmgks 58 (Tims 858) von Trix ist, kann sich am Aussehen der Bügel an diesem Wagen orientieren.)

Märklin-Modell

Zwar ist der Aufwand, der am Märklin-Kmmks 51 getrieben werden muß, damit das Modell neben neuen Wagen bestehen kann, nicht gerade gering, aber auch hier lohnt sich ein Umbau allemal.

Das abgebildete Märklin-Modell hat neue geätzte Pufferbohlen mit Puffern und Rangierertritten von Weinert sowie Roco-Bremsschläuchen bekommen, wobei zum Ankleben der Pufferbohlen das Fahrgestell an beiden Enden jeweils ca. 0,5 mm gekürzt werden muß. Wegen der kombinierten Blech-/Kunststoffbauweise empfiehlt es sich, das Fahrwerk zu zerlegen und zuerst die seitlichen Kunststofflangträger mit einem kleinen Kreissägeblatt abzulängen und anschließend den Blech-Mittelteil mit einer Trennscheibe zu bearbeiten. Die Bremsanlage des Wagens stammt vom Roco-

Gms 54. Damit sie auf die richtige Höhe kommt, müssen die Bremsbacken mittels 3 mm Zwischenlagen (z.B. Messingprofilen) unter den Wagenboden geklebt werden, der Luftbehälter und das Steuerventil können mit den Haltestegen direkt unter die äußeren Langträger geklebt werden. Ergänzt wird sie durch Umstellschilder von Weinert.

Der Wagenkasten hat unter den Türen 2 x 0,5 mm-Messingstreifen mit Trittstufen von einem ausgeschlachteten G-Wagen (Roco-Gmhs 53) bekommen. Außerdem wurden sämtliche Griffstangen aus 0,4 mm-Messingdraht gebogen und eingesetzt, ebenso die an der Dachkante über den Türen angebrachten Schutzbügel (aus 0,3 mm-Draht). Weitere Zutaten

sind: geätzte Zettelhalter und Seilösen sowie Signalhalter von Weinert, außerdem Riffelblech und neue Geländer an den Stirnwand-Bühnen. Die überdimensionierten Blechleitern wurden ausgebaut, die Haltelöcher verspachtelt und anschließend neue geätzte Leitern angebracht. Das Dach wurde durch seitliche Begrenzungen der Dachlaufstege aus 0,4 mm-Draht und die Nachbildung der Öffnungsbügel analog zu dem Fleischmann-Modell verbessert. Zusätzlich können bei beiden Modellen noch die Fanghaken für die Schiebedächer an den Stirnwänden angebracht werden. Diese werden am besten aus weichem 0,4 mm-Draht gebogen und mit einer Flachzange vor der Montage glatt gequetscht.

Modell mit Handbremse

Beide Modelle des Kmmks 51 lassen sich mit einer Vorbauhandbremsbühne von Weinert ausrüsten, wobei der Umbau bei dem Fleischmann-Modell etwas leichter durchzuführen ist. Die Wagen mit Handbremsbühne besitzen auf der Bühnenseite keine öffnungsfähige Stirnwand und daher auch keine Knebelwelle.

Beim Fleischmann-Kmmks 51 brauchen daher nach der Demontage des Wagens nur die Puffer und Rangierertritte abgeschnitten und die Pufferbohle (an der den Bremsumstellhebeln abgewandten Seite) glatt geschliffen zu werden, damit die Handbremsbühne vorgeklebt werden kann.

Tms 850-Serienwagen 575 7 095 mit schmaler Dachbühne im Oktober 1987 im Bf. Hamburg Hgbf.

Das gesuperte Fleischmann-Modell des Kmmks 51 mit komplett neuer Pufferbohle, neuen Aufstiegsleitern (vom Trix-Tims 858), Signalhaltern, Rangierertritten und Griffstangen.

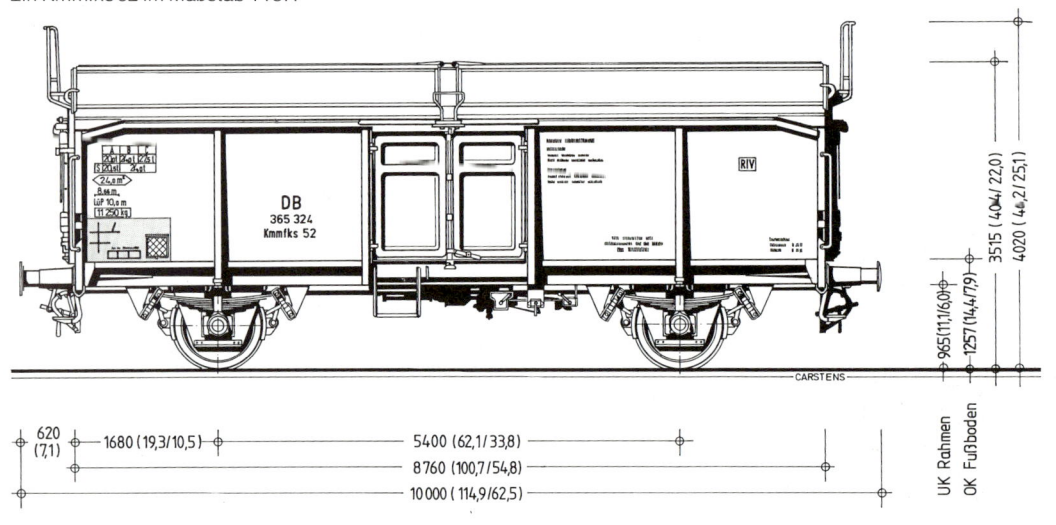

Der Tcms 850 572 5 336, aufgenommen im Oktober 1987 im Bf. Hamburg Hgbf, hat anscheinend bei einem AW-Aufenthalt einen neuen Griffbügel an der Dachbühne bekommen (vgl. mit der 1:87-Zeichnung unten).

Kmmfks 52   Tcs 850   Tc(m)s 850

Erstes Baujahr		1955
Länge über Puffer		10000 mm
Achsstand		5400 mm
Ladelänge		8660 mm
Ladebreite		2760 mm
Ladefläche		24,0 m²
Laderaum		40,1 (49,0) m³
Lastgrenze A		20,5 t
B		24,0 t
C		28,0 t
S max.		24,0 t
Eigengewicht		11600 kg
Achslager		Rollenlager
Höchstgeschwindigkeit		100 km/h

Bremsbauart	Hik-GP oder KE-GP
Federgehänge	Doppelschaken
Federblattanz./-länge	9/1400 mm
Pufferlänge	620 mm
Puffertellerdurchmesser	370 mm

In den Jahren 1955/56 beschaffte die Deutsche Bundesbahn insgesamt 600 Kmmfks 52 (alle ohne Handbremsbühne). Diese Wagen unterscheiden sich bis auf die Stirnwandtüren nicht von den über 1000 bis dahin gebauten Kmmks 51.

Tcs 850

Die Stirnwanddrehtüren sind ohne ein Stirnwandjoch ausgeführt. Dadurch können bei geöffneten Stirntüren Ladegüter, die länger als die halbe Wagenlänge sind, mit einem Kran verladen werden.

Die Kmmfks 52 erhielten Nummern zwischen 365 000 und 365 609 (10 Wagen entstanden vermutlich in den fünfziger Jahren durch Umbau von Kmmks 51). Zum Jahresende

Tc(m)s 850

1968 wurden alle Wagen in Tcs 850 umgezeichnet und erhielten die Nummern 572 5 000 – 572 5 609.

Ab 1980 wurden die Gattungsbezeichnung in Tcms 851 geändert, die Wagennummern wurden jedoch beibehalten. Die heute noch vorhandenen insgesamt rund 400 Wagen erhalten ab 1988 neue Nummern mit einer Null an der ersten Stelle anstelle der Fünf.

Ein Kmmfks 52 im Maßstab 1:87.

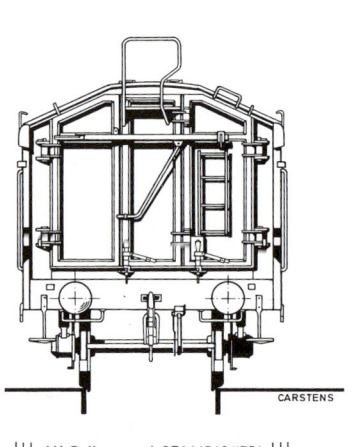

Modell

Das Modell des Tcms 851 von Klein-Modellbahn besticht (bis auf die bei richtiger Gesamtlänge geringfügig zu breit geratenen Türen) durch Maßstäblichkeit und sehr gute Detaillierung. Auch die Farbgebung und Beschriftung des Wagens in der vorliegenden Epoche IV-Ausführung ist (inclusive der zweifarbigen Stirnwandbeschriftung) gut gelungen und bietet – entgegen manchen älteren Modellen dieses Herstellers – kaum noch Anlaß zur Kritik. Jedoch bedürfen die Pufferbohlen, Rangieretritte, und Seilösen noch der farblichen Nacharbeit. Diese sind beim Vorbild schwarz (bei einem AW-neuen Wagen sind obendrein die Trittstufen, ebenso wie das beim Modell bereits gealterte Dach aluminiumfarben).

Der einzige echte Schwachpunkt ist die Bremsanlage, die nicht vollständig nachgebildet ist. Dies gilt sowohl für die Umstellhebel, die etwas arg spartanisch ausgefallen sind, als auch für das fehlende Steuerventil. Hier kann jedoch durch ein Steuerventil vom Roco-Gms 54 bzw. durch Umstellhebel von Weinert für Abhilfe gesorgt werden.

Der Kmmfks 52 365 056 am 14. 8. 1962 in Mainz-Bischofsheim. Von dem links abgebildeten Wagen unterscheidet er sich durch die Originalgriffbügel an den Bühnen und die Bügel über den Türen.

Der Kmmfks 52 von Klein-Modellbahn mit neuen Puffern, Griffstangen, Rangierertritten, Signalhaltern und Bremsumstellhebeln. Die Epoche III-Beschriftung des gealterten Wagens stammt von Gaßner.

Kmmks 01   # Ts 852   # Tms 852

Der Kmmks 01 mit Nummer 316 kurz nach der Ablieferung beim BZA Minden.

Erstes Baujahr	1964
Letztes Einsatzjahr	1988
Länge über Puffer	10000 mm
Achsstand	5400 mm
Ladelänge	8755 mm
Ladebreite	2720 mm
Ladefläche	23,8 m²
Laderaum	53,0 (59,0) m³
Lastgrenze A	19,0 t
B	23,0 t
C	27,0 t
S max.	23,0 t
Eigengewicht	12900 kg
Achslager	Rollenlager
Höchstgeschwindigkeit	100 km/h
Bremsbauart	KE-GP
Federgehänge	Doppelschaken
Federblattanz./-länge	9/1400 mm
Pufferlänge	620 mm
Puffertellerdurchmesser	370 mm

Als einer von drei Versuchswagen mit einem über die ganze Wagenlänge reichenden Schwenkdach wurde von der Firma Talbot 1964 der Kmmks 01 mit der Wagennummer 316 gebaut. Er ist auf dem Fahrgestell des Kmmks 51 aufgebaut. Die Konstruktion des vierschaligen Daches und der Seitenwände entsprechen dem vierachsigen Taes 887.

1968 wurde er in Ts 852 umgezeichnet und erhielt die Nummer 570 5000. Der Wagen war bis 1988 im Einsatz, ab 1980 mit der Gattungsbezeichnung Tms 852 und der Wagennummer 576 3600.

Ein Tims-ww 858 (ww = Wagen mit Funkenschutzblechen) der ersten Bauausführung mit Handbremse im Oktober 1987 im Bf. Hamburg Hgbf. im Zugverband mit dem auf Seite 26 abgebildeten Tcms 850 und einem Tms 851.

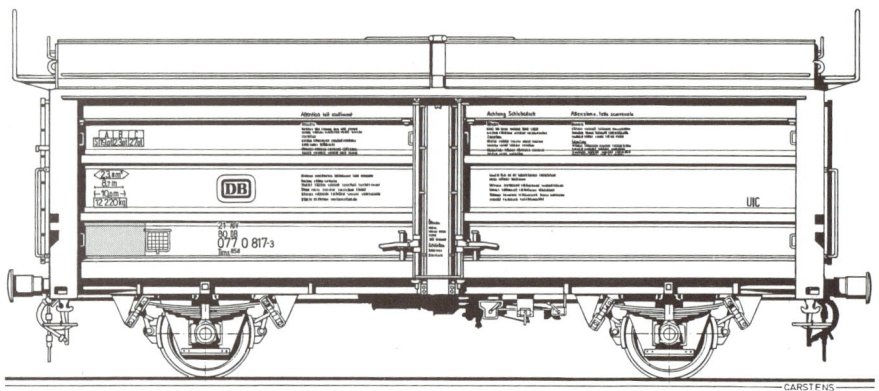

Kmmgks 58
Tis 858
Tims(-ww) 858

Seitenansicht eines Tims 858 der zweiten Bauform im Maßstab 1:87.

Mit der Übergangsbauartbezeichnung abgeliefert: der Tes-t-58 Kmmgks 372 301 am 9.10.1964 in Friedberg.

	m. Hbr. / o. Hbr.
Erstes Baujahr	1957
Länge über Puffer	10500/10000 mm
Achsstand	5400 mm
Ladelänge	8752 mm
Ladebreite	2720 mm
Ladefläche	23,8 m²
Laderaum	51,6 (60,0) m³
Lastgrenze A	18,5/19,0 t
B	22,5/23,0 t
C	26,5/27,0 t
S max.	22,5/23,0 t
Eigengewicht	13000/12800 kg
Achslager	Rollenlager
Höchstgeschwindigkeit	100 km/h
Bremsbauart	KE-GP
Federgehänge	Doppelschaken
Federblattanz./-länge	9/1400 mm
Pufferlänge	620 mm
Puffertellerdurchmesser	370 mm

In den Jahren 1957 bis 1966 beschaffte die Deutsche Bundesbahn insgesamt 4005 Schiebedach-/Schiebewandwagen der Bauart Kmmgks 58. Ein großer Teil dieser Wagen wurde mit einer Vorbau-Handbremsbühne ausgerüstet. Während die Wagen der ersten Baulose nach außen gewölbte Schiebetüren haben, erhielten die Wa-

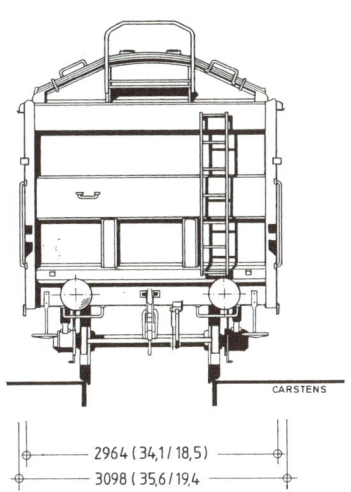

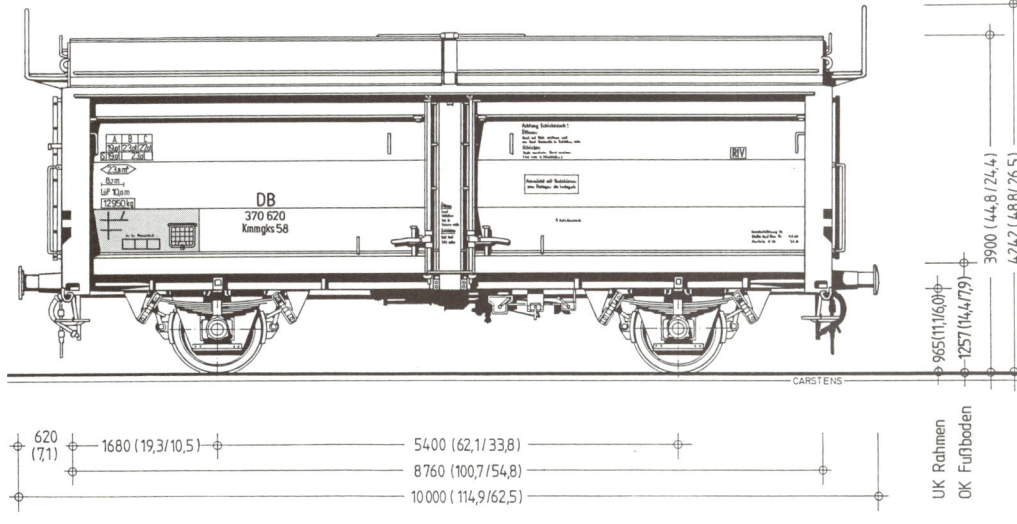

Seiten- und Stirnansicht eines Kmmgks 58 der ersten Bauausführung im Maßstab 1 : 87.

gen ab etwa 1962 ebene Schiebewände mit aufgeschweißten Verstärkungsprofilen.

Die Wagen wurden in die Nummerngruppen 370 000 – 372 999 und 378 000 ff. eingereiht, wobei ein Teil der Wagen bereits mit der Übergangs-Gattungsbezeichnung Tes-t-58 abgeliefert wurde. Ab 1968 erhielten die Wagen die Nummern 577 0 000 – 577 4 009 und die Gattungsbezeichnung Tis 858. 1980 wurde das Nebengattungszeichen m ergänzt. Ein Großteil der Tims 858 ist inzwischen mit Funkenschutzblechen ausgerüstet und trägt daher die Bezeichnung Tims-ww 858. Die Nummern dieser Wagen wurden in 577 6 000 – 577 6 499 geändert. Neun Wagen wurden für den Transport von Blechrollen umgebaut. Diese als Thikkms 858 bezeichneten Wagen erhielten die neuen Nummern 579 7 000 ff. Ab 1988 werden alle noch vorhandenen Wagen (etwa 2200) umgenummert und erhalten anstelle der 5 an der ersten Stelle der Nummer eine 0.

Modell

Das Trix-Modell stellt einen Wagen der ersten Lieferausführung dar. Einziger Wermutstropfen bei dem ansonsten sehr gut getroffenen Modell ist das Fahrwerk, das eine falsche Langträgerform hat.

Jedoch läßt sich mit geringem Aufwand dem Wagen zu einem stimmigen Langträger verhelfen. Nachdem der Wagenkasten mit einem kurzen Ruck vom Fahrwerk gezogen ist, werden die vorstehenden Teile der Federböcke vorsichtig abgetrennt, so daß die Trägerunterkante

Der Kmmgks 58 370 064 im Jahr 1958. Damals war der Wagen noch (in Hamburg-Bahrenfeld) beheimatet.

Das Trix-Modell des Kmmgks 58 mit den im Haupttext beschriebenen Verbesserungen. Die Anschriften wurden bei diesem Wagen übrigens nur zum Teil erneuert. Während Wagennummer, Revisionsanschriften und die Anschriften in dem schwarzen Feld von Gaßner stammen, sind die Bedienungshinweise für die Schiebetür und das Lastgrenzraster etc. Original-Trix-Anschriften.

Ein Tims 858 der 2. Bauausführung im Januar 1989 im Hamburger Hafen.

Der Trix-Kmmgks 58 mit Handbremsbühne hat zusätzlich alle Wagenkastenstützen an den Langträgern und neue Griffstangen in den Schiebetüren bekommen.

eine glatte Ebene bildet. Anschließend wird ein Messingblechstreifen von 3 x 0,3 mm vor den Langträger geklebt. Dabei ist darauf zu achten, daß der Streifen mit der Rahmenunterkante bündig abschließt (der oben verbleibende Spalt wird durch den Wagenkasten verdeckt). Zusätzlich können mit kleinen Messingprofilstücken die Abstützungen über den Achshaltern angedeutet werden.

Zur weiteren optischen Verbesserung erhält das Fahrgestell neue Bremsumstellhebel, Federpuffer und Rangierergriffe (wobei zur einwandfreien Funktion der Federpuffer die Haltenasen des Wagenkastens schmaler geschnitten werden müssen). Außerdem bekommt der Wagen neue Rangierertritte an allen 4 (!) Wagenecken. Soll der Wagen mit einer Kadee-Kupplung oder einer Originalkupplungs-Nachbildung ausgerüstet werden, muß zusätzlich der Schlitz in der Pufferbohle verschlossen werden.

Am Wagenkasten sollten die angespritzten Griffstangen gegen eingesetzte aus 0,4 mm-Messingdraht ersetzt werden. Dies sind die Griffstangen an den vier Wagenecken, und die Stirnwandgriffe (Rangierergriff und Haltegriff an der Dachkante über der Leiter). Wer noch ein übriges tun will, kann zusätzlich die Schiebetürgriffe einsetzen.

Nachdem alle Teile montiert sind, können sie lackiert werden. Gleichzeitig sollte der in Wagenmitte liegende Dachquerholm, wie beim Vorbild, rotbraun gestrichen werden. Der fertige Wagen erhält eine neue Epoche-III-Beschriftung von Gaßner bzw. für die Epoche IV zumindest optisch passende Anschriften am Langträger.

Der Kmmgks 58 als Zeichnung im Maßstab 1 : 87 mit Handbremsbühne.

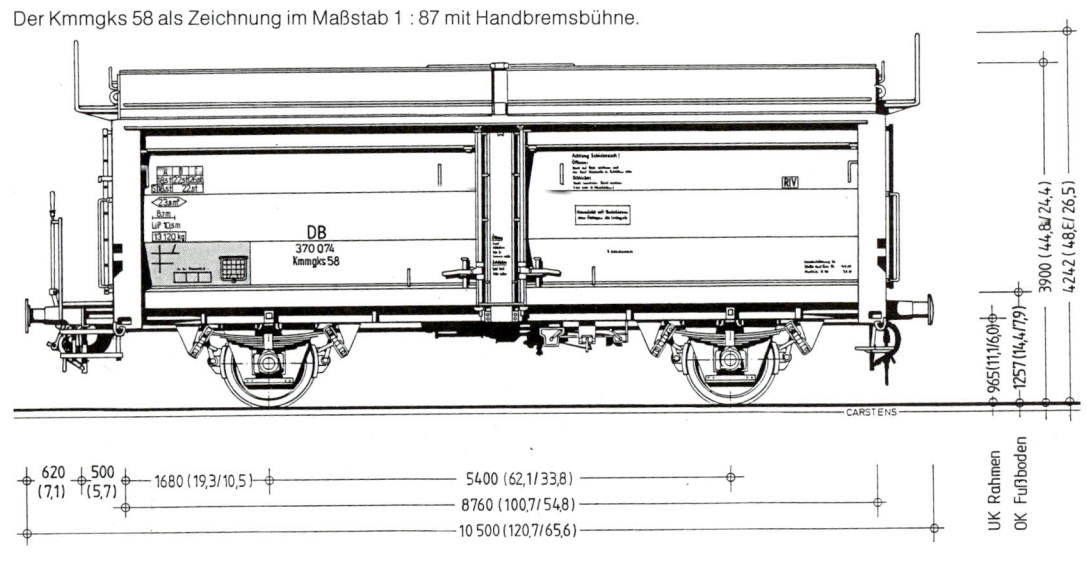
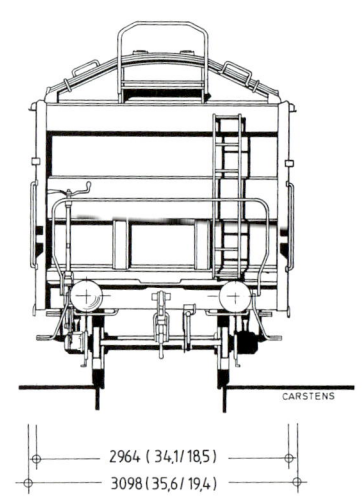

Der KKfk 47 369906 Mitte der sechziger Jahre. Von dem rechts abgebildeten Wagen unterscheidet er sich durch die fehlenden Lüftungsklappen, die andere Form der Türen und Tritte sowie die Bremsumstelleinrichtungen.

Rechts: Der erste KKfk 47-Versuchswagen trug bei der Ablieferung noch die Gattungsbezeichnung KKfks 52 und die Wagennummer 126.

KKfk 47

Erstes Baujahr	1942	Lastgrenze B	50,0 t
Letztes Einsatzjahr	1977	C	56,0 t
Länge über Puffer	14300 mm	Eigengewicht	21600 kg
Drehgestellbauart	925	Achslager	Gleit- oder Rollenlager
Drehgestellachsstand	2000 mm	Höchstgeschwindigkeit	80 km/h
Drehzapfenabstand	8900 mm	Bremsbauart	Hik-GP
Ladelänge	12770 mm	Federgehänge	Laschen
Ladebreite	2796 mm	Federblattanz./-länge	7/1200 mm
Ladefläche	35,7 m²	Pufferlänge	650 mm
Laderaum	70,3 (80,3) m³	Puffertellerdurchmesser	450 mm
Lastgrenze A	42,0 t		

Tac 885

Ende der vierziger Jahre wurden die vorhandenen vierachsigen offenen Versuchsgüterwagen OOfs Kattowitz und Berlin (OOf 47) umgebaut und mit Schiebedächern ausgerüstet. Dabei entstanden aus den sieben 14,2 m langen Wagen hochwandige KKfk 47 mit zwei- bzw. dreiteiligen, bis zum Dachaufsatz reichenden Stirnwandtüren (zum Teil mit Ladeluken in den Seitenwänden).

Die Wagen wurden zusammen mit den beiden KKk 48 in die Nummerngruppe 369 900 – 369 909 eingereiht. 1968 erhielten sie die Bauartbezeichnung Tac 885 und die Nummern 5825000 ff. Alle sieben Wagen wurden in den Jahren 1976/77 ausgemustert.

KKk 48

Wagen	144 / 369 907	Lastgrenze A	40,5/45,0 t
Erstes Baujahr	1942	B	48,5/53,0 t
Letztes Einsatzjahr	1973	C	54,0/58,5 t
Länge über Puffer	18000 mm	Eigengewicht	23200/18700 kg
Drehgestellachsstand	2000 mm	Achslager	Gleit- bzw. Rollenlager
Drehzapfenabstand	12500 mm	Höchstgeschwindigkeit	80 km/h
Ladelänge	16500 mm	Bremsbauart	Hik-GP
Ladebreite	2796/2910 mm	Federblattanz./-länge	9/1225/1450 mm
Ladefläche	45,8/48,0²	Pufferlänge	650 mm
Laderaum	69,2 (82,5)/72,0 (86,5) m³	Puffertellerdurchmesser	450 mm

Ta 886

Ende der vierziger Jahre wurden die beiden 18 m langen OOfs Berlin zu zwei KKk 48 umgebaut. Dabei erhielten die Wagen zweiteilige Hubschiebedächer und Blechwände anstelle der ursprünglichen Verbreiterung, wobei die Wandteilung der Ursprungswagen beibehalten wurde. Die Wagen waren in den gleichen Nummernkreis eingereiht wie die KKfk 47.

1968 wurden sie in Ta 886 umgezeichnet und erhielten die Wagenummern 5800000 und 5800001. Beide wurden Anfang der siebziger Jahre ausgemustert.

Der KKk 48-Versuchswagen 144 kurz vor der Ablieferung auf dem Werkshof der Firma SEAG.

Der zweite KKk 48 besaß kein Sprengwerk und die Türen saßen bei diesem Wagen weiter außen. Beide Wagen waren in Hamburg-Wilhelmsburg beheimatet.

Der Klmmgks 66 374 121, bereits mit der vorläufigen neuen Bezeichnung Tbes-t, aufgenommen am 9. 5. 1964 in Stuttgart-Untertürkheim, besitzt Schiebwände mit aufgeschweißten Verstärkungsprofilen (2. Bauausführung). Unten die 1:87-Zeichnung eines solchen Wagens.

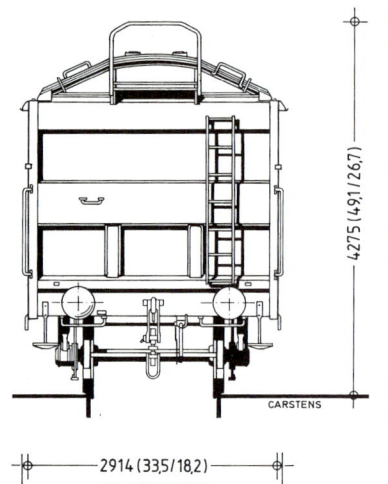

Klmmgks 66   Tbis 870

Erstes Baujahr	1960
Länge über Puffer	14000 mm
Achsstand	8000 mm
Ladelänge	12744 mm
Ladebreite	2670 mm
Ladefläche	33,0 m²
Laderaum	75,0 (86,0) m³
Lastgrenze A	17,5 t
B	21,5 t
C	25,5 t
S max.	21,5 t
Eigengewicht	14300 kg
Achslager	Rollenlager
Höchstgeschwindigkeit	100 km/h
Bremsbauart	KE-GP
Federgehänge	Doppelschaken
Federblattanz./-länge	9/1400 mm
Pufferlänge	620 mm
Puffertellerdurchmesser	370 mm

Die Klmmgks 66 entstanden 1960 als Weiterentwicklung aus dem Kmmgks 58. Bei den Wagen wurde die Konstruktion des Kmmgks 58 übernommen, die Ladelänge jedoch um 4 m verlängert und die Seitenwandhöhe auf 2,26 m vergrößert. Um das Eigengewicht der Schiebetüren in Grenzen zu halten, bestehen diese nicht mehr (wie bei den kurzen Wagen) aus Stahlblech, sondern, ebenso wie die Hubschiebedächer, aus einer Aluminium-Mangan-Silicium-Legierung. Außerdem unterscheiden sich die Einrichtungen zum Festlegen des Ladegutes von denen der Kmmgks 58.

Bis 1966 wurden rund 2480 Wagen (alle ohne Handbremse) gebaut. Bei den Wagen der ersten Lieferjahre waren die Schiebetüren zur Erzielung einer größeren Steifigkeit – ähnlich wie bei den Kmmgks 58 – nach außen gewölbt. Ab 1962

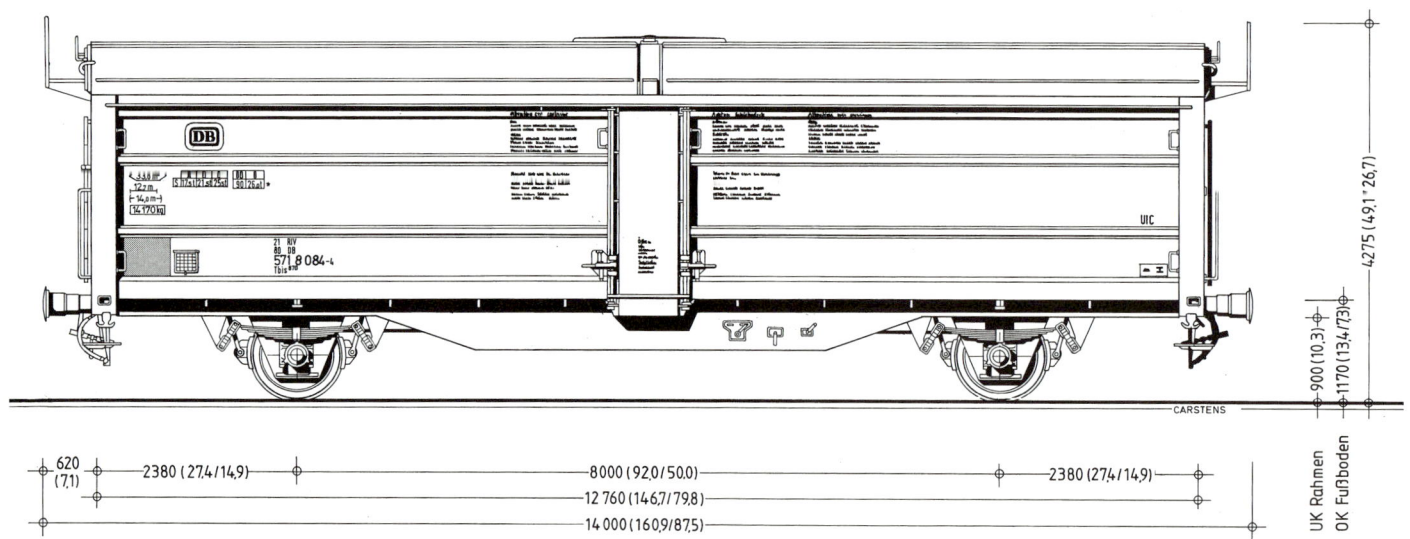

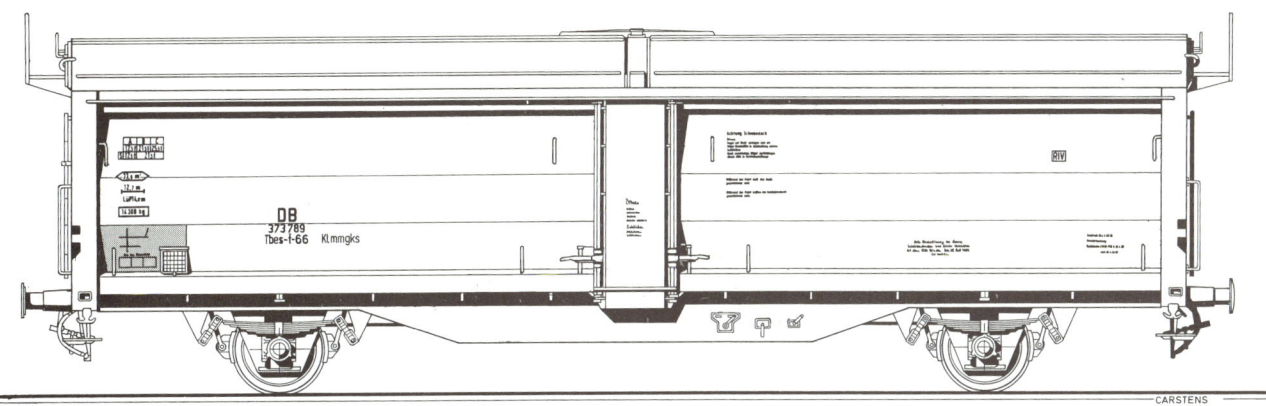

Seitenansicht eines Klmmgks 66/Tbis 870 der ersten Bauform im Maßstab 1:87.

ging man hiervon ab und schweißte zwei Verstärkungsprofile auf die ansonsten glatten Wände.

Während die Wagen der ersten Bauform noch als Klmmgks 66 abgeliefert wurden, bekamen die Wagen mit den aufgeschweißten Wandprofilen bei der Ablieferung bereits die Bauartbezeichnung Tbes-t-66.

Bis 1968 belegten die Wagen die Nummern 373000 ff. Nach 1968 erhielten die Tbis 870 Wagennummern zwischen 571 6 100 und 571 8 579. Ab 1988 werden die Wagen, die noch nahezu vollzählig vorhanden sind, in den Nummernbereich 071 7 100 – 071 9 569 eingereiht.

Modell

Märklin hat bei seiner Nachbildung des Klmmgks 66 (Tbis 870) die Spielmöglichkeit in den Vordergrund gestellt. Aus diesem Grund hat der Wagen öffnungsfähige Schiebewände und Dächer erhalten. Der Spielwert des Wagens steigt dadurch erheblich, denn in Verbindung mit einem Kran sind – bis auf das Öffnen des Daches von Hand – realistische Verladevorgänge möglich. Nur hat die Konzeption des Spielwagens den entscheidenden Nachteil, daß konstruktiv etliche Abweichungen gegenüber dem Vorbild in Kauf genommen werden müssen, die sich auch durch einen Umbau nicht beseitigen lassen.

Daher bleibt nur die Möglichkeit, den Märklin-Wagen optisch etwas zu überarbeiten. Zu dieser optischen Überarbeitung zählt z.B. das Dünnerfeilen der Griffstangen am Wagenkasten (sofern diese nicht durch eingesetzte aus Draht ersetzt werden sollen) und an den Stirnwand-Plattformen sowie der Aufstiegsleitern.

Außerdem können – wie fast bei allen Wagen – die Puffer-

bohlen durch die Montage von Federpuffern, Rangierergriffen und -tritten sowie Bremsschläuchen verbessert werden, während weiter gehende Detaillierungen der Schiebetüren mit vertretbarem Aufwand kaum noch möglich sind.

Daneben gibt es theoretisch noch die Möglichkeit, zwei Trix-Kmmgks 58 auseinanderzusägen und passend zu einem fast maßstäblichen Klmmgks 66 zusammenzusetzen (kleine Kompromisse in der Wagenhöhe müssen bei diesem Umbau in Kauf genommen werden). Da

die Trennstellen im Dach und in den Seitenwänden jedoch auch bei sehr sauberem Arbeiten nicht hundertprozentig zu beseitigen sind, ist dieser Umbau nur dem zu empfehlen, der genügend Erfahrungen im Zusammensetzen von Wagenseitenwänden hat.

Der Tbis 870 571 6 558 im Januar 1989 im Hamburger Hafen. Die Aluminium-Wände und Dächer sind inzwischen – wie bei vielen Tbis – dunkelgrau gestrichen.

Das verbesserte Märklin-Modell dieses Wagentyps.

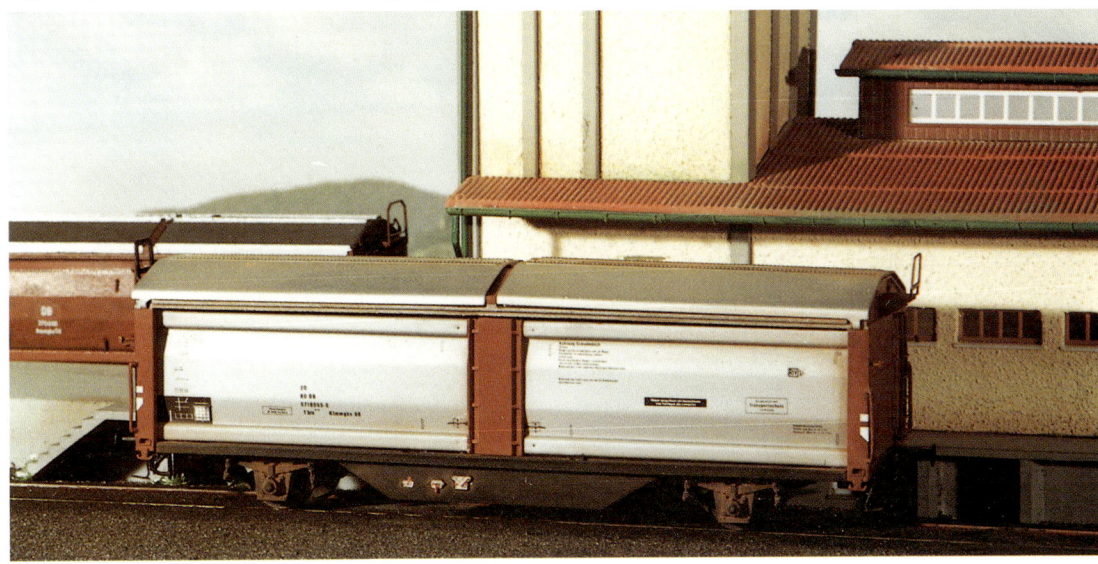

Der Handbremswagen mit der damals häufigen Doppelbeschriftung Tbes-t-66 Klmmgks 376999 kurz nach der Ablieferung am 4. 7. 1963 im Bf. (Hamburg) Kleinflottbek.

Klmmgks 68   Tbis 871

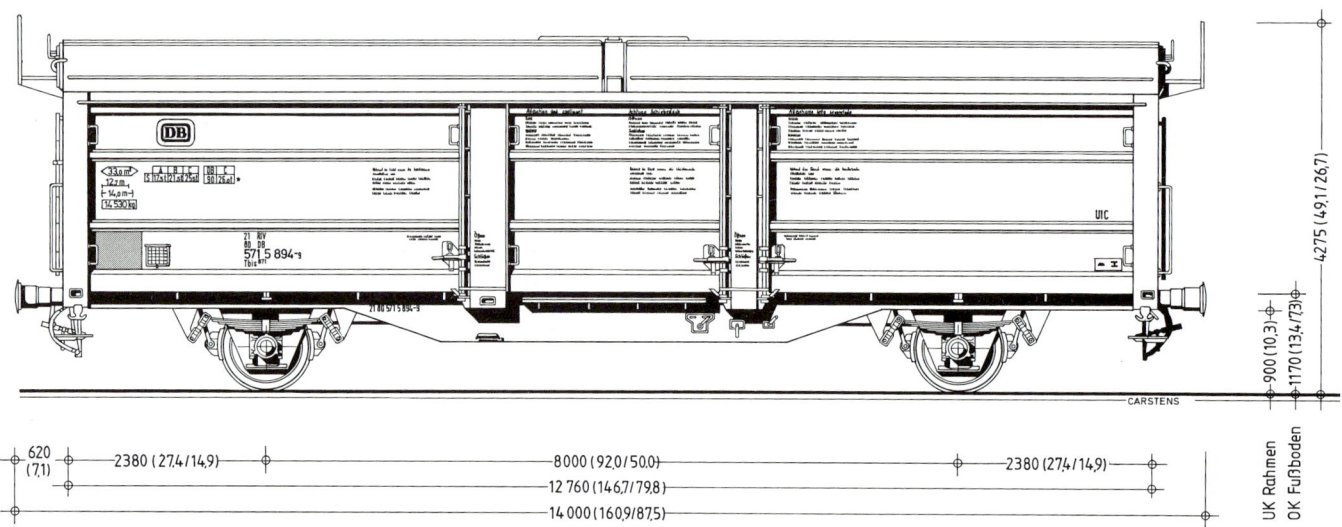

Der Klmmgks 68-Prototyp mit der Bezeichnung Klmmgks 01 262 bei der Ablieferung im Werkhof der SEAG.

Seitenansicht eines Klmmgks 68/Tbis 871 im Maßstab 1:87 ...

	m. Hbr. / o. Hbr.		
Erstes Baujahr	1962	Lastgrenze C	24,5/25,0 t
		S max.	20,5/21,0 t
Länge über Puffer	14500/14000 mm	Eigengewicht	15200/14700 kg
Achsstand	8000 mm	Achslager	Rollenlager
Ladelänge	12744 mm	Höchstgeschwindigkeit	100 km/h
Ladebreite	2670 mm	Bremsbauart	KE-GP
Ladefläche	33,0 m²	Federgehänge	Doppelschaken
Laderaum	75,0 (86,0) m³	Federblattanz./-länge	9/1400 mm
Lastgrenze A	16,5/17,0 t	Pufferlänge	620 mm
B	20,5/21,0 t	Puffertellerdurchmesser	370 mm

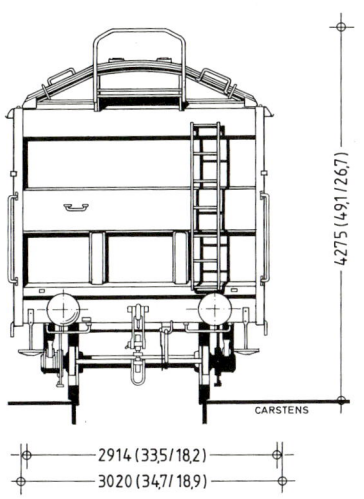

... und die dazugehörige Stirnansicht.

Der Tbis 871 571 5 894 am 27. 1. 1989 im Gbf. Hamburg-Altona hat ebenfalls bereits dunkelgraue Schiebedächer und -wände.

1961 wurde ein Versuchswagen mit Hubschiebedach und dreiteiligen Schiebetüren gebaut, der im grundsätzlichen Aufbau den Klmmgks 66 entsprach, jedoch bereits auf den Schiebetüren aufgeschweißte Verstärkungsprofile besaß. Der Wagen erhielt die Bezeichnung Klmmgks 01 und die Wagennummer 262.

Bereits ein Jahr später begann die Serienfertigung der Klmmgks 68 bzw. Tbes-t-68 Klmmgks, bei denen die Anordnung der Verstärkungsprofile gegenüber dem Versuchswagen geändert wurde. Im Gegensatz zu den Tbis 870 (Klmmgks 66) mit zweiteiligen Schiebetüren wurden die Tbis 871 auch mit Handbremsbühne geliefert.

Bis 1963 wurden 1060 Wagen (incl. Versuchswagen) gebaut, die die Nummern 376 000 – 377 059 bekamen. 1968 wurden sie in Tbis 871 umgezeichnet und erhielten Wagennummern zwischen 571 5 000 und 571 6 059. In der Zwischenzeit wurden sechs Wagen ausgemustert. Die übrigen werden ab 1988 erneut umgezeichnet und erhalten Nummern zwischen 078 0 000 und 078 1 059.

Glmmgks 01   Tbis 864   Tbi (kk)s 864

Wagen	251 / 252	Lastgrenze C	24,5/25,0 t
Erstes Baujahr	1961	S max.	20,5/21,0 t
Letztes Einsatzjahr	1985	Eigengewicht	15280/14920 kg
Länge über Puffer	14000 mm	Achslager	Rollenlager
Achsstand	8000 mm	Höchstgeschwindigkeit	100 km/h
Ladelänge	12732 mm	Bremsbauart	KE-GP
Ladebreite	2658 mm	Federgehänge	Doppelschaken
Ladefläche	33,0 m²	Federblattanz./-länge	9/1400 mm
Laderaum	75,0 (86,0) m³	Pufferlänge	620 mm
Lastgrenze A	16,5/17,0 t	Puffertellerdurchmesser	370 mm
B	20,5/21,0 t		

Tbis 864

1961 ließ die DB zwei als Glmmgks 01 bezeichnete Versuchswagen mit dreiteiligen Schiebewänden und von außen zu betätigenden Lüftungsjalousien bauen. Dabei erhielt der Wagen mit der Nummer 251 drei gleich lange Wandelemente, während bei dem 252 der mittlere Wandteil halb so lang war wie die beiden äußeren.

Tbi (kk)s 864

1969 erhielten die Wagen die Gattungsbezeichnung Tbis 864 und die Nummern 571 6 061 und 571 6 062. Während bei dem ehemaligen Wagen 252 1980 die Bauartbezeichnung beibehalten wurde, wurde der 251 zum Tbikks 864 und erhielt die Nummer 578 2 000. Beide wurden 1985 ausgemustert.

Die beiden Glmmgks 01-Versuchswagen 251 (unten) und 252 (rechts) bei der Ablieferung im Jahr 1961 auf dem Firmengelände der Werkshof der SEAG.

Der Tbis 869 571 8 601, ein Wagen der Bauform A mit breitem Mittelholm, aufgenommen am 10..4.1989 in Darmstadt-Kranichstein.

Der Wagen 571 9 806 (Bauform B der Tbis 869) am 27.1.1989 im Gbf. Hamburg-Altona.

Klmmgks Tbis 869

	Bauform A / B
Erstes Baujahr	1966/1968
Länge über Puffer	14020 mm
Achsstand	8000 mm
Ladelänge	12774 mm
Ladebreite	2670 (2646) mm
Ladefläche	33,0 m²
Laderaum	74,0 (85,0)/77,0 (86,0) m³
Lastgrenze A	17,5/18,0 t
B	21,5/22,0 t
C	25,5/26,0 t
S max.	21,5/22,0 t
Eigengewicht	14300/13800 kg
Achslager	Rollenlager
Höchstgeschwindigkeit	100 km/h
Bremsbauart	KE-GP
Federgehänge	Doppelschaken
Federblattanz./-länge	9/1400 mm
Pufferlänge	620 mm
Puffertellerdurchmesser	450 mm

Die Tbis 869 wurden in 2 Bauformen gebaut. Während die ab 1966 beschafften Wagen der Bauform A äußerlich fast völlig den Tbis 870 gleichen, unterscheiden sich die ab 1968 gebauten Wagen der Bauform B von diesen durch die schmalere Mittelsäule und die Betätigung der Schiebedächer mit Handrädern vom Boden aus.

Bis 1975 wurden insgesamt 2023 Wagen gebaut und in die Nummernbereiche 5718580 – 5719999, 5780000 – 5780499 und 5781300 – 5781499 eingeordnet. Seit 1988 werden die Nummern 0715000 – 0715929 und 0716000 – 0717099 umgezeichnet.

Klmmgks 01   Tbis 874   Tbikks 874

Erstes Baujahr	1964
Länge über Puffer	15300 mm
Achsstand	8000 mm
Ladelänge	12744 mm
Ladebreite	2670 mm
Ladefläche	33,0 m²
Laderaum	73,0 (84,0) m³
Lastgrenze A	15,5 t
B	19,5 t
C	23,5 t
S max.	19,5 t
Eigengewicht	16340 kg
Achslager	Rollenlager
Höchstgeschwindigkeit	100 km/h
Bremsbauart	KE-GP
Federgehänge	Doppelschaken
Federblattanz./-länge	9/1400 mm
Pufferlänge	620 mm
Puffertellerdurchmesser	500 mm

1964 wurde ein Tbis-Versuchswagen für den Transport besonders stoßempfindlicher Güter gebaut. Dabei wurde die Konstruktion des Wagenkastens vom Tbis 870 übernommen. Durch die Ausrüstung des Wagens mit Langhub-Stoßdämpfern vergrößert sich die Länge über Puffer auf 15,3 m.

Der Wagen erhielt anfangs die Bezeichnung Klmmgks 01 und die Nummer 322. 1969 wurde er zum Tbis 874 mit der Wagennummer 5716064. Inzwischen lautet die Gattungsbezeichnung Tbikks 874 und die Wagennummer 5782270 (künftig 0782000).

Der von Talbot gebaute Klmmgks 01 322 bei der Ablieferung im Jahr 1964.

Frisch aufgearbeitet präsentiert sich der Tbis 875 578 1 055 am 28. 5. 1989 im Bf. Hamburg Sternschanze. Unten die 1:87-Ansichten des gleichen Wagentyps.

Tbis 875

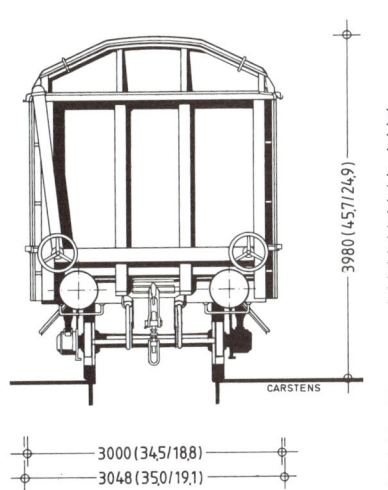

Erstes Baujahr	1970
Länge über Puffer	14420 mm
Achsstand	8000 mm
Ladelänge	12774 mm
Ladebreite	2670/2646 mm
Ladefläche	33,8 m²
Laderaum	77,0 (86,0) m³
Lastgrenze A	17,5 t
B	21,5 t
C	25,5 t
S max.	21,5 t
Eigengewicht	14420 kg
Achslager	Rollenlager
Höchstgeschwindigkeit	120 km/h
Bremsbauart	KE-GP-A

Federgehänge	Doppelschaken
Federblattanz./-länge	9/1400 mm
Pufferlänge	620 mm
Puffertellerdurchmesser	450 mm

Als letzte Schiebewand-/ Schiebedachwagen-Bauart wurden zwischen 1970 und 1972 insgesamt 800 Tbis 875 gebaut. Die Wagen haben, ebenso wie die Tbis 869 der Bauform B, eine schmale Mittelsäule und Handräder für die Betätigung der Schiebedächer vom Boden aus. Im Gegensatz zu den Tbis 869 haben sie jedoch eine SS-Bremse, so daß sie für Geschwindigkeiten bis 120 km/h zugelassen sind.

Eingereiht sind die Wagen mit den Nummern 5780 500 – 578 1 299, wobei ebenso wie bei den anderen Wagen der Gattung T ab 1988 die Umnummerung erfolgt. Künftig sollen die Wagen die Nummern ab 078 1 100 belegen.

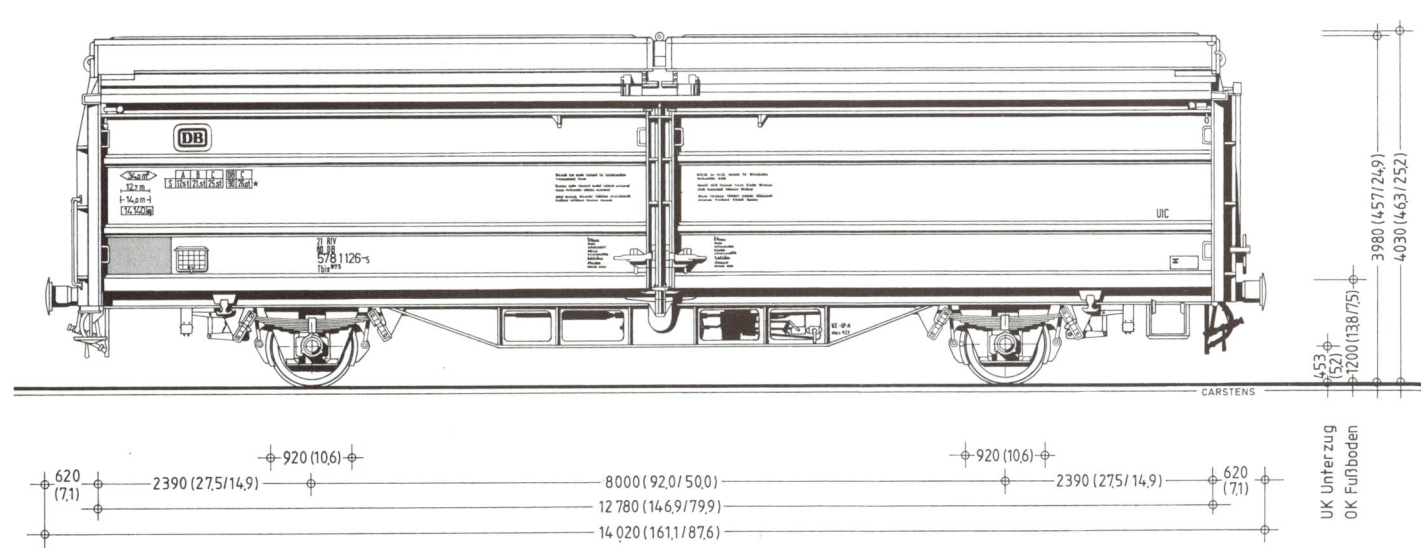

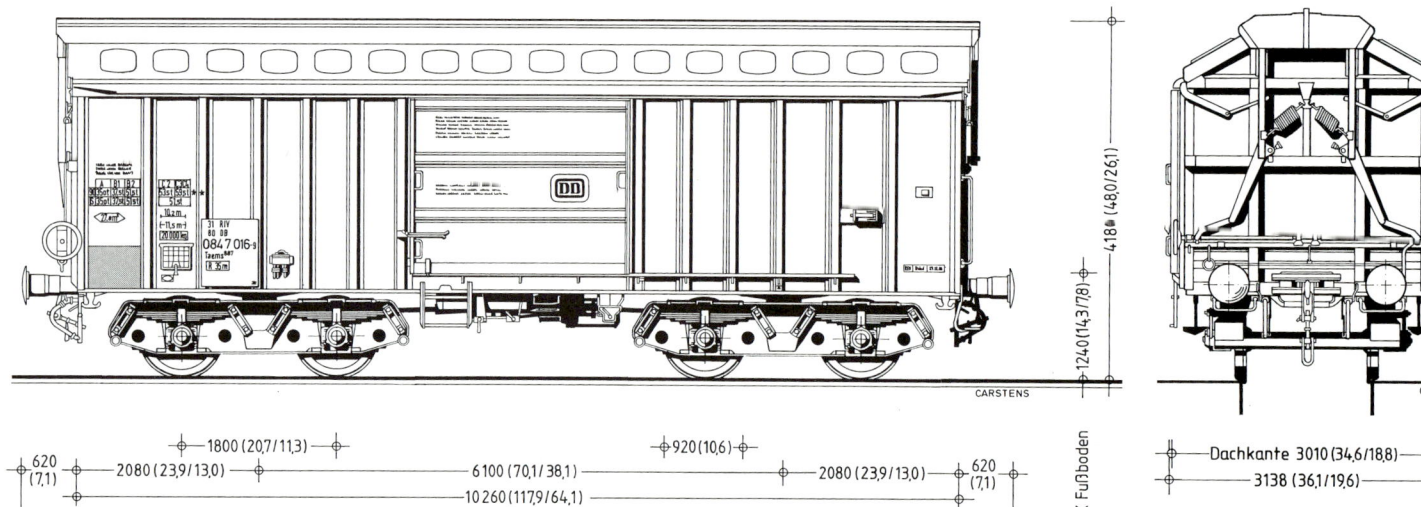

Der in Bochum Hbf beheimatete Taehms 887 086 6 050 im März 1989 im Hamburger Hafen am Reiherstieg. Unten die Seiten- und gegenüberliegende Stirnansicht eines Taes mit nur einer waagerechten Verstärkung in der Mitte der Stirnwand.

KKks 01

Erstes Baujahr	1964	Eigengewicht	20100 kg
Länge über Puffer	11500 mm	Achslager	Rollenlager
Drehgestellbauart	887	Höchstgeschwindigkeit	100 km/h
Drehgestellachsstand	1800 mm	Bremsbauart	KE-GP
Drehzapfenabstand	6100 mm	Federgehänge	lange Schaken
Ladelänge	10250 mm	Federblattanz./-länge	8/1200 mm
Ladebreite	2720 mm	Pufferlänge	620 mm
Ladefläche	27,8 m²	Puffertellerdurchmesser	450 mm
Laderaum	63,0 (72,0) m³		
Lastgrenze A	35,0 t		
B1	37,5 t		
B2	51,5 t		
C2	53,5 t		
C3, C4	59,5 t		
S max.	51,5 t		

Für den Transport schwerer, sperriger Güter wurde 1964 der Prototyp eines Drehgestellwagens mit vierschaligem Schwenkdach beschafft. Beim Öffnen des Daches werden die

Taes 887

Dachhälften zu den Seiten geschwenkt, wobei sich jeweils zwei Dachschalen übereinander legen. Durch diese Konstruktion werden die Seitenwandtüröffnungen nur zum Teil überdeckt. Der Wagen erhielt die Bezeichnung KKks 01 und die Wagennummer 317.

Bereits im gleichen Jahr wurde eine Serie von 50 KKks (später Taes 887) in Auftrag gegeben. Diese Wagen unterschieden sich von dem Prototyp in er-

Tae(h)ms 887

ster Linie in der Dachmechanik. So besaßen die Serienwagen z.B. getrennte Rückholfedern für die Dachhälften, während der Versuchswagen mit beide Dachhälften verbindenden Federn ausgerüstet war. Außerdem schwenken bei den Serienwagen die Dachhälften bis auf eine Höhe von 1450 mm (beim Prototyp bis 1700 mm) über Wagenfußboden herunter.

Die Wagen waren bis 1969 als KKks 01 in den Nummernbereich 369 000 bis 369 050 eingereiht. Danach erhielten sie als Taes 887 die Nummern 585 3 001 – 585 3 050. Ab 1980 wurden die Wagen zu Taems 887 und bekamen die Nummern 584 7 000 ff. In den Folgejahren wurde einige Wagen mit Ladegestellen für den Transport von Blechrollen ausgerüstet. Diese Taeh(m)s 887 erhielten die Wagennummern 586 6 000 ff. Ende 1988 waren noch insgesamt 22 Wagen vorhanden, die z.T. bereits neue Nummern mit einer 0 an erster Stelle besaßen.

Modell

Das Hauptübel des in der Form stimmigen Taes 887 von Fleischmann ist die viel zu rote Farbe des Wagenkastens. Da die Anschriften jedoch gut ausgefallen sind und es keine neuen Beschriftungen für den Wagen gibt, bleibt nichts weiter übrig, als den Wagen soweit zu verschmutzen, daß der ursprüngliche Farbton nicht mehr zu erkennen ist.

Zusätzlich können jedoch noch ein paar kleine optische

Das geringfügig überarbeitete und verschmutzte Fleischmann-Modell des Taes 887. Lediglich die Drehgestelle entsprechen im Aussehen nicht ganz dem in der Regel unter diesem Wagen verwendeten der Bauart 887.

Verbesserungen vorgenommen werden. So hat der abgebildete Wagen Messing-Rangierertritte an der den Bedienungshandrädern gegenüberliegenden Stirnseite, Rangierergriffe und

Griffstangen über den Tritten bekommen. Außerdem habe ich die fehlenden Verbindungshebel für die Schwenkdachmechanik zu den mittleren Dachteilen aus 0,4 mm-Draht angebracht.

Hierdurch kann das Dach zwar nicht mehr geöffnet werden, da die Bewegung des Vorbilds aber ohnehin nicht richtig wiedergegeben wird, kann man dies m.E. verschmerzen.

KKks 01   # Taes 888   # Tae(h)ms 888

	Taes / Taehs					
Erstes Baujahr	1965	Ladefläche	27,8 m²	Eigengewicht	20600/23330 kg
Länge über Puffer	11500 mm	Laderaum	63,0 (72,0) m³	Achslager	Rollenlager
Drehgestellbauart	887	Lastgrenze A	34,5/31,5 t	Höchstgeschwindigkeit	100 km/h
Drehgestellachsstand	1800 mm	B1	36,5/34,0 t	Bremsbauart	KE-GP
Drehzapfenabstand	6100 mm	B2	51,0/48,5 t	Federgehänge	lange Schaken
Ladelänge	10250 mm	C2	53,0/50,0 t	Federblattanz./-länge	8/1200 mm
Ladebreite	2720 mm	C3, C4	59,0/56,5 t	Pufferlänge	620 mm
		S max.	51,0/48,5 t	Puffertellerdurchmesser	450 mm

Gleichzeitig mit dem Prototyp Taes 887 wurde 1964 ein Wagen mit einem einteiligen Schwenkdach beschafft. Dieser ebenfalls als KKks 01 bezeichnete Versuchswagen bekam die Wagennummer 318.

1965/66 wurden dann 281 KKks 01-Serienwagen (später Taes 888) gebaut, die 600 kg schwerer waren als der Prototyp. Die Wagen erhielten die Nummern 585 4 000 bis 585 4 281 und die Bezeichnung Taes 888. Ab 1980 wurden die Wagen ebenfalls zu Taems und bekamen die Nummern 584 7 060 bis 584 7 089, wobei allerdings die meisten Wagen zu diesem Zeitpunkt schon Ladegestelle für den Transport von Blechrollen besaßen. Diese Taeh(m)s 888 bekamen die Wagennummern 586 6 100 ff. Inzwischen wird auch bei ihnen die 5 an der ersten Stelle der Nummer durch eine 0 ersetzt.

Der Taehms 888 586 6 170 auf der Fahrzeugschau in Bochum-Dahlhausen am 12. 10. 1985.

Taems 889 584 7 510 am 5. 2. 1989 im Bf. Hamburg Hohe Schaar. Unten die 1:87-Zeichnungen eines solchen Wagens.

Tae(h)s889 Tae(h)ms889

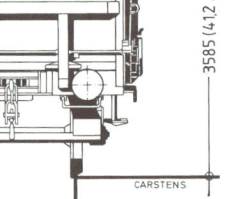

Erstes Baujahr	1973
Länge über Puffer	14040 mm
Drehgestellbauart	664
Drehgestellachsstand	1800 mm
Drehzapfenabstand	8500 mm
Ladelänge	12350 mm
Ladebreite	2650 mm
Ladefläche	32,7 m²
Laderaum	75,0 (88,0) m³
Lastgrenze A	40,5 t
B1	47,0 t
B2	48,5 t
C	56,5 t
S max.	56,5 t
Eigengewicht	23050 kg
Achslager	Rollenlager
Höchstgeschwindigkeit	100 km/h
Bremsbauart	KE-GP-A
Federgehänge	lange Schaken
Federblattanz./-länge	8/1200 mm
Pufferlänge	620 mm
Puffertellerdurchmesser	370 mm

Die ab 1973 gebauten Taes 889 haben als erste Wagengattung ein Kunststoffdach bekommen, das beim Öffnen an dem einen Wagenende zusammengerollt wird. Der Vorteil dieser Dachform besteht darin, daß das geöffnete Dach weder in das Profil des Nachbargleises ragt, noch die Zugänglichkeit der seitlichen Ladeöffnungen, die bei dieser Gattung mit 4,00 m lichter Weite besonders breit sind, einschränkt.

Bis 1976 wurden insgesamt 641 Tae(h)s 889 gebaut, von denen ein Teil mit abhebbaren, ca. 3 t schweren Ladegestellen für den Transport von Blechrollen ausgerüstet und daher als Taehs bezeichnet ist. Die 570 Taes wurden in den Nummernkreis ab 584 7 350 eingereiht, die Taehs erhielten die Nummern 586 7 300 ff. Während die seit 1980 als Taems bezeichneten Wagen 1988 noch alle ihre alten Nummern besaßen, haben die ersten Taehms 889 bereits eine 0 an der 1. Stelle der Wagennummer.

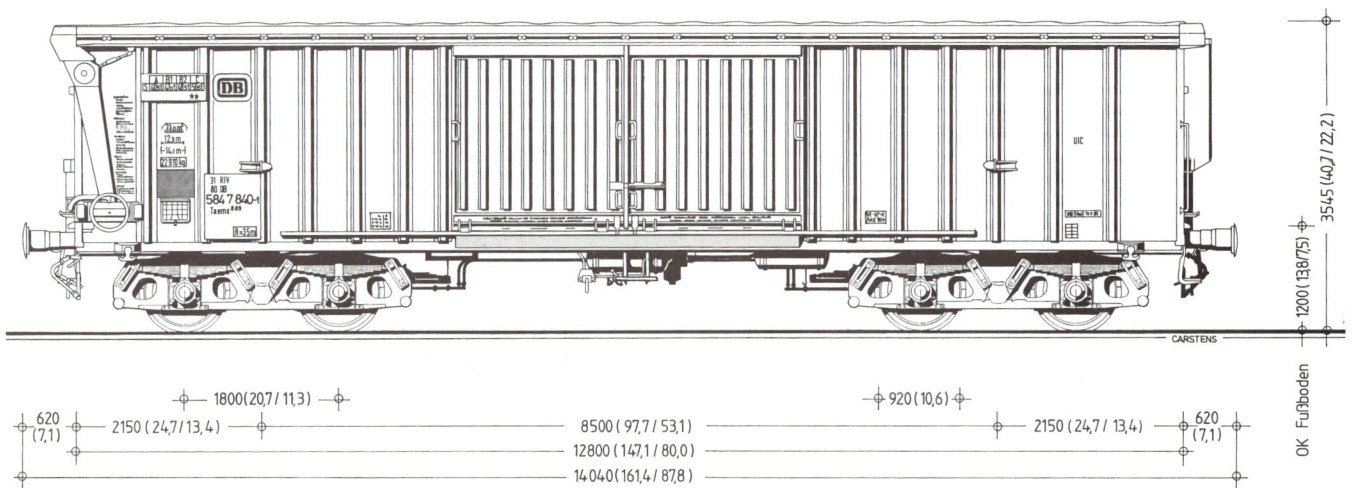

Der Taems 890 085 1 209, ebenfalls am 5. 2. 1989 im Bf. Hamburg Hohe Schaar aufgenommen, besitzt Drehgestelle der Bauart 664, während der in der Zeichnung dargestellte Wagen Drehgestelle der Bauart 887 hat.

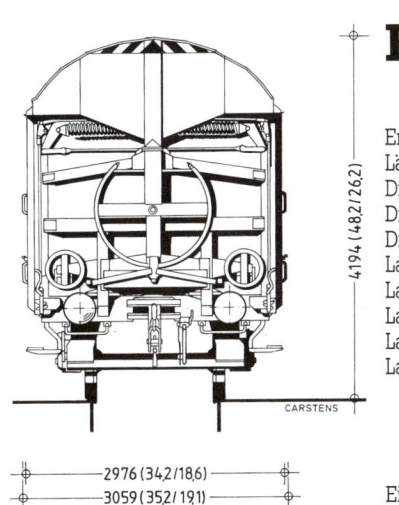

KKks

	Bauform A / B und C
Erstes Baujahr	1966/1968
Länge über Puffer	14040 mm
Drehgestellbauart	887/664
Drehgestellachsstand	1800 mm
Drehzapfenabstand	8500 mm
Ladelänge	12350 mm
Ladebreite	2650 mm
Ladefläche	32,6 m²
Laderaum	73,5 m³
Lastgrenze A	41,0/41,5 t
B1	47,5/48,0 t
B2	49,0/49,5 t
C	57,0/57,5 t
S max.	49,0/57,5 t
Eigengewicht	22700/22100 kg

Taes 890

Achslager	Rollenlager
Höchstgeschwindigkeit	100 km/h
Bremsbauart	KE-GP
Federgehänge	lange Schaken
Federblattanz./-länge	8/1200 mm
Pufferlänge	620 mm
Puffertellerdurchmesser	370 mm

Die Taes 890 wurden ab 1966 in verschiedenen Varianten gebaut. Sie entsprechen konstruktiv weitgehend den Taes 888, haben jedoch eine rund 2 m größere Ladelänge. Während die ersten 160 Wagen noch mit Dreh-

Taems 890

gestellen der Bauart 887 ausgerüstet sind, laufen die ab 1968 gebauten Wagen auf Drehgestellen der Bauart 664.

Bis 1970 wurden insgesamt 831 Taes 890 gebaut, die bis 1980 die Nummern 585 4 299 – 585 5 129 belegten. Ab 1980 wurden die Wagen als Taems bezeichnet und erhielten die Wagennummern 585 1 000 – 585 1 830; künftig haben die 829 noch vorhandenen Wagen eine 0 an der ersten Stelle der Nummer.

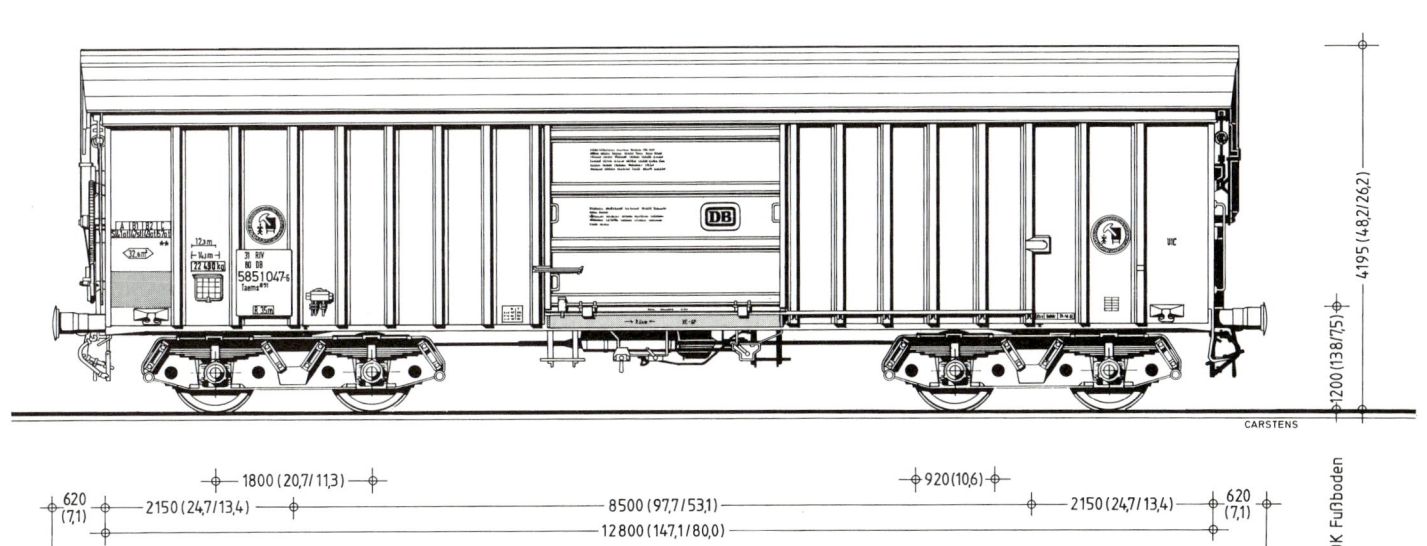

Der Taehms 891 586 7 221 im Oktober 1987 im Bf. Hamburg Hgbf.

Tae(h)s 891   Tae(h)ms 891

	Taes / Taehs		
Erstes Baujahr	1971/1972	Achslager	Rollenlager
Länge über Puffer	14040 mm	Höchstgeschwindigkeit	100 km/h
Drehgestellbauart	664	Bremsbauart	KE-GP-A
Drehgestellachsstand	1800 mm	Federgehänge	lange Schaken
Drehzapfenabstand	8500 mm	Federblattanz./-länge	8/1200 mm
Ladelänge	12350 mm	Pufferlänge	620 mm
Ladebreite	2650/2200 mm	Puffertellerdurchmesser	370 mm
Ladefläche	32,7/- m²		
Laderaum	75,0 (88,0) m³		
Lastgrenze A	40,0/36,5 t		
B1	46,0/43,0 t		
Lastgrenze B2	48,0/44,5 t		
C	56,0/52,5 t		
S max.	56,0/52,5 t		
Eigengewicht	23900/27048 kg		

Ab 1971 wurden die Taes 890 mit selbsttätiger Lastabbremsung als Taes 891 gebaut. Von den 1679 bis 1975 beschafften Wagen besaß ein Teil herausnehmbare Ladegestelle für den Transport von Blechrollen; sie wurden als Taehs 891 bezeichnet. Die Taehs erhielten die Nummern 586 6 400 – 586 7 289, die Taes 585 5 280 – 585 6 268. Ab 1980 wurden die Wagen zu Taems 891 und bekamen die Wagennummern 585 1 840 – 585 1 990 und 585 2 000 – 585 2 966, während die Taehms die alten Nummern behielten. Ab 1988 werden die Taems ebenso wie die noch vorhandenen 540 Taehms erneut umgezeichnet und erhalten eine 0 anstelle der 5 an der ersten Stelle der Wagennummer.

Modell

Im April 1986 stellte Wolfgang Ehlers im EMB-Heft 18 einen sehr guten Umbauvorschlag für den Roco-Taes 891 vor, auf den wir an dieser Stelle gern verweisen möchten, da uns der Platz fehlt, die Verbesserungen ähnlich ausführlich zu schildern.

Der von Haus aus sehr gut detaillierte Roco-Wagen kann in manchen Bereichen noch verbessert werden, wobei jedem selbst überlassen bleibt, wie weit er den Aufwand treiben will. Zu den Arbeiten, auf die man jedoch auf keinen Fall verzichten sollte, zählt das Anbringen neuer Rangierertritte und Rangierergriffe sowie der fehlenden Griffstangen an den Ecksäulen und den Stirnwänden. Gleichzeitig kann man die angespritzten Griffstangen an den Schiebetüren durch eingesetzte Griffe ersetzen.

Damit der Dachantrieb sein etwas unförmiges Aussehen verliert, sollten zum einen die mehrfach geknickten Betätigungsstangen für die Dachentriegelung entgratet werden. Zum anderen kann man das Aussehen der Dachträger verbessern, wenn man auf die Öffnungsfähigkeit des Daches verzichtet. In diesem Fall kann der Drehzapfen, der die Nachbildung der aufgeschraubten Platte trägt, anstelle des herausgetrennten

Das gesuperte Roco-Modell des Taes 891 mit freistehender Türlaufschiene.

Laut Merkbuch für Schienenfahrzeuge nicht vorgesehen: Der Taems 891 085 1 855 mit Drehgestellen der Bauart 887 und glattem Dach am 5. 2. 1989 im Bf. Hamburg Hohe Schaar.

Ösenstückes des Trägers eingeklebt werden, so daß diese Teile – wie beim Vorbild – in einer Ebene liegen. Wer ein übriges tun will, kann noch die Führungen für die Entriegelungsstangen anbringen. An der gegenüberliegenden Stirnwand (mit dem Dachantrieb) sind im Prinzip die gleichen Arbeiten auszuführen, wobei allerdings nicht die Öse des Trägers, sondern der komplette Dachträger durch das Steckteil mit dem Seilführungskranz ersetzt wird.

Damit sind die Arbeiten an den Stirnwänden abgeschlossen, und es folgt die übrige Detaillierung. Die Trittstufen unter der Tür werden mit einer kleinen Zange vorsichtig nach hinten gebogen. Die Zapfen der eingesteckten, zu tief hängenden Bremsanlage werden gekürzt und die Bremsanlage in der richtigen Höhe eingeklebt, nachdem zuvor die Stangen zu den Umstellhebeln entfernt worden sind (diese werden anschließend durch Drähte zwischen den Umstellschildern angedeutet).

Soweit zu den üblichen Arbeiten. Wer aus seinem Taes 891 nun noch ein Supermodell machen will, der sollte einmal die Türlaufschienen des Modells mit dem Vorbild vergleichen. Aus Formenbaugründen mußten diese im Modell angespritzt werden, während sie beim Vorbild freistehend sind. Wer also diese freistehenden Schienen nachbilden will, muß die angespritzten Schienen vorsichtig mit Trennscheibe, Fräse, Skalpellen und gebogenen Vierkantfeilen entfernen, wobei die Schienenauflager auf den senkrechten Rippen stehen bleiben müssen. Anschließend werden die Schienenauflager unter den Türen dem Vorbild entsprechend abgeschrägt. An den so vorbereiteten Wagenkasten können jetzt Türlaufschienen aus 64,5 mm langen 1 x 1 mm-Winkelprofilen angeklebt werden.

Bleibt zum Schluß nur noch die Lackierung der neuen Teile – und die passende Farbgebung der Bremsumstellhebel und der Taes 891 ist fertig.

Im gleichen Zug wie der auf der Nebenseite abgebildete Taehms 891: der Taems 892 585 3 827.

Taes 892

Als Nachfolgebauart der Taes 889 wurden 1976/77 200 Taes 892 beschafft. Sie entsprechen konstruktiv den Taes 889, haben aber zusätzliche Verstärkungsprofile neben den Türöffnungen und keine selbsttätige Lastabbremsung.

1984 wurden weitere 180 Wagen gebaut, so daß die Gesamt-

Taems 892

stückzahl auf 379 Wagen stieg (ein Wagen aus der ersten Lieferung war nicht mehr vorhanden), die die Nummern 585 7 300 – 585 7 379 belegten. Ab 1980 wurden die Wagen als Taems bezeichnet und erhielten die Wagennummern 585 3 600 – 585 3 979. Seit 1988 werden die Wagen in 085 3 600 bis 085 3 979 umgenummert.

Erstes Baujahr	1976	Lastgrenze B2	49,5 t
Länge über Puffer	14040 mm	C	57,5 t
Drehgestellbauart	661	S max.	57,5 t
Drehgestellachsstand	1800 mm	Eigengewicht	22130 kg
Drehzapfenabstand	8500 mm	Achslager	Rollenlager
Ladelänge	12350 mm	Höchstgeschwindigkeit	100 km/h
Ladebreite	2650 mm	Bremsbauart	KE-GP
Ladefläche	32,6 m²	Federgehänge	lange Schaken
Laderaum	73,5 m³	Federblattanz./-länge	8/1200 mm
Lastgrenze A	41,5 t	Pufferlänge	620 mm
B1	48,0 t	Puffertellerdurchmesser	450 mm

Der Tams 886 580 8 015 auf dem Talbot-Firmengelände im April 1986. Als zukünftiger Heimatbahnhof ist Möllen (Niederrhein) angeschrieben.

Tamns 893

	m. Hbr. / o. Hbr.
Erstes Baujahr	1987
Länge über Puffer	15990/15740 mm
Drehgestellbauart	652
Drehgestellachsstand	1800 mm
Drehzapfenabstand	10700 mm
Ladelänge	14492 mm
Ladebreite	2720 mm
Ladefläche	39,4 m^2
Laderaum	80,0 m^3
Lastgrenze A	38,0/38,5 t
B	46,0/46,5 t
C	54,0/54,5 t
D	64,0/64,5 t
S max.	54,0/54,5 t
120 km/h	00,0/00,0 t
Eigengewicht	25800/25400 kg
Achslager	Rollenlager
Höchstgeschwindigkeit	120 km/h
Bremsbauart	KE-GP
Federgehänge	Schaken
Federblattanz./-länge	4+1/1200 mm
Pufferlänge	620 mm
Pufferteller	450 x 340 mm

Tams 886

	m. Hbr. / o. Hbr.		
Erstes Baujahr	1986	Lastgrenze C	55,5/56,0 t
Länge über Puffer	14290/14040 mm	D	65,5/66,0 t
Drehgestellbauart	652	S max.	55,5/56,0 t
Drehgestellachsstand	1800 mm	120 km/h	00,0/00,0 t
Drehzapfenabstand	9000 mm	Eigengewicht	24320/23760 kg
Ladelänge	12792 mm	Achslager	Rollenlager
Ladebreite	2760 mm	Höchstgeschwindigkeit	120 km/h
Ladefläche	35,3 m^2	Bremsbauart	KE-GP
Laderaum	71,3 m^3	Federgehänge	Schaken
Lastgrenze A	39,5/40,0 t	Federblattanz./-länge	4+1/1200 mm
B1	45,5/46,0 t	Pufferlänge	620 mm
B2	47,5/48,0 t	Pufferteller	450 x 340 mm

Die Tams 886 wurden 1986 in einer kleinen Serie von 20 Wagen gebaut. Sie entstanden in Anlehnung an den Eaos 051 und besitzen auf jeder Seite zwei Türen sowie ein Rolldach, dessen Konstruktion dem Dach der Taes 889/892 entspricht.

Die Wagen belegen die Nummern 580 8 000 – 580 8 019, erhalten jedoch ab 1988 eine 0 anstelle der 5.

Die jüngsten Wagen mit einem Kunststoffrolldach werden (nach einem Prototyp aus dem Jahr 1987) ab 1988 in Serie gebaut. Diese als Tamns 893 bezeichneten Wagen basieren auf den standardisierten Eanos 052, das Rolldach wurde von den Vorgängerbauarten übernommen. Ende 1988 waren 201 Wagen ausgeliefert, die die Nummern 080 6 100 ff. haben.

Bereits mit rotem DB-„Keks" abgeliefert: der Tamns 893 080 6 283 vor dem Rethe-Speicher in Hamburg Hohe Schaar am 5. 2. 1989.

Schiebewandwagen

Während der Beschaffung der Schiebewand-/Schiebedachwagen stellte sich heraus, daß für viele Transportaufgaben zwar Wagen mit Schiebewänden benötigt wurden, die beweglichen Dächer aber überflüssig waren. Aus diesem Grund wurden 1966 die ersten Schiebewandwagen entwickelt, die sich konstruktiv eng an die Wagen mit Hubschiebedach anlehnten.

Bei den Schiebewandwagen, die ausschließlich für den Transport palettierter Ladegüter konzipiert sind, legte man besonderen Wert auf optimale Platzausnutzung. So wurden z.B. bei den ersten Wagen die toten Ecken an den Ecksäulen vermieden, in die die Paletten bei der Beladung erst hineingerückt werden mußten. Außerdem wurde die Breite der Mittelsäule von 1000 mm auf 320 mm verringert.

Die ab 1966 gebauten Schiebewandwagen erhielten die Bauartbezeichnung Hbis 299 bzw. Hbis-t 299 (mit Transportschutzeinrichtung). Die Wagen der häufigsten Schiebewagenbauart können in einer Ladeebene 24 1,00 m breite oder 30 80 cm breite Pool-Paletten fassen. Während die Hbis 299 eine einfache KE-GP-Bremsanlage haben, erhielten die ab 1970 beschafften wagenbaulich gleichen Hbis 297 eine KE-GP-Bremse mit selbsttätiger Lastabbremsung.

Bereits während des Baus der ersten Hbis 299 erteilte die DB einen Entwicklungsauftrag für verschiedene Schiebewandwagen ohne Mittelsäule. Die ersten beiden als Hbis 298 bezeichneten Versuchswagen wurden 1967 abgeliefert. Während der von der SEAG gebaute Wagen den Hbis 299 ähnelte, besaß der von der Waggonfabrik Uerdingen gelieferte Wagen auf jeder Seite vier Schiebetüren. In den Jahren 1970/71 wurden von den Firmen SEAG, Waggonfabrik Uerdingen und Talbot drei weitere Versuchswagen abgeliefert, die einen auf 10,0 m verlängerten Achsstand und dreiteilige Schiebetüren besaßen, die 2/3 der Wagenlänge zur Beladung freigaben. Außerdem ließen sich bei den Wagen die äußeren Wanddrittel arretieren, so daß sie wie herkömmliche G-Wagen eingesetzt werden konnten.

Die Konstruktion der Schiebewandwagen ohne Mittelsäule war jedoch recht aufwendig, so daß man 1973 einen Versuchswagen bauen ließ, der wieder eine Mittelsäule erhielt. Dieser Wagen erhielt die Bauartbezeichnung Hbis 295. Ab 1975/76 wurden die Hbis 295 in Serie beschafft. Sie besitzen eine Bremsanlage mit selbsttätiger Lastabbremsung, während die 1977/78 gebauten, wagenbaulich gleichen Hbis 294 eine einfache KE-GP-Bremse haben. Sowohl die Hbis 294/295, als auch die Hbis-t 294/295 können bis zu 30 Paletten aufnehmen.

1973 wurde von der Waggon-Union ein weiterer Hbis 298 gebaut, der sich von den Hbis 294 durch die größere Wandhöhe und ein neu entwickeltes Schiebewandsystem unterscheidet. Außerdem besitzt der Wagen – wie alle Hbis 298 – keine Mittelsäule, das Betätigungsgestänge und die Verschiebehebel für die Wände befinden sich daher an den Wagenecken. 1975 wurden vier weitere Wagen in den gleichen Abmessungen mit verstärkten Außenlangträgern gebaut. Schließlich folgte 1977 ein letzter äußerlich gleicher Hbis 298, der als Transportschutzeinrichtung sechs verriegelbare Aluminium-Trennwände erhielt.

Als Nachfolgebauart der Hbis 294 wurden ab 1978 rund 1450 Hbis-tt 302 und baugleiche Hbikks-tt 304 beschafft, die Schiebetüren mit einem neuen Wandverschlußsystem besitzen, bei dem die Wände in einer Parallelführung vom Ladegut wegschwenken. Als Transportschutzeinrichtungen haben die Wagen verriegelbare Trennwände. Hierdurch sind sie u.a. besonders für den Transport kippgefährdeter Güter sowie von Ladungen geeignet, die nicht kompakt verladen werden oder (bei Rangierstößen) dem Druck der gestapelten Güter nicht ausgesetzt werden dürfen.

Ab 1983 wurden rund 1100 Hbikks-tt 303 in den gleichen Abmessungen gebaut. Die Wagen, die sich weder ladetechnisch noch betrieblich von den Hbikks-tt 302/4 unterscheiden, haben abweichende Stirnwandsäulen und einen geschlossenen Unterzug anstelle des offenen Sprengwerks.

Die jüngsten zweiachsigen Schiebewandwagen sind die ab 1984 gebauten Hbbikks-tt 305 und Hbbis 306. Sie sind für den Transport von bis zu 38 (Hbbikks-tt 305) bzw. 40 Pool-Paletten (Hbbis 306) ausgelegt. Außerdem wurde bei ihnen die lichte Beladehöhe durch die Kröpfung der Schiebetüren und ein nur den mittleren Wagenteil überdeckendes Dach noch einmal vergrößert.

Für den Transport größerer Mengen palettierter Güter baute die Waggonfabrik Uerdingen 1971 den Prototyp eines Drehgestellwagens mit vierteiligen Schiebewänden, der für eine Höchstgeschwindigkeit von 120 km/h zugelassene war und Daberkow-Transportschutzeinrichtungen besaß. Er erhielt die DB-Bezeichnung Habiss 345.

Obwohl die Drehgestell-Schiebewandwagen seither ständig weiterentwickelt wurden, beschaffte die DB keine neuen Wagen. Erst nachdem private Einsteller (Cargowaggon, Transwaggon etc.) den Markt der großräumigen Wagen unter sich aufgeteilt hatten, ließ die DB 1987 100 Drehgestell-Schiebewandwagen bauen, die zur Hälfte mit verriegelbaren Trennwänden als Transportschutzeinrichtungen ausgerüstet sind. Diese von der Waggon-Union gelieferten Habbis 345 bzw. Habbikks-tt 346 besitzen, wie die zweiachsigen Hbbikks-tt 305/Hbbis 306, oben gekröpfte Schiebewände.

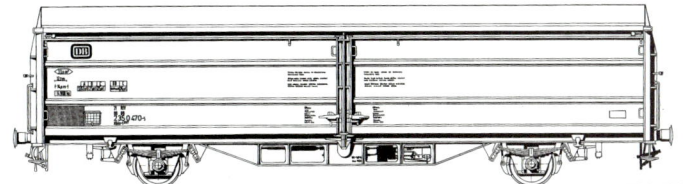

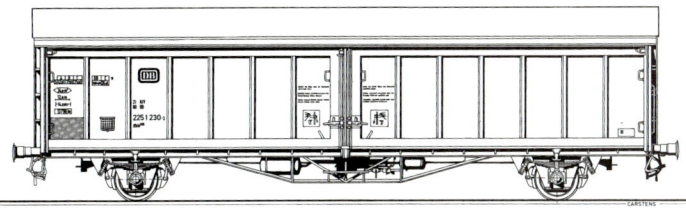

Entwicklung der Schiebewandwagen: Von oben nach unten bzw. links nach rechts: Hbis 297, Hbis 295, Hbikks-tt 302 und Hbbikks-tt 305.

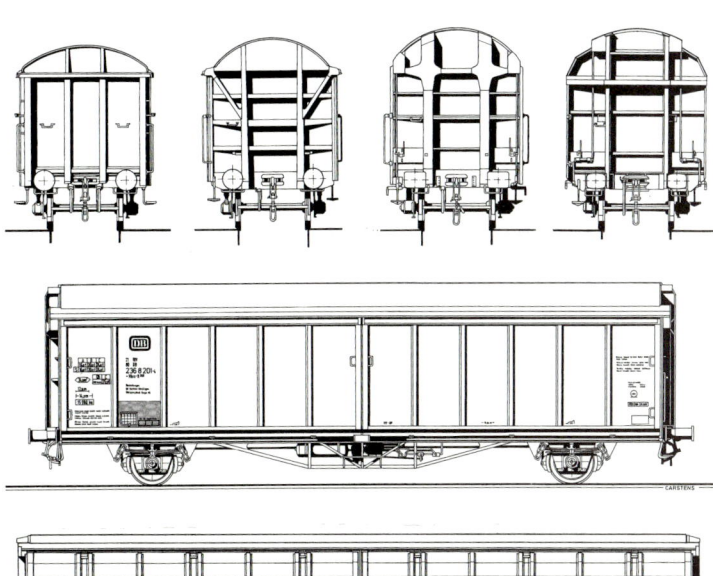

45

Der Hbikks-tt 294 237 9 295 am 8. 8. 1987 im Bf. Darmstadt-Kranichstein, abweichend von den Angaben im Datenspiegel besitzt der Wagen bereits rechteckige Puffer-teller.

Hbis(-t) 294   Hbis, Hbikks-tt 294   Hbills(-x) 294

	m. Hbr. / o. Hbr.
Erstes Baujahr	1977
Länge über Puffer	14470/14220 mm
Achsstand	9000 mm
Ladelänge	12776 mm
Ladebreite	2670 (2646) mm
Ladefläche	34,1 m²
Laderaum	70,6 (76,6) m³
Lastgrenze A*	17,5/18,0 t
B*	21,5/22,0 t
C*	25,5/26,0 t
S max.*	25,5/26,0 t
Eigengewicht	14200/13800 kg
Achslager	Rollenlager
Höchstgeschwindigkeit	100 km/h
Bremsbauart	KE-GP

Federgehänge	Doppelschaken
Federblattanz./-länge	9/1400 mm
Pufferlänge	620 mm
Puffertellerdurchmesser	450 mm

* Daten gelten für Hbis. Hbis-t und Hbikks-tt wiegen 14800 bzw. 15792 kg (ohne Handbremse), die Lastgrenzen sind entsprechend bis zu 2 t niedriger.

In den Jahren 1977/78 wurden insgesamt 500 Hbis 294 gebaut, von denen einige eine Hand-bremsbühne erhielten. Von den 1975/76 gebauten Hbis 295 un-terschieden sich die Wagen nur in der Bremsanlage, bei den Hbis 294 verzichtete man auf die selbsttätige Lastabbremsung.

400 Wagen (alle ohne Hand-bremse) waren mit Daberkow-Transportschutzeinrichtungen ausgerüstet und trugen die Be-zeichnung Hbis-t 294. Diese Wa-gen mit den Nummern 2350000 ff. erhielten nachträglich ver-riegelbare Trennwände (bau-gleich mit Hbikks-tt 302/303/304) und die Bauartbe-zeichnung Hbikks-tt 294. Die

Wagennummern wurden in 2379000 – 2379399 geändert. Die Wagen ohne Transport-schutzeinrichtungen belegen die Nummern 2250000 – 2250099.

Ab Juli 1989 werden diese Wa-gen mit verstärkten, verriegel-baren Trennwänden ausgerü-stet und zu Hbills(-x) 294 mit neuen Nummern 2275000 ff. umgezeichnet. Die Hbikks-tt 294 mit unverstärkten Trennwänden bekommen künftig die Bezeich-nung Hbills 294.

Der Hbills-x 294 227 5 040 mit Handbremsbühne am 22.7.1989 im Bf. Darmstadt Gbf, ebenfalls mit rechteckigen Puffertellern.

Unten und rechts: Stirn- und Seitenan-sicht eines Hbis 295 im Maßstab 1 : 87.

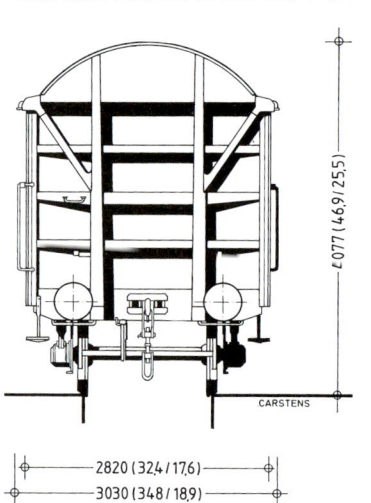

Am 27. 1. 1989 war von den ehemals glänzenden Aluminium-Wänden bei dem in Maschen fotografierten Hbis-ww 295 225 1 432 nicht mehr viel zu sehen. Auf dem bunten Flickenteppich wurden die Anschriften z. T. in Weiß und z. T. in Schwarz erneuert.

Hbis(-t) 295

	m. Hbr. (Prototyp) / o. Hbr.
Erstes Baujahr	1973/1976
Länge über Puffer	14470/14220 mm
Achsstand	9000 mm
Ladelänge	12364/12776 mm
Ladebreite	2670 (2646) mm
Ladefläche	33,0/34,1 m²
Laderaum	68,3 (74,3)/70,6 (76,6) m³
Lastgrenze A*	16,5/17,5 t
B*	20,5/21,5 t
C*	24,5/25,5 t
S max.*	24,5/25,5 t
Eigengewicht	15300/14100 kg
Bremsbauart	KE-GP-A

* Daten gelten für Hbis. Hbikks-t und Hbikks-tt wiegen 15009 bzw. 15792 kg, die Lastgrenzen sind entsprechend bis zu 1,5 t niedriger.

Alle übrigen Daten wie Hbis(-t) 294

Hbis 295, Hbikks-tt 295

Der Hbis 295-Prototyp wurde 1973 gebaut. Im Gegensatz zu den meisten Hbis-Wagen besitzt er eine Handbremse. Von den Wagen der Serienausführung unterscheidet er sich durch die Form der Aluminium-Schiebewände mit sieben senkrechten Verstärkungsprofilen (in der Serienausführung nur sechs) und durch das gesickte Dach. Er erhielt die Wagennummern 216 6 999 (ab 1980 237 6 100).

In den Jahren 1975/76 wurden die Hbis 295 (ohne Handbremse) in Serie beschafft. Ebenso wie die Hbis 297, aus denen sie weiterentwickelt wurden, besaßen sie eine Bremsanlage mit selbsttätiger Lastabbremsung. Ein Teil der ursprünglich 1269 Hbis 295 hatte Daberkow-Transportschutzeinrichtungen. Diese Hbis-t 295 mit den Nummern 237 6 000 – 237 6 099 haben inzwischen fast ausnahmslos verriegelbare Trennwände bekommen. Die Bezeichnung wurde in Hbikks-tt, die Wagennummern in 237 9 400 ff. geändert.

Heute beläuft sich der Bestand auf 1260 DB-eigene sowie 252 geleaste Wagen. Hiervon haben 106 Fahrzeuge aus den Nummerngruppen 237 5 990 – 237 5 998 und 237 9 400 – 237 9 499 in Lochschienen verriegelbare Trennwände. Ein Wagen besitzt noch Daberkow-Transportschutzeinrichtungen; bei diesen wird der verbleibende Leerraum zwischen den Wandteilen durch Luftkissen ausgefüllt. Die restlichen 1153 DB-eigenen sowie alle geleasten Wagen mit den Nummern ab 255 0 100 haben als Hbis 295 keine Transportschutzeinrichtungen.

Hbills(-x) 295

Allerdings erhalten die DB-eigenen Hbis 295 – ebenso wie die Hbis 294 – ab Juli 1989 verstärkte, verriegelbare Trennwände. Die neue Bauartbezeichnung lautet Hbills-x 295. Für diese Wagen sind die Nummern 227 5 353 – 227 6 505 vorgesehen.

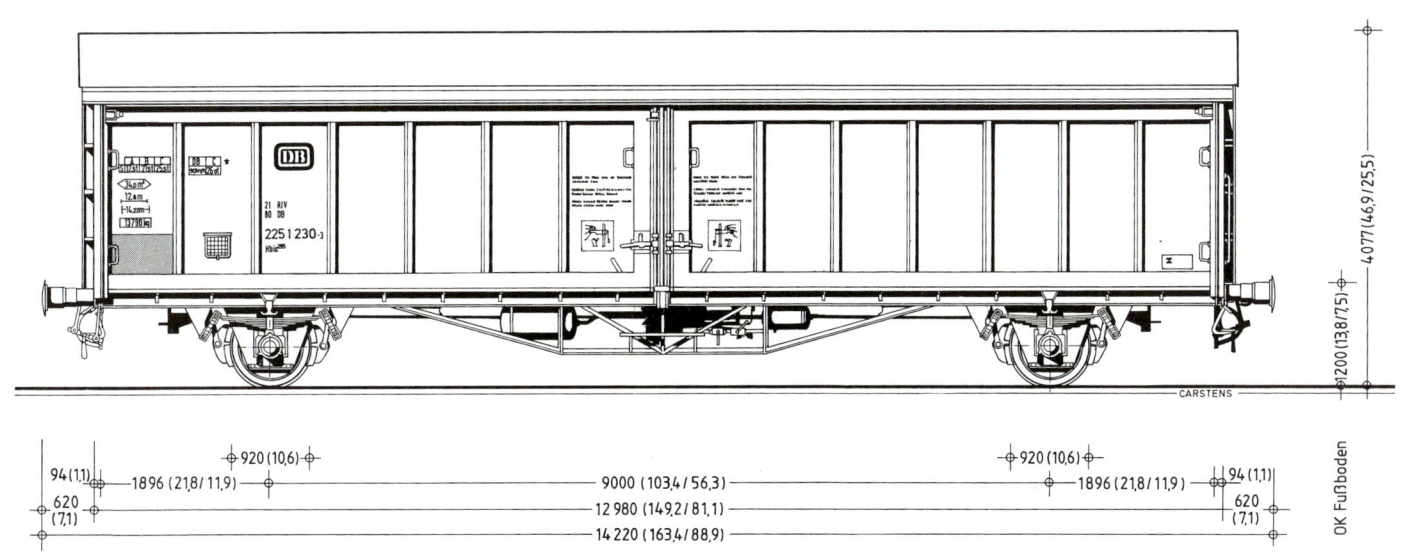

Der mit Funkenschutzblechen ausgerüstete Hbis-ww 297 225 1 776 im Juli 1985 im AW Hamburg-Harburg. Neben dem linken Rad ist die Steuermechnik der selbsttätigen Lastabbremsung zu erkennen. Unten die 1:87-Zeichnung eines solchen Wagens.

Hbis(-t) 297   Hbi(l)s 297

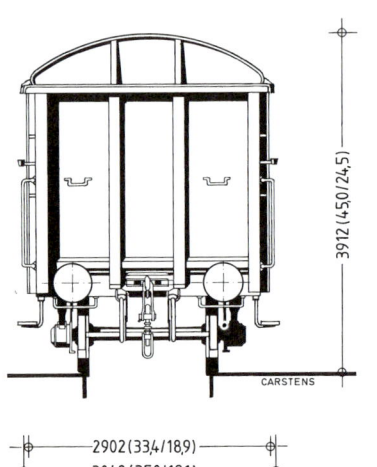

	Hbis/Hbis-t
Erstes Baujahr	1970
Länge über Puffer	14020 mm
Achsstand	8000 mm
Ladelänge	12774/12364 mm
Ladebreite	2670/2646 mm
Ladefläche	34,1/33,0 m²
Laderaum	70,6 (76,7)/68,3 (74,3) m³
Lastgrenze A	17,5/17,0 t
B	21,5/21,0 t
C	25,5/25,0 t
S max.	25,5/25,0 t
Eigengewicht	14023/14900 kg
Achslager	Rollenlager
Höchstgeschwindigkeit	120 km/h
Bremsbauart	KE-GP-A

Federgehänge	Doppelschaken
Federblattanz./-länge	9/1400 mm
Pufferlänge	620 mm
Puffertellerdurchmesser	450 mm

Zwischen 1970 und 1972 wurden rund 2100 Hbis 297 gebaut, die sich von den wagenbaulich gleichen Hbis 299 nur durch die KE-GP-Bremse mit selbsttätiger Lastabbremsung unterscheiden. Zusätzlich erhielten 30 als Hbiqss 297 bezeichnete Wagen eine Hauptheizleitung und Hauptluftbehälterleitung; sie

sind für den Einsatz als Postwagen in Reisezügen bis 120 km/h zugelassen. Darüber hinaus besitzt ein Teil der Wagen Daberkow-Transportschutzeinrichtungen.

Die Wagen beleg(t)en folgende Nummerngruppen. Hbis 297: 2117959 – 2119989 und 2167791 – 2167999 (inzwischen komplett umgezeichnet) sowie 2251600 – 2253499; Hbiss: 2450000 – 2450011, Hbiqss: 2479000 – 2479029, Hbis-t: 2350400 – 2350669, Hbis-v: 2251550 – 2251555.

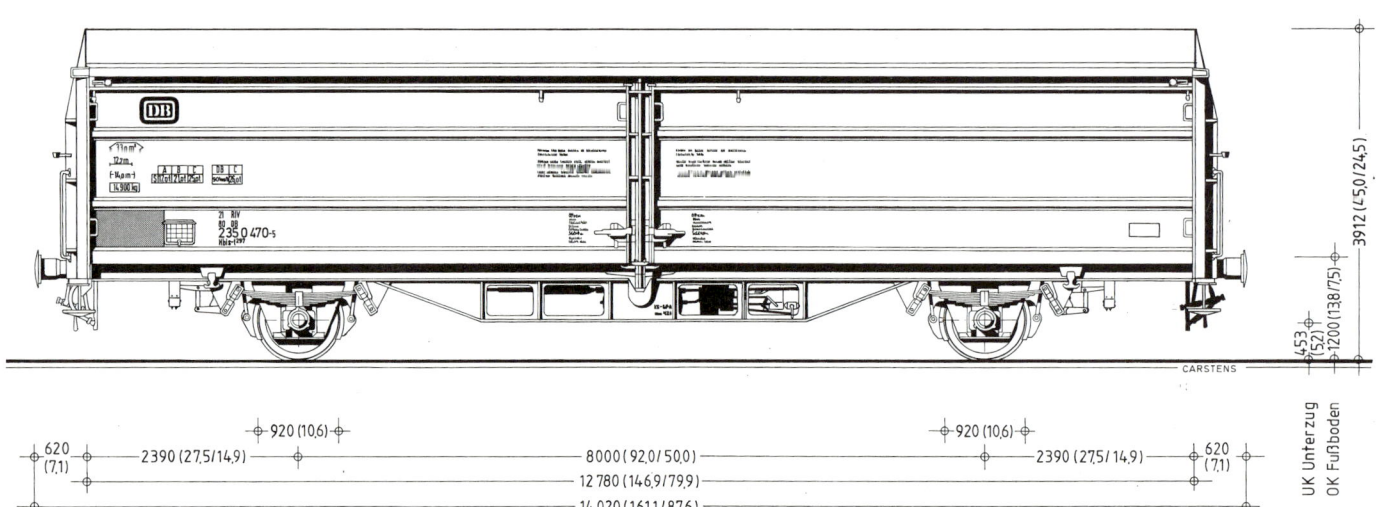

Der Hbis 299 216 5 987 besitzt – wie eine ganze Reihe Hbis 299 – die gleichen Rangierertritte, wie die Tbis 875 an dem Bedien-Ende für das Schiebedach.

Klmmgs

	Hbis / Hbis-t
Erstes Baujahr	1966
Länge über Puffer	14020 mm
Achsstand	8000 mm
Ladelänge	12774/12364 mm
Ladebreite	2670/2646 mm
Ladefläche	34,1/33,0 m²
Laderaum	70,6 (76,7)/68,3 (74,3) m³
Lastgrenze A	17,5/17,0 t
B	21,5/21,0 t
C	25,5/25,0 t
S max.	21,5/21,0 t
Eigengewicht	13800/14700 kg
Achslager	Rollenlager
Höchstgeschwindigkeit	100 km/h
Bremsbauart	KE-GP
Federgehänge	Doppelschaken
Federblattanz./-länge	9/1400 mm
Pufferlänge	620 mm
Puffertellerdurchmesser	450 mm

Die älteste Schiebewandwagen-Bauart ist der Hbis 299 bzw. Hbis-t 299 (Wagen mit Transportschutzeinrichtungen). Die Konstruktion entspricht weitgehend den bis dahin gebauten Wagen mit Hubschiebedach. Allerdings wurde die Zugänglichkeit des Laderaums optimiert. So wurden z.B. die toten Ecken vermieden, in die die Paletten bei der Beladung erst hineingerückt werden mußten. Außerdem wurde die Breite der Mittelsäule von 1000 mm bei den Schiebedachwagen auf 320 mm verringert.

Die ersten 1966 gelieferten Wagen trugen anfangs noch die

Hbis 299

Bezeichnung Klmmgs (obwohl sie keine beweglichen Dächer besaßen). Die Wagen bewährten sich so gut, daß bis 1970 bereits rund 2950 Wagen gebaut wurden. 1975 wurde der letzte der insgesamt 8444 Hbis 299 abgeliefert.

Zwar sind inzwischen einige Wagen ausgemustert, jedoch stellen die Hbis 299 mit knapp

Hbis(-t) 299

8400 vorhandenen Wagen (davon rund 3800 Hbis-t) immer noch nahezu die Hälfte des gesamten Schiebewandwagen-Bestandes.

Bei der Ablieferung erhielten die Hbis die Nummern 2015000 – 2016220, 2019400 – 2019999, 2115000 – 2116758, 2163069 – 2165999, 2167039 – 2167438 und 2167441 – 2167790; in-

Hbi(l)s 299

zwischen wurden sie in der Nummerngruppe 2253600 – 2258349 zusammengefaßt, wobei die Hbis 299 zusammen mit den Hbis 297 als einzige Schiebewandwagen zum EUROP-Park gehören. Die Wagen mit Transportschutzeinrichtungen bzw. Funkenschutzabdeckung bekamen die Nummern 2350800 – 2355649 (Hbis-t) und 2253510 – 2253514 (Hbis-w).

Der Hbis-ww 299 225 7 059, aufgenommen im Rbf. Hamburg-Eidelstedt im Oktober 1987, hat normale Rangierertritte.

Modell

Das Fleischmann-Modell des Hbis 299 ist weitgehend im Maßstab 1:87 gehalten. Der gute Gesamteindruck des Wagens kann noch verbessert werden, wenn auf die Beweglichkeit der Türen verzichtet wird. Die Mittelsäule zwischen den Schiebewänden kann dann, nach Zerlegen des Wagens, weiter nach außen gesetzt werden. Zusätzlich sollte der Wagen eine neue, geätzte Pufferbohle bekommen, in diesem Fall allerdings nicht mit Federpuffern, sondern mit den vom Modell sauber abgetrennten Rechteckpuffern.

Das Modell des Fleischmann-Hbis 299 mit vorverlegten Schiebewandstegen.

Hbis 298
Hbis 298 / Hbikks-t(t) 298

Unter der Bauartnummer 298 wurden bei der DB unterschiedliche Schiebewand-Versuchswagen zusammengefaßt, deren gemeinsames Merkmal Seitenwände ohne Mittelsäule sind. Die ältesten sind die beiden 1967 von den Firmen SEAG und Waggonfabrik Uerdingen gebauten Wagen, die die Wagennummern 2119998 (ab 1980 2253504) und 2119999 erhielten. Die Hauptabmessungen dieser Wagen entsprachen den Hbis 299, jedoch besaß der 2119999 auf jeder Seite vier Schiebetüren.

In den Jahren 1970/71 wurden von den Firmen Waggonfabrik Uerdingen, Talbot und SEAG drei weitere Versuchswagen abgeliefert. Sie hatten einen auf 10,0 m verlängerter Achsstand und dreiteilige Schiebetüren, die 2/3 der Wagenlänge zur Beladung freigaben. Diese Wagen erhielten die Nummern 2119995 – 997 bzw. nach 1980 die Nummern 2378000 (SEAG) und 2253502 (Talbot).

1973 wurde von der Waggon-Union (ehemals SEAG) ein weiterer Versuchswagen gebaut, der sich von den Hbis 294 durch die Wandhöhe von 2,20 m (gegenüber 2,07 m) und ein neu entwickeltes Schiebewandsystem unterscheidet. Dieser Wagen erhielt die Nummer 2119994 und ist heute noch als 2253500 im Einsatz.

1975 bzw. 1977 folgten schließlich vier Hbikks-t 298 bzw. ein Hbikks-t 298 mit den gleichen Abmessungen, die verstärkte Außenlangträger erhielten. Diese Wagen hatten ursprünglich die Nummern 2167034 – 038 (ab 1980 2376101 ff. bzw. 2375999).

Von oben nach unten: Hbis 298 2116000 (SEAG) und 2116001 (ehemals 2119999, Waggonfabrik Uerdingen). Der unten abgebildete Wagen für die SNCB entspricht konstruktiv den Wagen 2167034 ff.

Der Hbis 298 2378000 bei der Hafenfachschule Hamburg im April 1989.

Hbikks-tt 303
Hbills 303

Erstes Baujahr	1981
Länge über Puffer	14 220 mm
Achsstand	9000 mm
Ladelänge	12 286 mm
Ladebreite	2670 mm
Ladefläche	32,8 m²
Laderaum	73,9 (72,1) m³
Lastgrenze A	16,0 t
B	20,0 t
C	24,0 t
D	29,0 t
S max.	24,0 t
Eigengewicht	15 700 kg
Achslager	Rollenlager
Höchstgeschwindigkeit	100 km/h
Bremsbauart	KE-GP
Federgehänge	Doppelschaken
Federblattanz./-länge	4 + 1/1200 mm
Pufferlänge	620 mm
Pufferteller	450 x 340 mm

Ab 1981 wurden rund 1100 Hbikks-tt 303 gebaut. Die Wagen haben die gleichen Abmessungen wie die Hbikks-tt 302, sind jedoch gewissermaßen eine „abgespeckte" Version dieses Wagentyps (z.B. Verringerung der Auflaufstoß-Geschwindigkeit bei der Bemessung der Konstruktion) mit einem geschlossenen Unterzug anstelle des offenen Sprengwerks und abweichenden Stirnwandsäulen. Sie sind ebenfalls mit verriegelbaren Trennwänden ausgerüstet und dadurch für den Transport kippgefährdeter Güter, gemischter Ladungen aus unterschiedlichen Einzelstücken sowie druckempfindlicher Ladungen besonders geeignet.

Die Wagen sind in die Nummerngruppe 237 4 750 – 237 5 849 eingereiht.

Modell

Den Hbikks-tt 303 gibt es als HO-Modell von Klein-Modellbahn. Ebenso wie beim Vorbild wurden sämtliche Änderungen gegenüber dem Hbikks-tt 302 des gleichen Herstellers berücksichtigt.

Das von Haus aus sehr gut detaillierte Modell läßt sich durch die Komplettierung der Pufferbohlen mit Bremsschläuchen, Kupplungen, Rangierertritten und -griffen noch weiter verbessern. Soll der Wagen zusätzlich Federpuffer bekommen, ist man jedoch leider auf Eigenanfertigung angewiesen: funktionsfähige Hochleistungspuffer gibt es als Modell weder mit normalen noch mit rechteckigen Puffertellern.

Der Hbikks-tt 303 237 5 688 am 28. 1. 1989 im Bf. Hamburg Hohe Schaar.

Der Hbikks-tt 303 237 5 073 bei der Ablieferung auf dem Firmengelände der Waggon-Union.

Ein Hbikks-tt 303 als gelungenes Modell von Klein-Modellbahn, bei dem kaum noch Verbesserungen erforderlich sind. Nur schade, daß man bei dieser Firma mit den Schrifttypen der Wagen nach deutschen Vorbildern noch etwas auf dem Kriegsfuß steht.

Der Hbikks-tt 302 237 2 806 am 10. 4. 1988 im Rbf. Darmstadt-Kranichstein.

Hbis-tt 302

Erstes Baujahr	1978	Lastgrenze D	29,0 t
Länge über Puffer	14220 mm	S max.	24,0 t
Achsstand	9000 mm	Eigengewicht	15800 kg
Ladelänge	12776 mm	Achslager	Rollenlager
Ladebreite	2670 mm	Höchstgeschwindigkeit	100 km/h
Ladefläche	34,1 m²	Bremsbauart	KE-GP
Laderaum	75,0 (76,7) m³	Federgehänge	Doppelschaken
Lastgrenze A	16,0 t	Federblattanz./-länge	4 + 1/1200 mm
B	20,0 t	Pufferlänge	620 mm
C	24,0 t	Pufferteller	450 x 340 mm

Ebenso gut wie der Hbikks-tt 303: der Hbikks-tt 302 von Klein-Modellbahn.

Hbikks-tt 302/304

1978/79 und 1982 wurden insgesamt 1196 Hbis-tt 302 sowie 250 baugleiche Hbikks-tt 304 beschafft, die ebenso wie der letzte Hbis 298, 2,20 m hohe Schiebetüren besitzen. Die Wagen haben die gleichen Laderaumabmessungen wie die bisherigen Hbis-Wagen, besitzen jedoch ein neu entwickeltes Wandverschlußsy-

Hbills 302/304

stem, bei dem die Schiebewände in einer Parallelführung seitlich vom Ladegut abheben. Als Transportschutzeinrichtungen haben sie verriegelbare Trennwände.

Die Hbikks-tt 304 haben die Wagennummern 237 4 500 – 237 4 749. Die Hbis-tt 302 waren anfangs in der Nummerngruppe 236 8 000 ff. eingereiht. Nach der Umzeichnung in Hbikks-tt 302 belegen sie seit 1980 die Nummern 237 2 000 ff. Die drei Hbis-tt 302 ohne Transportschutzeinrichtungen haben die Nummern 237 8 010 – 237 8 012.

Modell

Der zweite Schiebewandwagen nach DB-Vorbild, den Klein-Modellbahn im Programm hat, ist der Hbis-tt 302, den es in zwei Varianten als fabrikneuen und bereits gealterten Wagen gibt (mit wie beim Vorbild tw. braun gestrichenen Wänden). Beide Wagen machen einen sehr guten Gesamteindruck, nur daß die Anschriften der Wagen leider weder in der Schrifttype noch inhaltlich so ganz überzeugen können.

Der Hbikks-tt 304   237 4 590, aufgenommen im Bf. Hamburg Hohe Schaar, besitzt am 28. 1. 1989 vollständig neue Anschriften auf hellem Grund.

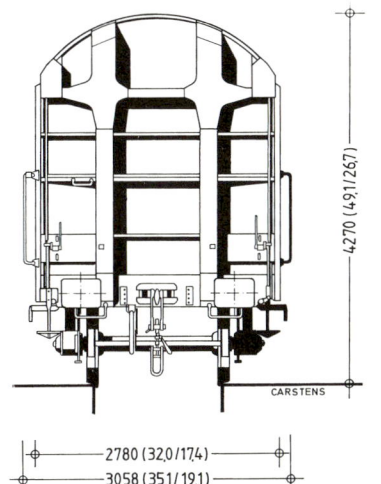

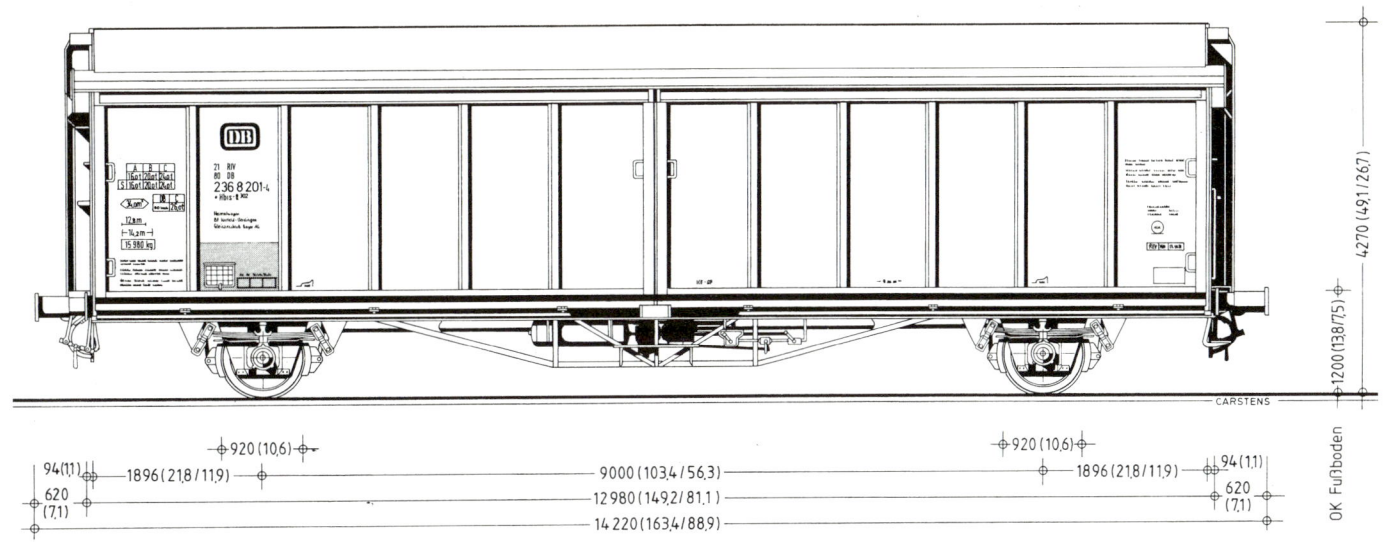

Hbis-tt 302 Stirn- und Seitenansicht im Maßstab 1 : 87

Hbbis 306

Der Hbis 306   236 8 078 am 27. 1. 1989 im Rbf. Maschen.

Hbbins 306

Als vorerst letzte Neukonstruktion wurden ab 1984 rund 950 Hbbis 306 (sowie die gleiche Anzahl Hbbikks-tt 305) gebaut. Sie können bis zu 28/40 Pool-Paletten in einer Ebene aufnehmen. Außerdem wurde bei ihnen die lichte Beladehöhe auf 2,60 m vergrößert. Dies war dadurch möglich, daß das Dach nur den mittleren Wagenteil überdeckt und die Schiebetüren gekröpft wurden. Die Wagen sind für den Einbau verriegelbarer Trennwände vorbereitet und können dadurch bei Bedarf zu Hbbillns umgerüstet werden.

Die Wagen sind in die Nummerngruppe 226 8 000 – 226 8 949 eingereiht. Ab 1988 werden sie zu Hbbins umgezeichnet und bekommen die neuen Nummern 246 9 000 ff.

Technische Daten s. Seite 54

Der Hbbikks-tt 305 246 0 697 bei der Ablieferung auf dem Werksgelände der Waggon-Union in Siegen und als 1 : 87-Zeichnung (unten).

Hbbikks-tt 305

Hbbill(n)s 305

Hbbikks-tt 305/Hbbis 306	
Erstes Baujahr	1984
Länge über Puffer	15500 mm
Achsstand	9000 mm
Ladelänge	13756/14236 mm
Ladebreite	2900 mm
Ladefläche	40,0/41,0 m²
Laderaum	105,0 m³
Lastgrenze A	15,5/17,0 t
B	19,5/21,0 t
C	23,5/25,0 t
D	28,5/30,0 t
S max.	23,5/25,0 t
120 km/h	00,0 t
Eigengewicht	16358/14932 kg
Achslager	Rollenlager
Höchstgeschwindigkeit	120 km/h
Bremsbauart	KE-GP

Federgehänge	Doppelschaken
Federblattanz./-länge	4+1/1200 mm
Pufferlänge	620 mm
Pufferteller	450 x 340 mm

Die ab 1984 (Prototyp, Serienbeschaffung ab 1985) gebauten 956 Hbbikks-tt 305 sind baugleich mit den Hbbis 306, besitzen im Gegensatz zu diesen jedoch sechs verriegelbare Trennwände als Transportschutzeinrichtungen. Hierdurch reduziert sich die Länge des Laderaums um 480 mm, die Ladefläche um 1 m², so daß die Wagen 26/38 Pool-Paletten befördern können. Gleichzeitig erhöht sich das Eigengewicht der Wagen um rund 1,5 t, die Lastgrenzen sind entsprechend niedriger. Die Wagen haben nach den internationalen Bauvorschriften die größtmöglichen Laderaumabmessungen für zweiachsige Wagen und sind leer für 120 km/h zugelassen.

Die Wagen belegen die Nummerngruppe 246 0 000 – 246 0 955. Ab 1988 werden sie zu Hbbillns mit den Nummern 247 1 000 – 237 1 004 bzw. zu Hbbillns 305 (Nummernreihe 245 7 000 – 245 7 950) umgezeichnet.

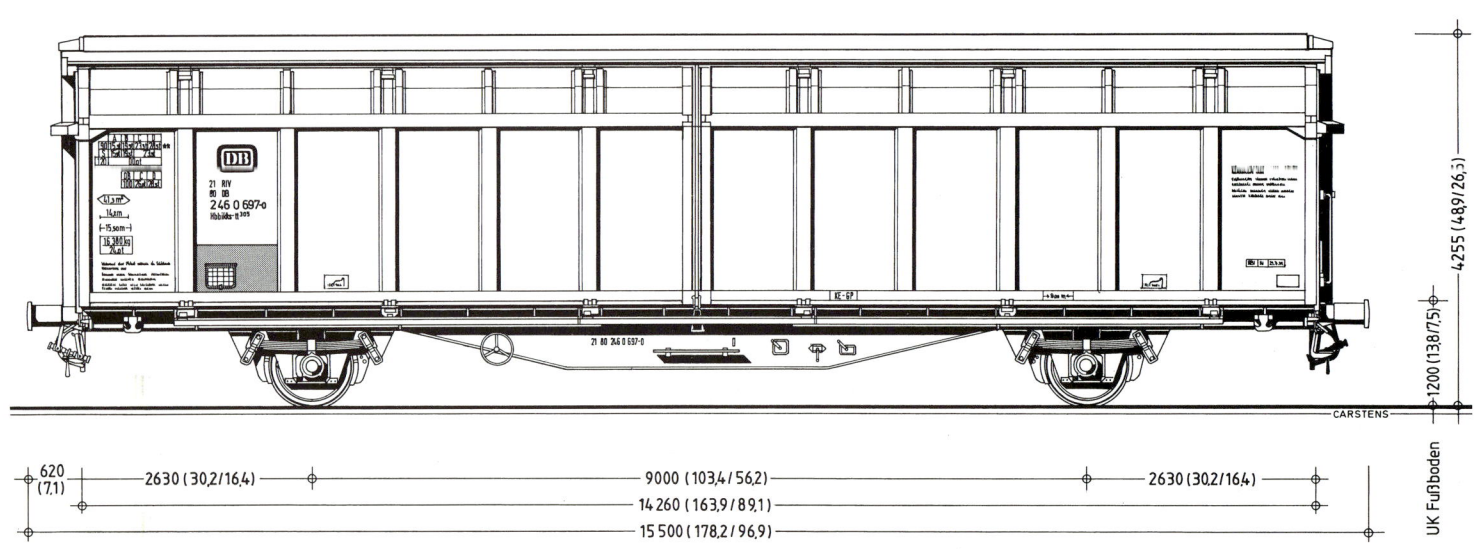

Der 1987 von der Waggon-Union gelieferte Habbis 345 276 7 016 besitzt zwar schon braune Anschriftenfelder, für das DB-Emblem wurde jedoch noch die falsche Folie verwendet, . . .

Habbis 345, Habbikk s-tt 346

Habbins 345, Habbills 346

	Habbis 345 / Habbikks-tt 346
Erstes Baujahr	1987
Länge über Puffer	24 130 mm
Drehgestellbauart	641
Drehgestellachsstand	1800 mm
Drehzapfenabstand	18 590 mm
Ladelänge	22 866/21 932 mm
Ladebreite	2740 mm
Ladefläche	62,5/60,5 m²
Laderaum	165,6/159,8 m³
Lastgrenze A	34,0/32,0 t
B	42,0/40,0 t
C	50,0/48,0 t
D	60,0/58,0 t
S max.	50,0/48,0 t
120 km/h	00,0 t
Eigengewicht	29 770/31 868 kg
Achslager	Rollenlager
Höchstgeschwindigkeit	120 km/h
Bremsbauart	KE-GP
Federgehänge	Doppelschaken
Federblattanz./-länge	4 + 1/1200 mm
Pufferlänge	620 mm
Pufferteller	450 x 340 mm

1971 baute die Waggonfabrik Uerdingen den ersten Drehgestell-Schiebewandwagen. Dieser Prototyp hatte vierteilige Wände und Daberkow-Transportschutzeinrichtungen. Er erhielt die DB-Bezeichnung Habiss 345 und die Nummer 285 0 000. Anfang der achtziger Jahre wurde der Wagen ausgemustert.

Erst 1987 ließ die DB insgesamt 100 Drehgestell-Schiebewandwagen bauen, die sich konstruktiv an die Drehgestell-Schiebewandwagen verschiedener privater Einsteller anleh-

ten. Die Wagen, die zur Hälfte verriegelbare Trennwände besitzen, sind die längsten vierachsigen Schiebewandwagen mit zweiteiligen Wänden und Regeldrehgestellen.

Die als Hbbis 345 bzw. Habbikks-tt 346 bezeichneten Wagen haben die Nummern 276 7 000 – 276 7 049 Habbis 345) bzw. 279 0 000 – 279 0 049. Ab 1988 werden die Habbikks-tt zu Habbills 346 mit den Nummern 277 7 000 – 277 7 049, die Habbis 345 zu Habbins 345 umgezeichnet.

Der Habiss 345-Prototyp bei der Ablieferung im Jahr 1971 auf dem Firmengelände der Waggonfabrik Uerdingen.

. . . während der Habbikks-tt 346 279 0 041, am 10. 4. 1988 in Darmstadt-Kranichstein aufgenommen, das richtige DB-Zeichen besitzt.

55

Getreideverladung in Schwenkdach-Selbstentladewagen am Rethe-Speicher in Hamburg-Hohe Schaar.

Selbstentladewagen mit Schwenkdach oder Dachklappen

Großraumwagen

Im Jahr 1924 ging der erste Großgüterwagenzug für den Transport von Rohbraunkohle in Betrieb. Ihm folgten in den Jahren bis 1927 weitere neun Versuchszüge mit Wagen unterschiedlicher Bauart. Aufgrund der mit diesen Zügen gemachten Erfahrungen wurden 1927 Großsattelwagen mit Seitenklappen als Einheitstypen für die Beförderung von Kohle und Koks entwickelt. Diese Wagen waren im konstruktiven Aufbau gleich, unterschieden sich aber in der Länge. Während der Kohlenwagen eine Länge über Puffer von 10,0 m besaß, konnte der Kokswagen – wegen des geringeren spezifischen Gewichtes des Ladegutes – 2 m länger ausgeführt werden. Gemeinsames Merkmal aller Wagen war die Ausführung des Fahrwerks mit Lenkachsen und Rollenlagern sowie die Scharfenberg-Kupplungen.

Gleichzeitig wurden Überlegungen angestellt, auch Großsattelwagen für den Transport von Kali zu entwickeln. Die ersten Entwürfe hierfür sahen einen 10 m Wagen langen Wagen mit vier einzelnen Dachklappen vor. Ob diese Wagen tatsächlich gebaut worden sind, konnte bislang nicht geklärt werden. Hingegen wurden mit Sicherheit 10 m lange Wagen mit zwei durchgehenden Klappdeckel-Reihen gebaut (ähnlich den bei den Klappdeckelwagen verwendeten Deckeln, nur daß diese nicht an einem gemeinsamen First befestigt waren, sondern nach außen aufschlugen).

Die älteste Großgüterwagenbauart mit Klappdeckeln, die auch noch in den Bestand der DB gekommen ist, sind die 1928 gebauten, genieteten Wagen, die ebenfalls nach außen auf-

schlagende Dachklappen besaßen. Diese Konstruktion wurde bis 1955 (KKt 57) beibehalten und erst danach durch anfangs zweiteilige, später einteilige Schwenkdächer abgelöst. Der Wagenkasten dieser Großsattelwagen mit Klappdeckeln entsprach – wie auch bei den nachfolgenden Bauarten – den offenen Wagen. Die Wagen trugen daher anfangs auch noch die Bezeichnung OOt Oldenburg, bevor im Jahr 1033 die Gattungsbezeichnung KKt eingeführt wurde. Ab 1935 wurden die Wagen zu KKt Saarbrücken. Bei der DB erhielten diese Wagen die Gattungsbezeichnung KKt 26.

Ab 1935 wurden geschweißte Wagen in den gleichen Abmessungen gebaut, die ebenfalls mit Lenkachsen und z.T. mit Scharfenberg-Kupplungen ausgerüstet waren. Im Gegensatz zu der genieteten Vorgängerbauart mit Kkg-Bremsanlagen besaßen sie jedoch bereits Hik-G-Bremsen.

Bei der DB erhielten sie die Bezeichnung KKt 45.

Die KKt 45 wurden Mitte der vierziger Jahre in verschiedenen Ausführungen nachbeschafft. Dabei erhielten die 1943 gebauten Wagen Drehgestelle der Bauart 973 und Scharfenberg-Kupplungen; die Wagen der folgenden Bauserie wurden mit Drehgestellen der Bauart 977 und einfachen Kupplungen ausgerüstet.

Da nach dem Zweiten Weltkrieg ein Mangel an Großgüterwagen herrschte, wurden in den Jahren 1953/54 die von den Kriegslokomotiven der BR 52 vorhandenen und nicht mehr benötigten fünfachsigen Kondenstender zu Güterwagen umgebaut, wobei ein Teil zu Sattelwagen mit beweglichen Seitenklappen für die Beförderung von Stückkalk (KKt 44, später Tad-u 957) und ein Teil zu Sattelwagen für die Getreidebeförderung mit Entladetrichtern (s.u.)

Selbstentladewagen mit Schwenkdach oder Dachklappen

umgebaut wurden. Die KKt 44 waren mit einer Höhe von 3350 mm im Vergleich zu den anderen KKt-Wagen relativ niedrig, besaßen aber trotzdem für den speziellen Einsatzzweck mit 44,5 m³ einen ausreichenden Laderaum.

Ab 1955 wurden neue vierachsige Selbstentladewagen mit Dachklappen beschafft. Diese KKt 57, die in ihrem grundsätzlichen Aufbau den Vorkriegstypen entsprachen, waren bis auf die zusätzlichen Klappdeckel baugleich mit den offenen OOtz 50.

Mit den gleichen Hauptabmessungen wurde 1958 eine kleine Serie von 30 Wagen mit einem vierteiligen Schwenkdach beschafft. Diese Wagen erhielten die Bezeichnung KKt 61, später Tad 962.

Ein Jahr später wurden versuchsweise Wagen mit einteiligem Schwenkdach, dessen Konstruktion von den Ktmm 60 übernommen wurde, gebaut. Da sich diese Bauform im Betrieb bewährte, wurden diese als KKt 62 (Tad 963) bezeichneten Wagen in großen Stückzahlen nachbeschafft, wobei die ab 1970 gebauten Wagen Drehgestelle der Bauart 661 erhielten (die älteren Typen besitzen Drehgestelle der Bauart 931).

Ab 1962 wurden insgesamt 40 KKt 70 gebaut. Die Wagen, die inzwischen die Bezeichnung Tal 964 tragen, besitzen hydraulische Klappenbetätigungen, gleichen sonst äußerlich jedoch den KKt 62. Allerdings wurde der Laderaum der Wagen infolge einer von 45° auf 69° erhöhten Sattelneigung von 71,5 m³ auf 53,5 m³ reduziert. 25 Wagen besitzen Drehgestelle der Bauart 931, der Rest die neueren der Bauart 661.

Auf der gleichen Konstruktion basieren die 1973 gebauten Tals 966, die ebenfalls eine hydraulische Klappenbetätigung besitzen. Im Gegensatz zu den Vorgängerbauarten haben sie eine KE-Bremsanlage mit einem GP-Wechsel und sind daher für eine Höchstgeschwindigkeit von 100 km/h zugelassen.

Bei den ab 1974 gebauten Tals 967 wurde der Laderaum durch Änderung der Sattelneigung auf 49° wieder auf 71,5 m³ vergrößert.

Den Abschluß in der Entwicklung der vierachsigen Selbstentladewagen mit Seitenwandklappen und Schwenkdach bilden die ab 1981 beschafften Tals 968. Die Wagen, die leer eine zulässige Höchstgeschwindigkeit von 120 km/h haben (beladen 100 km/h), laufen auf Drehgestellen der Bauart 665, entsprechen sonst aber technisch weitgehend den Vorgängerbauarten.

Eine Sonderstellung unter den Großgüterwagen nehmen die Wagen für den Getreidetransport ein. Im Gegensatz zu den anderen Großgüterwagen, die Seitenwandklappen für die Entladung besitzen, haben diese keine Klappen, sondern – ähnlich wie die nach dem Zweiten Weltkrieg entwickelten zweiachsigen Selbstentladewagen – Entladetrichter.

Die älteste Bauart der Selbstentladewagen für den Getreidetransport sind die ab 1931 gebauten KKt 27, die einen in vier trichterförmige Kammern unterteilten Laderaum, einfache Dachklappen und als einzige Großgüterwagenbauart ein Bremserhaus besaßen. Ebenso wie die ersten für den Kalitransport gebauten Wagen besaßen

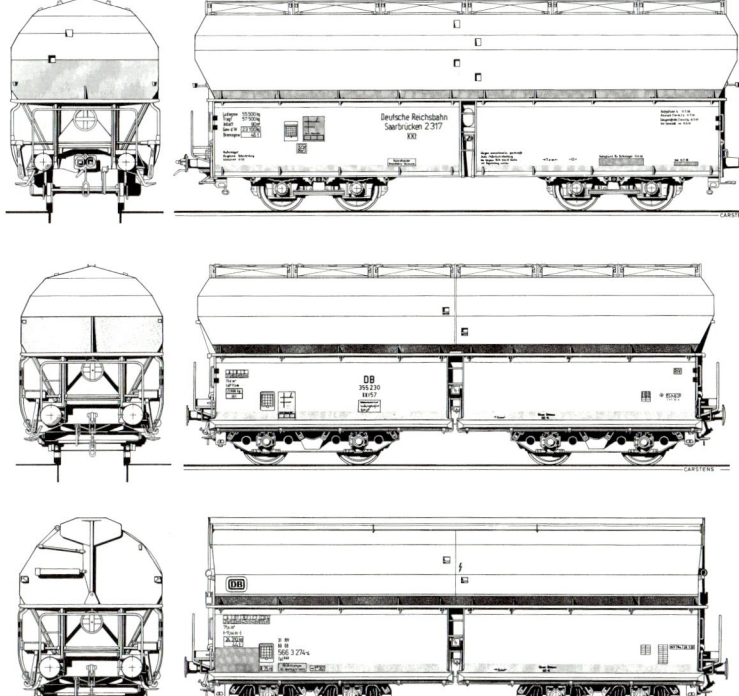

Von oben nach unten: die Großraumwagen mit Dachklappen KKt 45 (mit Lenkachsen) und KKt 57 sowie der Schwenkdachwagen KKt 62.

sie Lenkachsen mit Rollenlagern, da sie jedoch nicht ausschließlich für den Einsatz in Ganzzügen vorgesehen waren, normale Hakenkupplungen.

Im Gegensatz zu ihnen besaßen die ab 1949 aus fünfachsigen Kondenstendern umgebauten KKt 46 keinen trichter-, sondern einen sattelförmigen Laderaum.

Während in den Folgejahren keine vierachsigen Wagen für den Getreidetransport beschafft, sondern hierzu ausschließlich die inzwischen in großer Stückzahl vorhandenen zweiachsigen Wagen verwendet wurden, wurde Ende der sechziger Jahre die Forderung nach einem großräumigen Wagen für den Getreidetransport laut. Als Prototyp wurde daraufhin im Jahr 1970 ein vierachsiger Wagen geliefert, der im Aufbau entfernt mit den zweiachsigen Ktmm-Wagen verwandt war. Als Dach erhielt er das bewährte einteilige Schwenkdach, das wie auch bei den zweiachsigen Wagen von der Bühne aus betätigt wurde. Zur Entladung erhielt dieser als Tadgs 965 bezeichnete Wagen vier mit Handrädern von beiden Seiten zu betätigende Flachschieber. Eine Serienbeschaffung der Wagen unterblieb, da kurz nach Baubeginn internationale Richtlinien für den Bau von Standard-Drehgestellgüterwagen festgelegt wurden.

Aufgrund dieser UIC-Richtlinien wurden 1971 zwei Prototypen (der offene Eads 105 und der Tadgs 959 mit Schwenkdach) gebaut. Die Wagen besitzen das Untergestell und den Wagenkasten des Tadgs 965, im Gegensatz zu diesem jedoch wieder die herkömmlichen, mit Handhebeln von den Endbühnen zu bedienenden Rundschieber.

Während für den offenen Wagen kein Bedarf bestand und der Weiterbau unterblieb, wurden die Tadgs 959 zwischen 1973 und 1985 in insgesamt sieben Bauserien beschafft, die sich zum Teil geringfügig unterscheiden (Lage der Dachantriebswelle, Drehgestellbauart etc.).

Moderne Selbstentladewagen im Maßstab 1 : 160: Oben der Tals 968, darunter der Getreidewagen Tadgs 959.

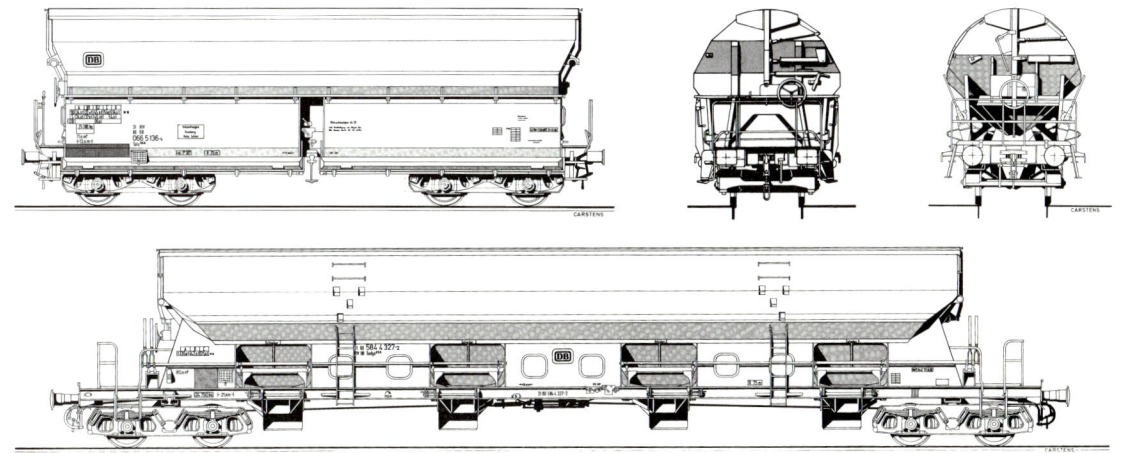

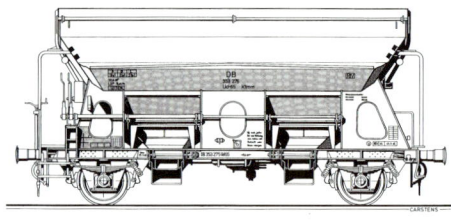

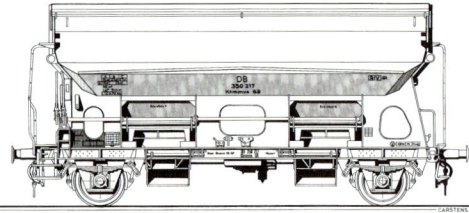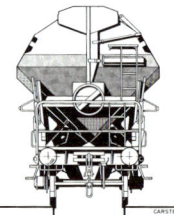

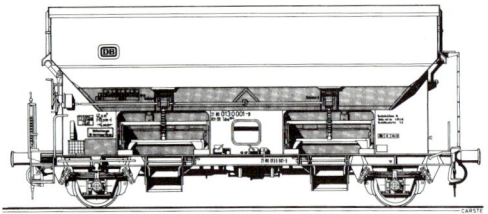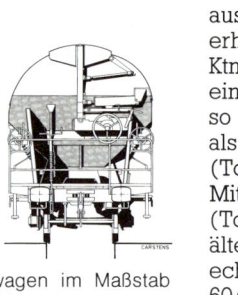

Von oben nach unten: drei Generationen Schwenkdachwagen im Maßstab 1:160: Ktmms 65/Tdg s 928, Ktmmvs 69/Tdgs 930 und Tdns 934.

Zweiachsige Wagen

Nachdem die nach dem Zweiten Weltkrieg entwickelten Otmm-Wagen (zweiachsige offene Selbstentladewagen) von den Bahnkunden sehr gefragt waren, kam schon frühzeitig der Wunsch auf, diese Wagen für den Transport nässeempfindlicher Schüttgüter weiterzuentwickeln und damit einen Nachfolger für die technisch überholten Klappdeckelwagen zu schaffen. Die Forderung wurde um so dringlicher, als die im Kalkverkehr eingesetzten Klappdeckelwagen zur Ausmusterung anstanden und wegen der nicht vorhandenen Möglichkeit der Selbstentladung auch nicht nachbeschafft werden sollten.

Zwar gab es zu dem Zeitpunkt schon Wagen, die für den Kalkverkehr eingesetzt werden konnten, aber die Wagen erfüllten nicht alle in sie gestellten Forderungen bzw. ließen sich nicht wirtschaftlich be- und entladen. So mußten z.B. bei Otmm-Wagen Abdeckplanen mühsam befestigt werden, obendrein boten sie keine Gewähr für Dichtigkeit. Dieses Manko besaßen zwar die Kmmks-Wagen nicht, dafür gab das Schiebedach aber immer nur eine Wagenhälfte zur Beladung frei, und die Entladung hätte nur manuell oder über Waggonkippanlagen erfolgen können.

Aus diesem Grund wurde 1956 versuchsweise ein Otmm 52 mit einem abnehmbaren Dach ausgerüstet. Da sich der Wagen jedoch nicht bewährte, wurde das Dach 1958 wieder abgebaut.

Im Gegensatz zu den großräumigen Selbstentladewagen, die bereits seit den zwanziger Jahren mit Klappdeckeldächern gebaut wurden, verzichtete die DB bei den zweiachsigen Wagen auf diesen Entwicklungsschritt und gab 1957 die Entwicklung eines einschaligen Schwenkdachs in Auftrag, nachdem zuvor gemachte Versuche mit zweischaligen Dächern bzw. einer Gummigewebeabdeckung nicht zu befriedigenden Ergebnissen geführt hatten. Das neu entwickelte Schwenkdach wurde auf einem Otmm 52 erprobt und hatte sich so gut bewährt, daß bereits 1958 die Serienfertigung der Otmm-Wagen mit Schwenkdach, jetzt als Ktmm bezeichnet, begann.

Allerdings dienten als Grundlage die Otmm 52, sondern die neuen, größeren Otmm 57. Die ersten 20 im Jahr 1957 in Auftrag gegebenen Ktmm 60 wurden bevorzugt für die Beförderung von Kalk, Dolomit, Rohzucker, Getreide und Salz eingesetzt, um Erfahrungen beim Transport verschiedener Güter

sammeln zu können. Die Wagen bewährten sich gut und waren sehr gefragt, so daß 1958/59 über 800 Wagen gebaut wurden, davon rund 200 für den Lebensmitteltransport geeignete, als Ktmmv 60 bezeichnete Wagen. Nach der Umzeichnung erhielten die Wagen die Bezeichnung Td 925 (Ktmm 60) bzw. Tdg 927 (Ktmmv 60).

Während des Alltagsbetriebs zeigte sich, daß bei den vorwiegend transportierten feinkörnigen Schüttgütern die aus einem an drei Seiten umlaufenden Gummiwulst bestehende Dichtung der Rundschieber nicht ausreichte. Aus diesem Grund erhielten viele Ktmm 60 und alle Ktmmv 60 in den Jahren 1963/65 eine Labyrinthdichtung. Diese so umgebauten Wagen wurden als Ktmm 72 bzw. Ktmmv 72 (Td 931/Tdg 932) bezeichnet. Mit dem Bau der Ktmmv 69 (Tdg 930) ab 1962 wurden die älteren Wagen mit lebensmittelechtem Innenanstrich (Ktmmv 60/72) den normalen Wagen zugeordnet, so daß bis 1969 alle Tdg 927 und Tdg 932 zu Td 925/31 wurden.

1964 erhielten einige Wagen einen GP-Bremsartwechsel und waren somit für Geschwindigkeiten bis 100 km/h geeignet. Diese Wagen erhielten anfangs hinter der Bauartnummer eine 6 (also z.B. Td 925.6), ab 1970 das Nebenzeichen s (Tds 925).

Wegen des wachsenden Bedarfs an Td-Wagen wurden in den Jahren 1970 bis 1973 weitere 700 Wagen aus Fc 086 umgebaut. Diese umgebauten Wagen erhielten alle einen GP-Wechsel und wurden ebenfalls als Tds 925 eingereiht.

Ab 1959 wurden die offenen Selbstentladewagen mit Doppelschakenlaufwerk beschafft (Otmm 61/64), wobei der Wagenkasten der Vorgängerbauart Otmm 57 beibehalten wurde. Analog dazu erhielten auch die Neulieferungen der Ktmm-Wagen ein Doppelschakenlaufwerk. Zwischen 1959 und 1961 wurden knapp 1900 Ktmmv 65 (später Tdg 929, und Ktmm 65 (später Td(s) 928) gebaut. Ebenso wie die Ktmm 60 erhielten ein Teil der Wagen ab 1963 eine Labyrinthabdichtung an den Schiebern. Die umgebauten Wagen wurden als Ktmm 73 bzw. Ktmmv 73 (Td(s) 933/Tdg 934) bezeichnet. Ähnlich wie bei der Vorgängerbauart wurden alle Ktmmv-Wagen nach der Erneuerung des Innenanstrichs den Wagen mit nomalem Anstrich zugeordnet, so daß bis 1969 alle Tdg 929 und Tdg 934 zu

Td 928 und Td 933 umgezeichnet wurden.

Ab 1962 begann die Fertigung der offenen Selbstentladewagen mit größerem Laderaum. Diese als Otmm 70 bezeichneten Wagen ersetzten sofort Wagen mit kleinerem Ladevolumen. Da weiterhin ein Mangel an Selbstentladewagen mit Schwenkdach bestand, entschloß sich die DB, ab 1963 2950 Otmm 64 in Ktmm 65 umzubauen. Diese Wagen unterschieden sich ursprünglich von den Original-Td 928 durch die fehlende Regenrinne und einen kleinen Dachvorsprung über der Schräge des Unterkastens, ein Unterscheidungsmerkmal, das sich durch spätere Umbauten jedoch verwischte. Außerdem besaßen die ersten 600 Umbauwagen einen GP-Lastwechsel. Ein Teil der Wagen wurde ebenfalls zu Td 933 umgebaut.

Ebenfalls durch Umbau von offenen Selbstentladewagen (und zwar Otmm 61/Fc 087) entstanden zwischen 1972 und 1975 insgesamt 1900 Tds 926. Diese Wagen sind baugleich mit den Tds 928.

Ab 1962 entstanden auch Ktmm-Wagen mit großem Laderaum (analog zum Otmm 70). Diese Ktmmv 69 (es wurden ausschließlich Wagen mit lebensmittelechtem Innenanstrich gebaut) erhielten ab 1969 die Bezeichnung Tdgs(-z) 930. Von diesem Typ wurden innerhalb von 20 Jahren über 3500 Stück gebaut.

Während es sich bei den Tdgs-z 930 um Neubauwagen handelt, entstanden in den Jahren 1978/79 durch den Umbau von 1500 Fc 090 Wagen mit gleichen Abmessungen. Diese wurden als Tdgs-z 932 eingereiht.

Nachdem ab Mitte der achtziger Jahre wegen des Ablaufs der Nutzungszeit und wegen des durch den Kalitransport bedingten schlechten Unterhaltungszustand der Wagen zunehmend Td-Wagen ausgemustert werden mußten, ist als Nachfolgebauart ein Wagen mit größerem Laderaum entwickelt worden. Von diesem als Tdns 934 bezeichnete Wagen wurden 1988 15 Prototypen gebaut. Die Betätigung der Rundschieber erfolgt bei diesen Wagen nicht mehr über Hebel, sondern über Handräder und einen Spindelantrieb. Außerdem unterscheiden sie sich auffällig durch die runde (nicht mehr abgekantete) Form des Wagenkastens von den älteren Td-Typen.

Der Tds 925 573 1 204, im Oktober 1987 im Rbf. Hamburg Eidelstedt aufgenommen, stammt aus einer Serie von 700 im AW Kaiserslautern aus Fc 086 umgebauten Wagen, die gleichzeitig eine GP-Bremsumstelleinrichtung erhielten und für den Einbau der automatischen Kupplung vorbereitet wurden.

Ktmm(v)60　　　　Td(s)925, Tdg927　　Tds925

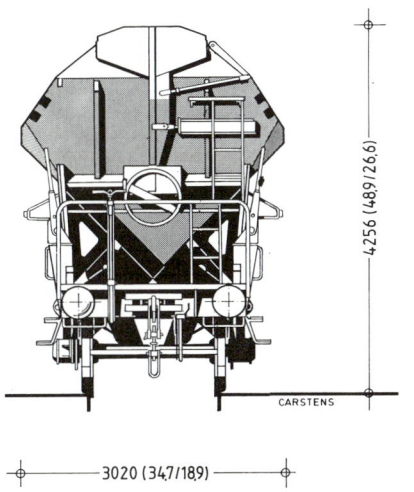

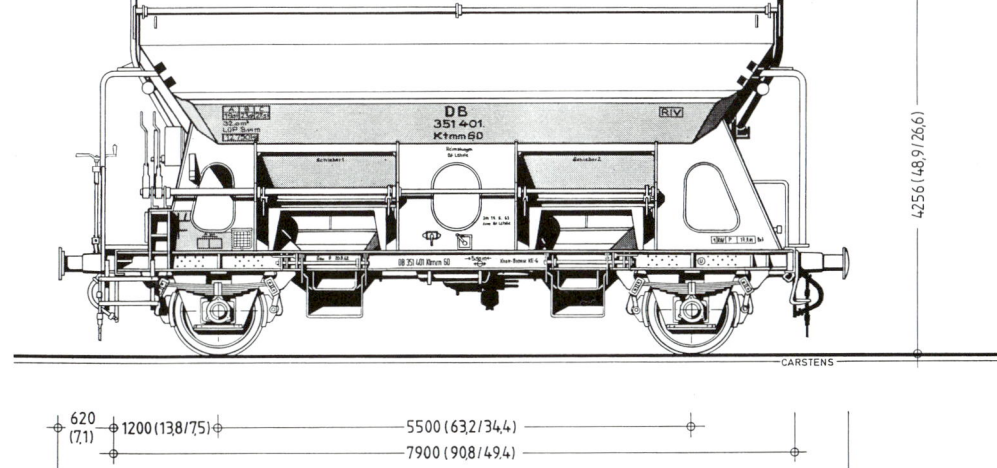

Stirn- und Seitenansicht eines Ktmm 60 im Maßstab 1:87.

Der wie die meisten Selbstentladewagen von Talbot entwickelte Ktmm 60-Versuchswagen mit der Nummer 214 beim BZA Minden.

	m. Hbr. / o. Hbr.		
Erstes Baujahr	1958	Achslager	Rollenlager
Länge über Puffer	9140 mm	Höchstgeschw.	80 (100) km/h
Achsstand	5500 mm	Bremsbauart	KE-G(P)
Laderaum	32,0 m³	Federgehänge	Einfachschaken
Lastgrenze A	20,0 (19,5) t	Federblattanz./-länge	8/1200 mm
B	22,0 (23,5) t	Pufferlänge	620 mm
C	26,0 (27,5) t	Puffertellerdurchmesser	370 mm
S max.	(27,5) t		
Eigengewicht		Angaben in Klammern gelten für Tds 925.	
12200/12000 (12400/12200) kg			

Die ältesten Schwenkdach-Wagen der DB sind die ab 1958 in Serie gebauten Ktmm 60. Nach Versuchen mit zweischaligen Dächern bzw. einer Gummigewebeabdeckung, die nicht zu befriedigenden Ergebnissen führten, wurde 1957 ein Otmm 52-Versuchswagen mit einem einschaligen Schwenkdach ausgerüstet. Der Wagen konnte im Betrieb befriedigen, so daß ein Jahr später die Serienfertigung der mit Schwenkdächern ausgerüsteten Otmm-Wagen begann.

Um für die potentiellen Ladegüter (z.B. Kalk, Getreide und Salz) einen ausreichend großen Laderaum zur Verfügung stellen zu können, dienten als Ausgangskonstruktion für die neuen Ktmm-Wagen nicht etwa die Otmm 52, sondern die größeren Otmm 57. Innerhalb von zwei Jahren wurden insgesamt 826 Wagen gebaut. Davon bekamen 206 Wagen einen lebensmittelechten Innenanstrich für die Beförderung von Getreide und Futtermitteln. Sie wurden als Ktmmv 60 bezeichnet.

Die Ktmm(v) 60 besaßen eine Rundschieberabdichtung aus einem an drei Seiten umlaufenden Gummiwulst. Diese reichte jedoch bei einigen besonders feinkörnigen Schüttgütern häufig nicht aus, so daß 427 Wagen in den Jahren 1963 bis 1965 eine Labyrinthdichtung an den Schiebern bekamen. Diese Wagen bekamen die Bauartbezeichnung Ktmm 72 bzw. Ktmmv 72 (s. dort).

Der Ktmm 60 351 302 am 20. 5. 1959 im Bf. München-Ost. Damals war der Wagen in Toging/Inn beheimatet.

Die Ktmm 60 und Ktmmv 60 wurden – wie alle Schwenkdachwagen mit 32 m³ Laderaum – in den Nummernbereich 351 000 – 354 999 eingeordnet. Nach der Umzeichnung 1968 wurden die noch vorhandenen 392 Ktmm 60 zu Td 925 mit den Wagennummern 5630 000 ff. Der letzte Ktmmv 60 bekam die Bauartbezeichnung Tdg 927 und eine Nummer zwischen 5640 000 und 5640 019, 1969 wurde auch er zu einem Td 925.

Ab 1964 wurden einige Wagen mit einem GP-Bremsartwechsel ausgerüstet. Diese für 100 km/h geeigneten Wagen erhielten anfangs eine 6 hinter der Bauartnummer (also Td 925.6). 1970 wurde die Bezeichnung in Tds 925 geändert.

Da Anfang der siebziger Jahre Mangel an Schwenkdach-Selbstentladewagen bestand, wurden ab 1970 im AW Kaiserslautern 700 Fc 086 zu Tds 925 umgebaut. Gleichzeitig erhielten die Wagen eine GP-Umstelleinrichtung und wurden für den Einbau der automatischen Kupplung vorbereitet. Diese

Wagen belegen die Nummern 5730 850 ff.

1973 war der Bestand an Td(s) 925 mit 1088 Wagen am höchsten. Dieser blieb in den Folgejahren konstant und verringerte sich erst, nachdem 1983 achtzig Wagen an die DR verkauft wurden. Heute sind noch 3 Td 925 und 616 Tds 925 vorhanden, von denen ein Teil bereits neue Nummern aus der seit 1988 vorgesehenen Nummerngruppe 0730 850 – 073 199 besitzt.

Der Ktmmv 72 351 162 besaß am 13. 5. 1965 (aufgenommen in Bebra) noch einen lebensmittelechten Innenanstrich. Am Wagenkasten war die Aufschrift „Wg. nach jeder Be- u. Entladung von außen mit Preßluft oder Besen reinigen" angebracht.

Ktmm(v) 72 Td(s) 931, Tdg 932 Tds 931

	m.Hbr. / o.Hbr.
Erstes Umbaujahr	1963 (1964)
Länge über Puffer	9140 mm
Achsstand	5500 mm
Laderaum	32,0 m³
Lastgrenze A	19,5 (19,0) t
B	23,5 (23,0) t
C	27,5 (27,0) t
S max.	(27,0) t
Eigengewicht	
12200/12000 (12700/12550) kg	
Achslager	Rollenlager
Höchstgeschw.	80 (100) km/h
Bremsbauart	KE-G(P)
Federgehänge	Einfachschaken
Federblattanz./-länge	8/1200 mm
Pufferlänge	620 mm
Puffertellerdurchmesser	370 mm

Angaben in Klammern gelten für Tds 931.

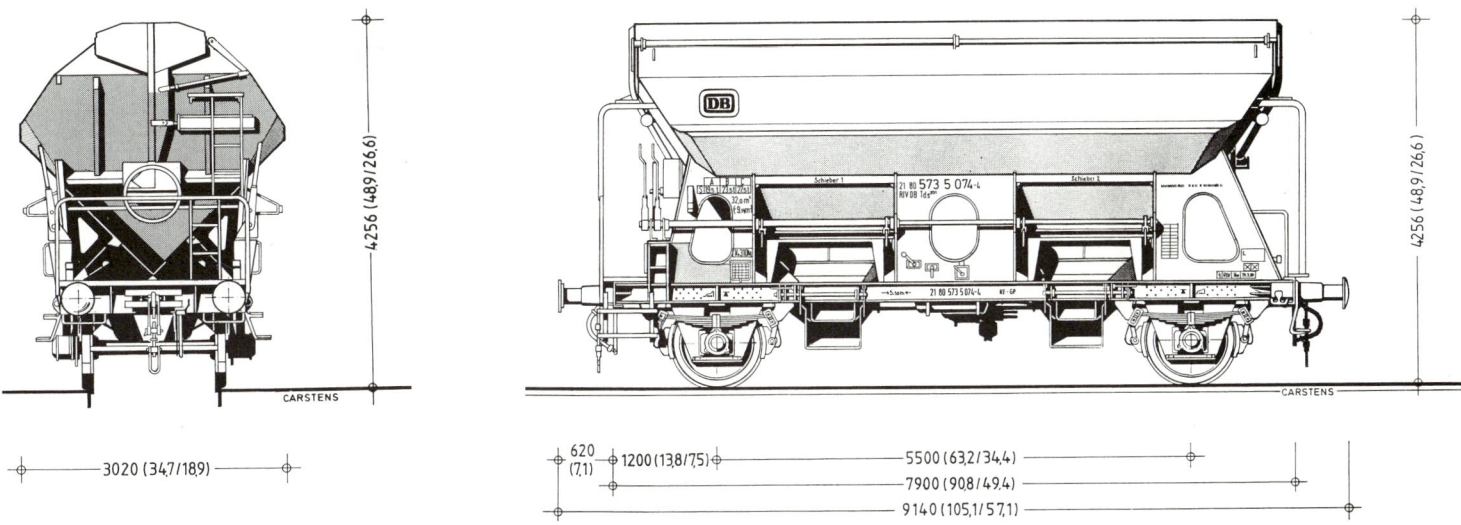

Stirn- und Seitenansicht eines Tds 931. Von dem Ktmm 60 auf S. 59 unterscheidet sich dieser Wagen durch den GP-Lastwechsel, den Seilanker und die fehlende Handbremse.

Die Ktmm(v) 72 entstanden in den Jahren 1963 bis 1965 durch Umbau der vorhandenen Ktmm(v) 60. Hierbei erhielten die Wagen eine Labyrinthdichtung an den Schiebern. Umgebaut wurden 230 Ktmm und alle vorhandenen Wagen mit lebensmittelechtem Innenanstrich.

Ebenso wie die Ktmm(v) 60 wurden die Ktmm(v) 72 in den Nummernbereich 351 000 – 354 999 eingereiht. 1968 wurden die Wagen in Td 931 (Ktmm 72) bzw. Tdg 932 (Ktmmv 72) umgezeichnet, wobei letztere Bezeichnung, ebenso wie die Nummern 5640 200 – 5640 389, wohl nur auf dem Papier existiert haben

dürfte, da die Wagen bis 1967 zu Ktmm 72 zurückgestuft wurden.

Die 428 vorhandenen Td 931 bekamen 1968 die Nummern 5634 000 ff. Ab 1964 wurden viele Td 931 mit einem GP-Bremsartwechsel ausgerüstet und bekamen eine 6 hinter der Bauartnummer. Diese Bezeichnung

wurde 1970 in Tds 931 geändert. Gleichzeitig erhielten die Wagen Nummern aus dem Bereich 5735 000 – 5735 425. Ende 1988 belief sich der Bestand auf 208 Tds 931, die z.T. schon eine 0 anstelle der 5 an der ersten Stelle der Wagennummer hatten, sowie 7 Td 931 (mit den alten Nummern).

Tds 926

	m. Hbr. / o. Hbr.
Erstes Umbaujahr	1972
Länge über Puffer	9140 mm
Achsstand	5500 mm
Laderaum	32,0 m³
Lastgrenze A	19,0 t
B	23,0 t
C	27,0 t
S max.	27,0 t
Eigengewicht	12900/12700 kg
Achslager	Rollenlager
Höchstgeschwindigkeit	100 km/h
Bremsbauart	KE-GP
Federgehänge	Einfachschaken
Federblattanz./-länge	8/1200 mm
Pufferlänge	620 mm
Puffertellerdurchmesser	370 mm

Die Tds 926 entstanden zwischen 1972 und 1975 durch den Umbau von 1900 Fc 087. Sie sind baugleich mit den Tds 928 und unterscheiden sich von den Tds 925/931 in erster Linie durch das Doppelschakenlaufwerk. Der Umbau erfolgte – analog zu dem Umbau von Fc 089 in Td 928 – im Rahmen einer Vollaufarbeitung der Wagen. Dabei wurde der Wagenkasten teilweise erneuert und die Wagen, die alle mit einer Handbremse ausgerüstet sind, erhielten einen GP-Bremsartwechsel.

Eingereiht sind die Wagen in den Nummernbereich 5732 000 – 5733 899. Die Ausmusterung der im Düngemittel- und Salzverkehr starker Korrosion aus-

gesetzten Wagen begann 1987. Ende 1988 waren noch 1595 Wagen im Bestand, die z.Zt. eine 0 anstelle der 5 an der ersten Stelle der Wagennummer bekom-

men, so daß die Nummern künftig 0732 000 – 0733 899 lauten werden.

Der Tds 926 5733 694 am 5. 2. 1989 an der Wagenwaschanlage im Rbf. Maschen.

Der Tds 928 5630 784 im Februar 1989 im Rbf. Maschen. Unten die Zeichnung eines Ktmms 65 der Ursprungsausführung (mit Regenrinne).

Ktmm(v,s)65   Td(s)928, Tdg(s)929   Td(s)928

	m. Hbr. / o. Hbr.
Erstes Baujahr	1959 (1963)
Länge über Puffer	9140 mm
Achsstand	5500 mm
Laderaum	32,0 m³
Lastgrenze A	19,5 t
B	23,5 t
C	27,5 t
S max.	(27,5) t
Eigengewicht	12700/12500 kg
Achslager	Rollenlager
Höchstgeschw.	80 (100) km/h
Bremsbauart	KE-G(P)
Federgehänge	Einfachschaken
Federblattanz./-länge	8/1200 mm

Pufferlänge	620 mm
Puffertellerdurchmesser	370 mm

Angaben in Klammern gelten für Tds 928.

In den Jahren 1959 bis 1961 wurden 300 als Ktmmv 65 und 1582 als Ktmm 65 bezeichnete Wagen gebaut, die sich von den älteren Ktmm-Wagen nur durch das Doppelschakenlaufwerk unterscheiden. Zusätzlich zu diesen Wagen aus Neulieferungen wurden ab 1963 2950 Otmm 64 in Ktmm 65 umgebaut. Diese Wagen unterschieden sich von den

Original-Ktmm 65 u.a. durch die fehlende Regenrinne und einen Dachvorsprung über der Schräge des Unterkastens und erhielten zum Teil einen GP-Bremswechsel.

Bis 1968 hatten die Wagen Nummern zwischen 350 400 und 354 999. 1968 wurden die rund 4300 vorhandenen Ktmm(s) 65 zu Td(s) 928 mit den Nummern 5630 500 ff. bzw. 5730 000 – 5730 849, während die letzten noch vorhandenen Ktmmv 65 zu Tdg(s) 929 wurden und Num-

mern ab 5640 100 bzw. 5740 000 bekamen. Die letzten Tdg(s) 929 wurden 1969 zu Td(s) 928 umgezeichnet.

Heute existieren 2115 Td 928 mit den Nummern 5630 500 – 5633 999 (ab 1988 auch 0030 000 – 0032 449) und 1993 Tds 928 in den Nummernbereichen 5730 000 ff. bzw. 5736 000 – 5736 971 (Ursprungswagen, die nachträglich einen GP-Lastwechsel bekommen haben) sowie 0730 000 – 0730 849 und 0736 000 ff.

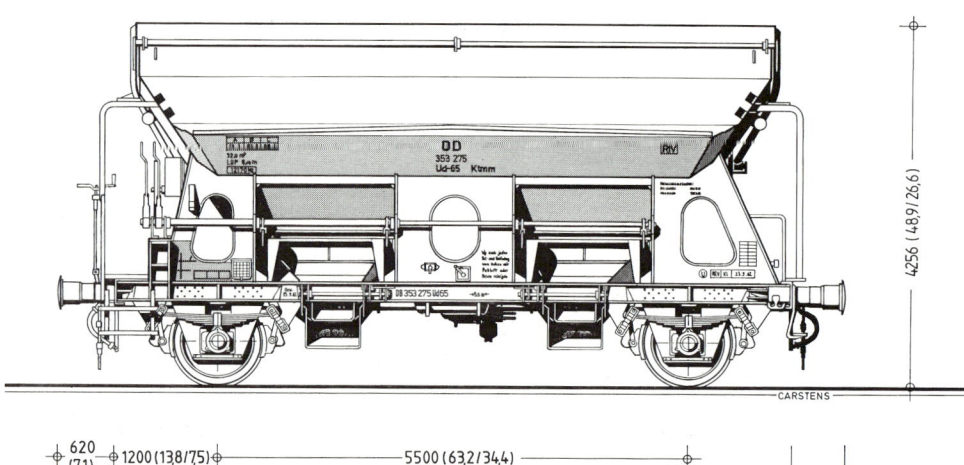

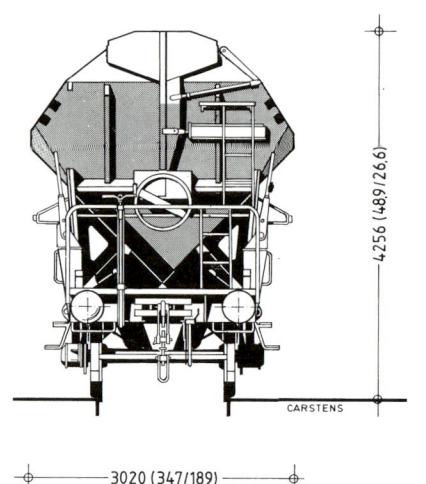

Ktmm 73
Td(s) 933,
Tdg 934
Td(s) 933

	m. Hbr. / o. Hbr.
Erstes Umbaujahr	1963 (1971)
Länge über Puffer	9140 mm
Achsstand	5500 mm
Laderaum	32,0 m³
Lastgrenze A	19,5 t
B	23,5 t
C	27,5 t
S max.	(27,5) t
Eigengewicht	12300/12200 (12500/12300) kg
Achslager	Rollenlager
Höchstgeschw.	80 (100) km/h
Bremsbauart	KE-G(P)
Federgehänge	Doppelschaken
Federblattanz./-länge	8/1200 mm
Pufferlänge	620 mm
Puffertellerdurchmesser	370 mm

Angaben in Klammern gelten für Tds 933.

Der Ktmm 352 406 als Ud-73 am 11. 9. 1965 in Salzburg. Der Wagen besaß zum Zeitpunkt der Aufnahme noch Regenrinnen.

Ab 1963 erhielten 360 Ktmm(s) 65 und 147 Ktmmv 65 Labyrinthabdichtungen an den Schiebern. Die umgebauten Wagen wurden als Ktmm(s) 73 bzw. Ktmmv 73 bezeichnet, wobei ein großer Teil von ihnen, ebenso wie andere Ktmm-Wagen, mit der Übergangsgattungsbezeichnung Ud-73 versehen wurde.

Ebenfalls analog zu anderen Ktmm-Wagen wurden die Wagen mit lebensmittelechtem Innenanstrich (Ktmmv 73/Tdg 934) bei der Erneuerung des Anstrichs den Wagen mit normalen Innenanstrich zugeordnet.

Die Wagen, die bis 1968 Nummern zwischen 350 400 und 354 999 hatten, wurden 1968 in Td 933 bzw. Tdg 934 umgezeichnet und erhielten Nummern zwischen 563 4500 und 563 5009 bzw. ab 564 0600. 1970 wurden die letzten 79 Tdg 934 zu Td 933.

Ende 1988 waren 183 Td 933 mit den Nummern 563 4500 ff. (ab 1988 auch 003 3000 ff.) und 197 Tds 933 (Nummern 573 4000 – 573 4299 bzw. 073 4000 ff.) vorhanden, die z.T. erst im Jahr 1988 ihren GP-Lastwechsel bekommen hatten.

Der Tadgs-z 932 574 5 432 im Dezember 1986 im Bf. Marquartstein.

Tdgs-z 932

	m. Hbr. / o. Hbr.
Erstes Umbaujahr	1978
Länge über Puffer	9640 mm
Achsstand	6000 mm
Laderaum	38,0 m³
Lastgrenze A	19,0 t
B	23,0 t
C	27,0 t
S max.	27,0 t
Eigengewicht	12785/12585 kg
Achslager	Rollenlager
Höchstgeschwindigkeit	100 km/h
Bremsbauart	KE-GP
Federgehänge	Doppelschaken
Federblattanz./-länge	8/1200 mm
Pufferlänge	620 mm
Puffertellerdurchmesser	370 mm

In den Jahren 1978/79 erhielten 1500 Fc 090 im AW Kaiserslautern einen neuen Wagenkasten mit einem Schwenkdach. Diese als Tdgs-z 932 bezeichneten Umbauwagen sind baugleich mit den Tdgs-z 930.

Die Wagen sind noch fast vollzählig im Einsatz und haben die Nummern 574 4000 – 574 5499, ab 1988 bekommen sie die neuen Nummern 074 4000 ff.

Tdgs-z 930 574 3 667 im Dezember 1986 im Bf. Marquartstein. Der Wagen wurde nach 1975 gebaut (zu erkennen an den Parabelfedern, den Trittstufen am Handbremsende und dem Seilanker mit Abweisbügeln).

Ktmmvs 69   Tdgs 930   Tdgs(-z) 930

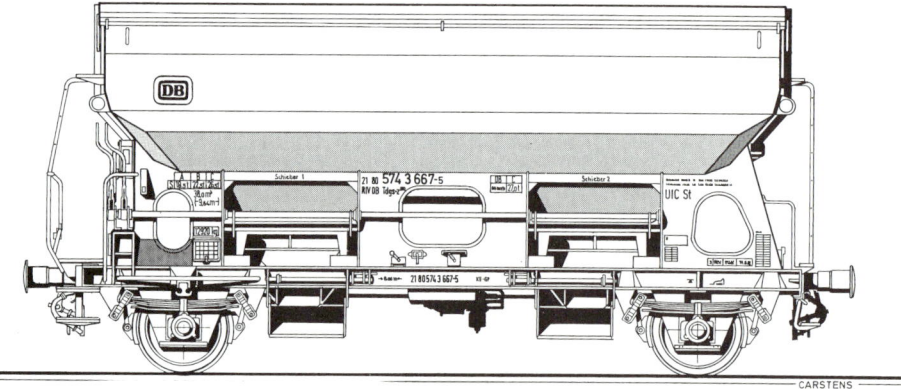

Seitenansicht eines Tdgs(-z) 930 der letzten Bauform.

Das gesuperte Roco-Modell des Ktmmvs 69.

	m. Hbr. / o. Hbr.
Erstes Baujahr	1962
Länge über Puffer	9640 mm
Achsstand	6000 mm
Laderaum	38,0 m³
Lastgrenze A	19,0 t
B	23,0 t
C	27,0 t
S max.	23,0 t
Eigengewicht	12800/12600 kg
Achslager	Rollenlager
Höchstgeschwindigkeit	100 km/h
Bremsbauart	KE-GP
Federgehänge	Doppelschaken
Federblattanz./-länge	8/1200 mm
Pufferlänge	620 mm
Puffertellerdurchmesser	370 mm

Parallel zu den offenen Selbstentladewagen (Otmm 70) wurden ab 1962 auch Ktmm-Wagen mit großem Laderaum beschafft. Alle Wagen erhielten lebensmittelechten Epoxyd-Innenanstrich und daher die Bauartbezeichnung Ktmmv 69. Die Fahrwerke beider Typen und die Wagenkästen sind bis auf den oberen Bereich gleich (bei den Ktmm-Wagen wurde der obere Bereich der Stirnwände senkrecht abgesetzt).

Insgesamt wurden über 3530 Ktmmv 69 gebaut. Die 1178 bis 1968 gebauten Wagen bekamen anfangs die Nummern 350 200 – 350 399 sowie (da diese nicht ausreichten) zusätzlich Num-

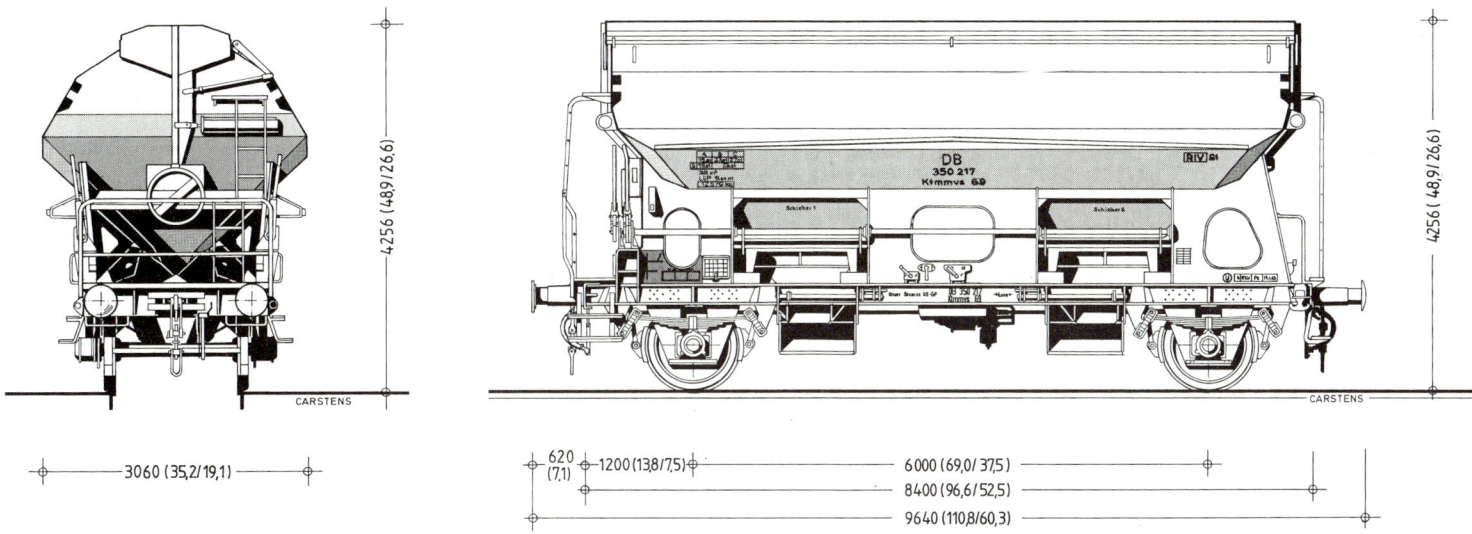

1 : 87-Zeichnung eines Ktmmv 69 der ersten Bauserie.

mern aus dem Bereich 351 000 ff. 1968 wurden sie zu Tdgs 930 mit den Nummern 5740 200 – 5742 229 und 5742 843 – 5742 942. Die Tdgs-z 930 bekamen die dazwischen liegenden und folgenden Nummern bis 5743 837.

Im Laufe des Beschaffungszeitraums von fast 20 Jahren wurde die Konstruktion der Wagen mehrfach überarbeitet: Die Regenrinne entfiel nach den ersten Bauserien, die Drehschieber der ab 1965 gelieferten Wagen sind exentrisch gelagert, ab Baujahr 1972 können die Wagen wechselseitig für den Transport von Lebensmitteln und anderen Gütern verwendet werden (Tdgs-z 930) und die ab 1976 gelieferten Wagen besitzen Parabelfedern. Außerdem wurde bei den Wagen der letzten Lieferungen die Form des Bühnengeländers und der Trittstufen geändert. Weitere Änderungen betreffen die Anordnung der Seilanker, die Ausrüstung mit unterschiedlichen Puffertypen (normale und Hochleistungspuffer, z. T. mit rechteckigen Puffertellern) und die Randausführung der Öffnungen in den Stützblechen.

Ende 1988 betrug der Bestand 3524 Wagen, die z.T. bereits neue Nummern mit einer 0 an der ersten Stelle bekommen hatten.

Modell

Der Tdgs-z 930 von Roco ist z. Zt. das einzige gute Modell eines Schwenkdach-Selbstentladewagens. Der gelungene Wagen ist derzeit leider nur in der Epoche IV-Ausführung mit braunem Fahrwerk lieferbar, ein Epoche III-Modell wäre wünschenswert und möglich (die Ausführung des Modells entspricht einem 1965 gebauten Wagen).

Der Tdgs 930 074 0 790, aufgenommen im Juli 1989 Bf. Hamburg Eidelstedt, stammt aus der ersten Bauserie (zu erkennen an den Seilankern am Wagenende).

Der Tdgs-z 930 5742 677 hat zwar bereits über die Achsen verlagerte Seilanker, aber noch keine Parabelfedern. Wagenwaschanlage Rbf. Maschen, 5. 2. 1989.

- Verbesserter Korrosionsschutz
- Gleiche Konstruktionsprinzipien wie die neuen Fc-Wagen.

1988 wurden 15 Vorausserienwagen dieses neuen Selbstentladewagens mit Schwenkdach gebaut. Sie haben einen auf 42 m³ vergrößerten Laderaum und sind leer für eine Höchstgeschwindigkeit von 120 km/h zugelassen. Die Betätigung der Rundschieber erfolgt nicht mehr über Hebel, sondern über Handräder und einen Spindelantrieb.

An den Wagen werden verschiedenen Korrosionsschutzmaßnahmen erprobt. Das Untergestell besteht bei allen Wagen aus St 52 Cu. Der Wagenkasten ist aus Chromstahl oder Edelstahl, wobei die einzelnen Bauteile vollständig oder nur partiell aus Edelstahl bestehen. Wagen, bei denen der Aufbau nur zum Teil aus Edelstahl besteht, haben einen zusätzlichen PUR-Dickschichtanstrich.

Die Wagen erhielten die Bauartbezeichnung Tdns 934 und die Wagennummern 013 0000 ff.

Der von Talbot entwickelte Tdns 934 013 001 auf der Zuführung zur IVA im Mai 1988 im Bf. Hamburg Sternschanze . . .

Tdns 934

	m. Hbr. / o. Hbr.
Erstes Baujahr	1988
Länge über Puffer	10 000 mm
Achsstand	6360 mm
Laderaum	42,0 m³
Lastgrenze A	18,5 t
B	22,5 t
C	26,5 t
D	31,5 t
S max.	31,5 t
120 km/h	00,0 t
Eigengewicht	13 500 kg
Achslager	Rollenlager
Höchstgeschw.	100 km/h
Bremsbauart	KE-GP
Federgehänge	Doppelschaken

Federblattanz./-länge	4 + 1/1200 mm
Pufferlänge	620 mm
Pufferteller	340 x 450 mm

Ab Mitte der achtziger Jahre begann die Ausmusterung der (besonders durch den Kaliverkehr z.T. in sehr schlechtem Erhaltungszustand befindlichen) Td-Wagen. Da jedoch der Bedarf an diesen Wagen unvermindert besteht, stellte sich gleichzeitig die Frage nach einem Nachfolgetyp. An diesen Wagen wurden dabei folgende Anforderungen gestellt:
- Vergrößerung des Laderaums,
- Verbesserte Dichtigkeit
- Leichtgängige Bedienungselemente für die Verschlüsse,

. . .und wenige Tage später auf dem Ausstellungsgelände.

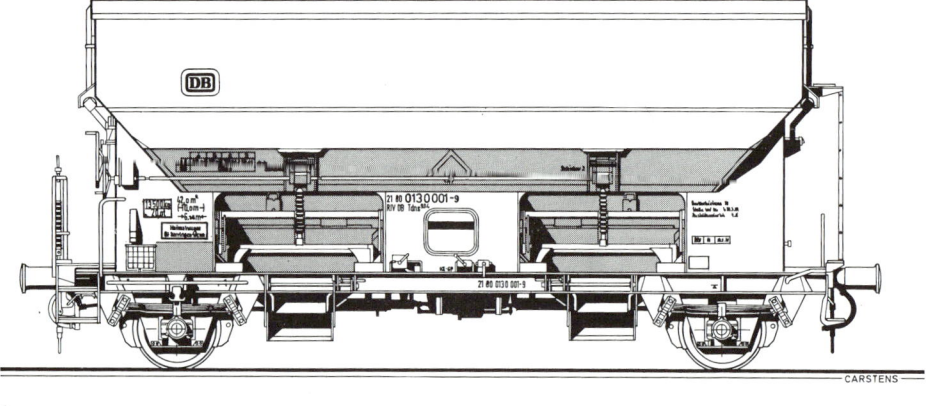

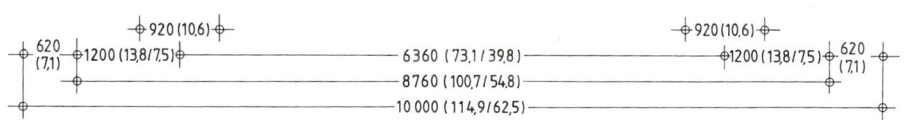

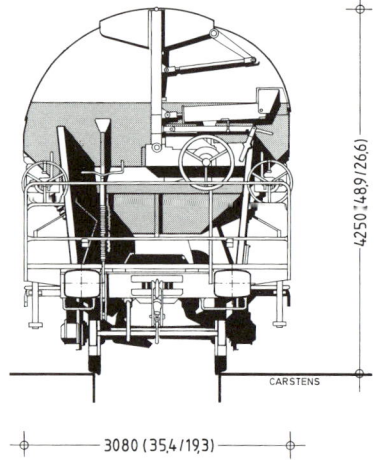

Seiten- und Stirnansicht eines Tdns 934 im Maßstab 1 : 87.

OOt Oldenburg
KKt Oldenburg
KKt Saarbrücken
KKt 26

	Versuchswagen/Serie
Erstes Baujahr	1925/1928
Letztes Einsatzjahr	1963
Länge über Puffer	1200 mm
Drehgestellbauart	Lenkachsen
Achsstand	7180/7900 mm
Ladelänge	10700 mm
Ladebreite	2820/3100 mm
Laderaum	82,0/91,0 m³
Ladegewicht	50,0/55,5 t
Tragfähigkeit	51,5/57,5 t
Eigengewicht	27800/22000 kg
Achslager	Gleit-/Rollenlager
Bremsbauart	Kkg
Federgehänge	Laschen
Scharfenbergkupplung	
Pufferlänge	650 mm
Puffertellerdurchmesser	450 mm

Die ältesten Großgüterwagen mit Klappdeckeln, die in den Bestand der DB gekommen sind, sind die seit 1925 zunächst als Versuchswagen, ab 1928 in Serie gebauten, genieteten KKt Saarbrücken 421–440 (Versuchswagen) und 2068–2097. Die Wagen trugen anfangs die Bezeichnung OOt Oldenburg, bevor in den Jahren 1933/1935 die Gattungsbezeichnung KKt bzw. der Gattungsbezirk Saarbrücken eingeführt wurde. Bei der DB erhielten die noch vorhandenen Wagen die Bezeichnung KKt 26 und die Wagennummern 355 000 – 355 006, 355 007 – 355 022 (Versuchswagen) und 355 179.

Modell

Ein sehr guter Bausatz dieses Wagens war bislang von Bochmann & Kochendörfer erhältlich. Leider hat die Firma die Produktion eingestellt.

Der OOt Oldenburg 2078 bei der Ablieferung im Jahr 1928.

Das Bochmann & Kochendörfer-Modell des KKt 26 (der werkseitig leider falsch als KKt 45 bedruckt ist) und die 1:87-Zeichnung des gleichen Wagentyps.

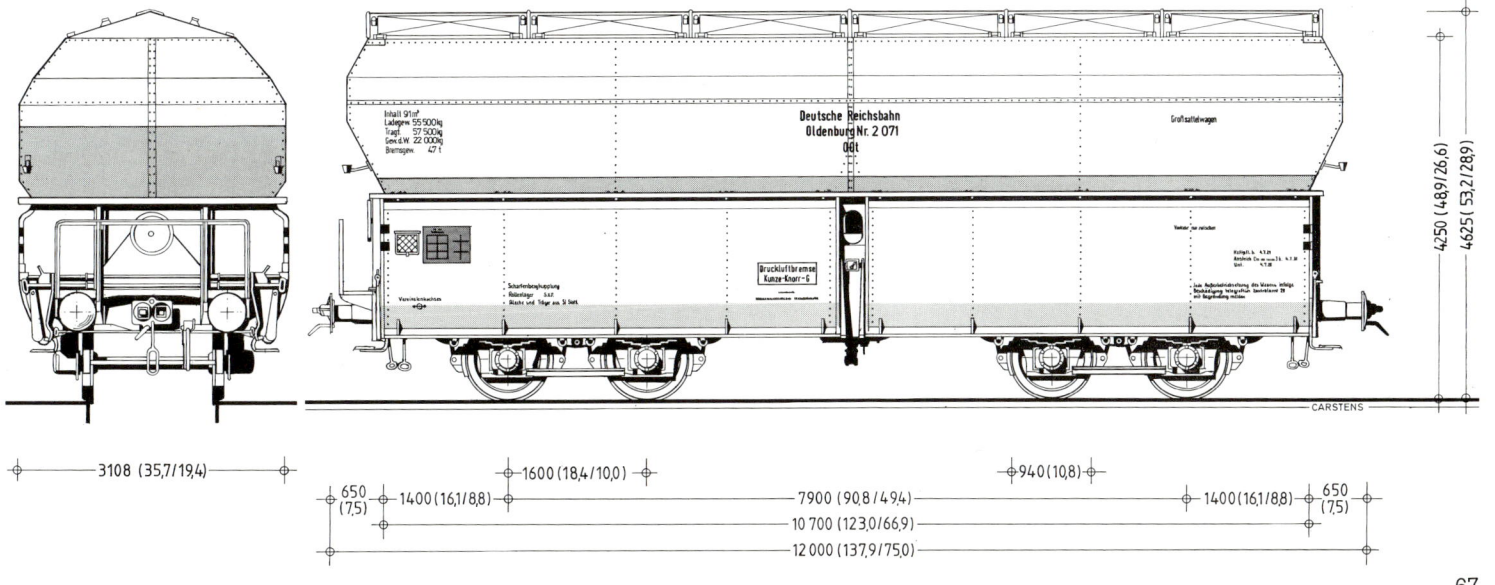

Der KKt Oldenburg 4048 auf dem Werkgelände von Orenstein & Koppel in Berlin-Spandau bei der Ablieferung im Jahr 1932. Tragfähigkeit und Ladegewicht sind bei dem Wagen auf eine Radsatzlast von genau 20 t berechnet.

KKt Oldenburg

Erstes Baujahr	1931
Letztes Einsatzjahr	1967
Länge über Puffer	12700 mm
Drehgestellbauart	Lenkachsen
Achsstand	8100 mm
Ladelänge	10700 mm
Ladebreite	2995 mm
Laderaum	78,0 m³
Ladegewicht	54,0 t
Tragfähigkeit	56,0 t
Lastgrenze A	37,5 t
B1	40,0 t
B2	48,5 t
C2, C3, C4	56,0 t
Eigengewicht	23500 kg
Achslager	Gleit- oder Rollenlager
Höchstgeschwindigkeit	55 km/h
Bremsbauart	Kkg
Federgehänge	Laschen

KKt Saarbrücken

Federblattanz./-länge	13/1225 mm
Pufferlänge	650 mm
Puffertellerdurchmesser	450 mm

Eine Sonderstellung unter den Großgüterwagen nehmen die Wagen für den Getreidetransport ein. Im Gegensatz zu den anderen Großgüterwagen, die Seitenwandklappen für die Entladung besitzen, haben diese keine Klappen, sondern Entladetrichter. Außerdem sind diese Wagen nicht für den Einsatz in Ganzzügen vorgesehen, so daß sie anstelle der bei den anderen Wagen verwendeten Scharfenberg-Kupplungen normale Hakenkupplungen haben.

KKt 27

Die älteste Bauart der Selbstentladewagen für den Getreidetransport sind die 1931/32 gebauten KKt Oldenburg bzw. Saarbrücken 4001 – 4050, die einen in vier trichterförmige Kammern unterteilten Laderaum mit einfachen Dachklappen und, als einzige Großgüterwagenbauart, ein Bremserhaus besaßen. Unter den Entladeöffnungen der Trichter waren bei einem Teil der Wagen bewegliche Schurren montiert. Hierdurch war es möglich, die Wagen zur Seite zu entladen. Die Auslauföffnung dieser Rutschen lag jedoch sehr viel niedriger als bei modernen Tdg-Wagen.

Tadg-u 956

Bei hochgeklappten Rutschen konnten die Wagen zur Gleismitte hin entladen werden. Ebenso wie die ersten Wagen mit Seitenwandklappen besaßen sie Lenkachsen mit Rollenlagern. Bis auf einen Wagen kamen alle in den Bestand der Deutschen Bundesbahn. Sie erhielten die neue Gattungsbezeichnung KKt 27 und die Wagennummern 355 104 – 355 153. Die letzten 9 Wagen wurden im Jahr 1967 ausgemustert, nachdem inzwischen ausreichend Tdg-Wagen zur Verfügung standen, die ihre Transportaufgaben übernehmen konnten.

KKt 44

Erstes Baujahr	1943
Letztes Einsatzjahr	1969
Länge über Puffer	14155 mm
Drehgestellbauart	geschweißt
Drehgestellachsstand	2000/3000 mm
Drehzapfenabstand	6885 mm
Ladelänge	11905 mm
Ladebreite	3060 mm
Laderaum	44,5 m³
Ladegewicht	47,0 t
Tragfähigkeit	48,5 t

Lastgrenze A	36,5 t
B1	39,5 t
B2, C2, C3, C4	47,0 t
Eigengewicht	29500 kg
Achslager	Gleitlager
Höchstgeschwindigkeit	65 km/h
Bremsbauart	Hik-G
Federgehänge	Laschen
Federblattanz./-länge	10/1000 mm
Pufferlänge	650 mm
Puffertellerdurchmesser	450 mm

Tad-u 957

In den Jahren 1953/54 wurden 12 nicht mehr benötigte fünfachsige Kondenstender in Sattelwagen für den Transport von Stückkalk umgebaut. Diese als KKt 44 bezeichneten Wagen waren mit einer Höhe von 3350 mm im Vergleich zu anderen KKt-Wagen relativ niedrig, besaßen aber trotzdem für den speziellen Einsatzzweck mit 44,5 m³ einen ausreichend großen Laderaum. Eingereiht waren sie in die Nummerngruppe 355 205 – 355 216 bzw. 355 322 – 322 331. Der letzte KKt 44 wurde im Jahr 1969 mit der neuen Bauartbezeichnung Tad-u 957 ausgemustert.

Der in Gelsenkirchen-Bismarck beheimatete KKt 45 355 094 stammt aus der Bauserie des Jahres 1944. Das Foto entstand Anfang der sechziger Jahre.

KKt Saarbrücken

	Lenkachsen / Drehgestell
Erstes Baujahr	1935/1943 (1944)
Letztes Einsatzjahr	1970
Länge über Puffer	14155 mm
Drehgestellbauart	/973 (977)
Drehgestellachsstand	1800 mm
Drehzapfenabstand	6850 mm
Ladelänge	10700 mm
Ladebreite	3100/3120 (3092) mm
Laderaum	90,0/91,0 (90,0) m³
Ladegewicht	55,5/54,5 t
Tragfähigkeit	57,5/56,5 t
Lastgrenze A	33,5 t
B1	36,0 t
B2	48,0 t

Lastgrenze C2	53,0 t
C3, C4	56,0 t
Eigengewicht	23000/23300 (23200) kg
Achslager	Rollenlager
Höchstgeschwindigkeit	55/65 km/h
Bremsbauart	Hik-G
Federgehänge	Laschen
Federblattanz./-länge	13/1225 bzw. 8/1200 mm
Scharfenbergkupplung	bis Bj. 1943
Pufferlänge	650 mm
Puffertellerdurchmesser	450 mm

Klammerwerte gelten für Wagen ohne Scharfenbergkupplung.

KKt 45

Ab 1935 wurden KKt Saarbrücken in den Abmessungen der genieteten Wagen 2068 ff., jedoch in geschweißter Ausführung gebaut. Die erste Bauserie war mit Lenkachsen und mit Scharfenberg-Kupplungen ausgerüstet. Im Gegensatz zu der genieteten Vorgängerbauart besaßen sie jedoch bereits Hik-G-Bremsen. Sie erhielten die Nummern 2301 – 2323. Bei der DB wurden sie als KKt 45 mit den Wagennummern 355023 – 355025 eingereiht, wobei der

Tad-u 958

355 023 ursprünglich eine abschwenkbare Scharfenberg-Kupplung besaß; diese wurde bei der DB abgebaut.

Mitte der vierziger Jahre wurden die KKt Saarbrücken in verschiedenen Ausführungen nachbeschafft. 1943 wurden 40 Wagen (Saarbrücken 2406 – 2445) gebaut, die Drehgestelle der Bauart 973 und Scharfenberg-Kupplungen besaßen. Bei der DB erhielten diese Wagen die Nummern 355026 – 355045. Die Wagen der folgenden Bau-

Stirn- und Seitenansicht eines KKt 45 mit Drehgestellen im Maßstab 1:87.

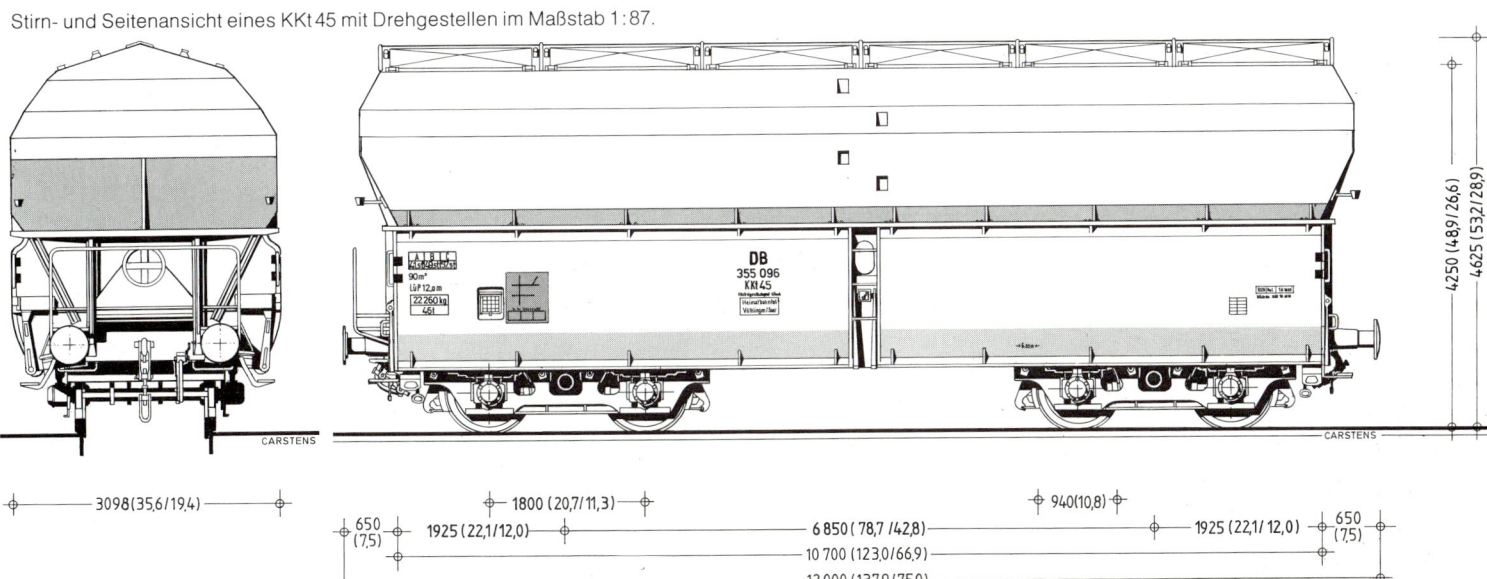

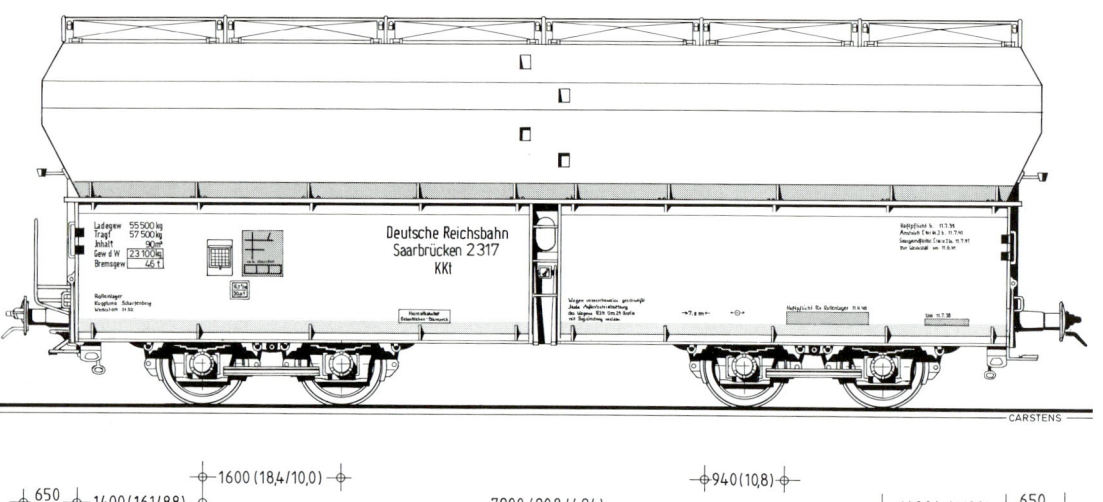

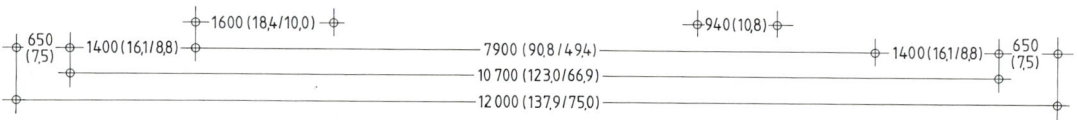

Stirn- und Seitenansicht eines KKt 45 mit Lenkachsen im Maßstab 1:87.

serien aus dem Jahr 1944 wurden mit Drehgestellen der Bauart 977 und einfache Kupplungen ausgerüstet. Eingereiht waren sie als KKt Saarbrücken 2766 – 2802, 2807 – 2830 und 4076 – 4079, bei der DB als KKt 45 355046 – 095 bzw. 355 100 – 103.

Ab 1964 erhielten die Wagen die neue Gattungsbezeichnung Tad-u 958 und die Nummern 5830010 – 5830029. Die letzten 10 KKt 45 wurden 1970 ausgemustert.

Modell

Im Modell lassen sich die Wagen unter Verwendung des OOt 42 von Roco und der Dachklappen des KKt-Wagens von Bochmann & Kochendörfer nachbilden. Dabei sind zwei Varianten möglich. Zum einen lassen sich Wagen mit Lenkachsen (Baujahr 1935/38) unter Verwendung der Bochmann & Kochendörfer-„Hilfs-Drehgestelle" bauen, wobei allerdings neue Drehzapfen angefertigt werden müssen. Obendrein können die Wagen dann auch noch Nachbildungen der Scharfenbergkupplungen bekommen.

Modelle des KKt 45 mit Lenkachsen (oben) und mit Drehgestellen. Der Wagenkasten stammt bei beiden Varianten vom Roco-OOt 42, die Dachklappen vom Bochmann & Kochendörfer-KKt 26. Obwohl die Wagen ursprünglich für den Kokstransport gebaut worden sind, werden sie – im Modell wegen der „schöneren Verschmutzung" – zweckentfremdet eingesetzt.

Daneben können aber auch Drehgestellwagen des Baujahrs 1944 nachgebaut werden. Hierzu sind neben dem OOt 42 zwei Drehgestelle vom GGths Bromberg erforderlich. Diese Drehgestelle müssen im oberen Bereich schräg angeschliffen werden, um einen ausreichenden Ausschlag zu gewährleisten. Außerdem muß im vorderen Bereich etwas Material weggenommen werden, damit der Ausschlag nicht durch die Kurzkupplungsdeichsel behindert wird. Allerdings, ein kleiner Kompromiß im Aussehen muß eingegangen werden: Die Modell-Drehgestelle haben Gleitlager-Nachbildungen, während die Vorbild-Drehgestelle der KKt 45 mit Rollenlagern ausgerüstet sind.

Da die Bochmann & Kochendörfer-Teile leider kaum noch zu beschaffen sind, wäre es wünschenswert, wenn sich die Firma Roco dieser Variante des Selbstentladewagens mit Klappdeckeln annehmen würde.

Der KKt 46 355 197 in den sechziger Jahren.

KKt Saarbrücken

	Lenkachsen / Drehgestell
Erstes Baujahr	1949
Letztes Einsatzjahr	197?
Länge über Puffer	14185 mm
Drehgestellbauart	geschweißt
Drehgestellachsstand	2000/3000 mm
Drehzapfenabstand	6885 mm
Ladelänge	11905 mm
Ladebreite	3075 mm
Laderaum	70,0 m³
Ladegewicht	49,0 t
Tragfähigkeit	51,0 t
Lastgrenze A	39,0 t
B1	42,0 t
B2	43,0 t
C2 C3, C4	51,0 t
Eigengewicht	29000 kg
Achslager	Gleitlager
Höchstgeschwindigkeit	65 km/h
Bremsbauart	Hik-G
Federgehänge	Laschen
Federblattanz./-länge	10/1000 mm
Pufferlänge	650 mm
Puffertellerdurchmesser	450 mm

In den Jahren 1949/50 und 1953 ließ die DB insgesamt 50 fünfachsige Kondenstender der Baureihe 52 in Wagen für den Getreidetransport umbauen. Sie erhielten dabei geschweißte Wagenkästen mit sattelförmigen Böden und seitlich liegenden Auslauftrichtern. Die Wagen wurden als KKt Saarbrücken 4051 – 4075 bzw. KKt 46 355 154 – 355 178 und 355 180 – 355 204 eingereiht. 1968 erhielten die

Wagen die Gattungsbezeichnung Tadg-u 960 und die Nummern 5840050 ff. Die letzten KKt 46 wurden zwischen 1971 und 1974 ausgemustert.

Modell

Das Modell des KKt 46 ist – bei der Form des Wagens naheliegend – aus einem Limba-Holzklotz mit quadratischen Querschnitt entstanden. Dieser wurde in Längsrichtung in die passende Form gehobelt und abgelängt, anschließend wurde die Form der Stirnwände herausgearbeitet.

Der Rohling muß solange gespachtelt werden, bis die Holzstruktur nicht mehr sichtbar ist. Erst dann werden die Flächen mit einer Ziehklinge (hier eignen sich z.B. Gläser aus Diarähmchen) abgezogen und so geglättet, ohne daß dabei die Kanten gebrochen werden.

Die weiteren Zutaten sind eine Einheits-Tenderpufferbohle am Nichthandbremsende, sowie eine aus Messingprofilen zusammengelötete Handbremsbühne (beide mit gefederten Lokomotivpuffern). Die mit RP 25-Radsätzen ausgerüsteten zwei- und dreiachsige Drehgestelle stammen vom Piko-Kesselwagen bzw. vom Liliput-Ton-

KKt 46

erdewagen. Die Entladetrichter werden zusammenhängend aus verschiedenen Kunststoffprofilen zusammengesetzt und anschließend in der entsprechenden Breite von der Stange geschnitten, wobei einige dünner geschliffen werden müssen, um den Drehgestellausschlag nicht zu behindern. Die schwarze Schürze zwischen den Trichtern ist wiederum eine Holzleiste. Komplettiert wird der Wagen mit

Tadg-u 960

Dachklappen und einem Laufsteg, einem Handrad, Griffstangen, Signalhaltern und Bremsumstellhebeln.

Das fertige Modell erhält nach der Lackierung aus verschiedenen Gaßner-Beschriftungen zusammengesetzte Anschriften, die zwar inhaltlich nicht hundertprozentig stimmen, jedoch den Gesamteindruck des Wagens gut treffen.

HO-Modell eines KKt 46. Der Wagenkasten und die Handbremsbühne sind Eigenbau, die Drehgestelle stammen von Liliput bzw. Piko.

Der bereits mit der vorläufigen neuen Gattungsbezeichnung Uad-v-57 versehene KKt 57 355 295 zwischen anderen KKt 57 am 20. 6. 1961 in Heimboldshausen.

KKt 57   Tad-u 961

Erstes Baujahr	1954	Lastgrenze B1	33,5 t
Letztes Einsatzjahr	1982	B2	48,0 t
Länge über Puffer	11500 mm	C2	50,0 t
Drehgestellbauart	931	C3, C4	56,0 t
Drehgestellachsstand	2000 mm	Eigengewicht	23800 kg
Drehzapfenabstand	6100 mm	Achslager	Rollenlager
Ladelänge	10200 mm	Höchstgeschwindigkeit	80 km/h
Ladebreite	3040 mm	Bremsbauart	Hik-G bzw. KE-G
Laderaum	75,0 m³	Federgehänge	lange Schaken
Ladegewicht	55,0 t	Federblattanz./-länge	8/1200 mm
Tragfähigkeit	56,2 t	Pufferlänge	620 mm
Lastgrenze A	31,0 t	Puffertellerdurchmesser	450 mm

Nach einem Prototyp im Jahr 1952 beschaffte die DB zwischen 1954 und 1964 insgesamt rund 4200 offene Selbstentladewagen (OOtz 50). Auf dieser Konstruktion basierend wurden in den Jahren 1955 bis 1957 104 Wagen mit Dachklappen gebaut. Diese KKt 57 waren sonst baugleich mit den offenen Wagen.

Das Wagenuntergestell ist bei beiden Typen eine Fachwerk-konstruktion, die den ge-schweißten Wagenkasten trägt. Dieser besteht aus dem sattel-förmigen Boden, den fest mit dem Untergestell verbundenen Stirnwänden, dem Quersattel (der den Wagenkasten in zwei gleich große Kammern unter-teilt), den Seitenwänden und den Seitenklappen. Diese pen-deln nach dem Entriegeln frei zur Seite aus, wobei der Aus-

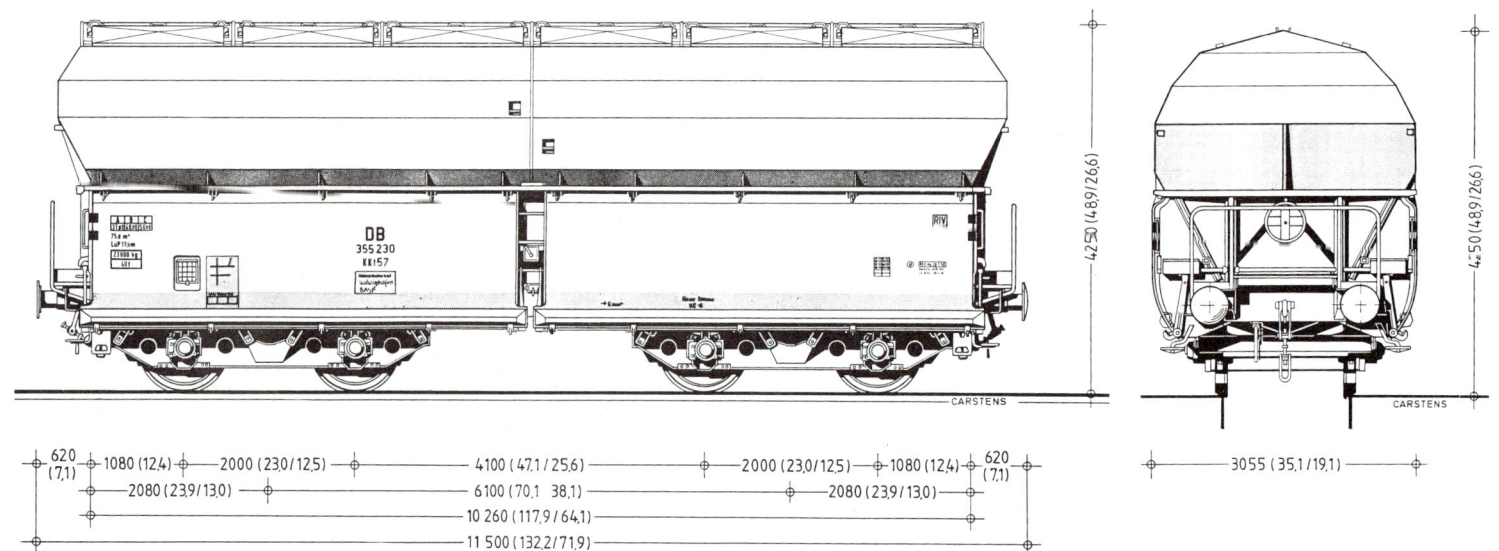

schlag durch den Druck des ausrutschenden Ladegutes bestimmt wird.

Die Wagen waren besonders für den Transport von Getreide und Koks geeignet. Als nachteilig erwies sich jedoch, daß die Dachklappen in geöffneter Stellung das Lichtraumprofil erheblich überschritten.

Die KKt 57 bekamen die Nummern 355 217 – 355 321. 1968 erhielten die Wagen die Gattungsbezeichnung Tad-u 961 und die Nummern 5 830 030 – 5 830 133. In den Jahren 1978 bis 1982 wurden die Dachklappen abgebaut. Die Wagen wurden dadurch zu Fad 167. Ein Teil der Wagen erhielt ein Schwenkdach und wurde zu Tad 963 umgezeichnet.

Modell

Schon seit etlichen Jahren gibt es ein von den Proportionen vorbildgerechtes Modell des KKt 57 von Märklin, das allerdings heutigem Fertigungsstandard nicht mehr gerecht werden kann. Obendrein besitzt der Wagen falsche Drehgestelle.

Mit einigem Aufwand läßt sich jedoch auch dieser Wagen in ein recht passables Modell ver-

Der Märklin-KKt 57 mit den im Haupttext beschriebenen Verbesserungen.

wandeln. Dafür müssen zuerst die Drehgestelle gegen die des Märklin Rs 680 getauscht werden, was eine – nicht ganz einfache – Überarbeitung der vorhandenen Drehgestell-Lagerzapfen erfordert; sie erhalten ein M2-Gewinde und werden mit einer passend gedrehten Hülse

überzogen. Anschließend können die neuen Drehgestelle unter den Wagen geschraubt werden, der auch nach dem Umbau noch Radien bis herab zu 36 cm problemlos durchfährt.

Die weiteren Arbeiten betreffen die Detaillierung des Wa-

gens. Hierzu zählen ein neuer Riffelblechbelag auf den Bühnen an den Wagenenden, zusätzliche untere Aufstiegstritte, rund gefeilte Geländer sowie diverse Zurüstteile von Weinert (neue, komplett ausgerüstete Pufferbohlen, Seilösen etc.).

KKt 61   Tad 962

Erstes Baujahr	1958	Laderaum	72,0 m³
Letztes Einsatzjahr	1986	Lastgrenze A	31,5 t
Länge über Puffer	11500 mm	B1	33,5 t
Drehgestellbauart	931	B2	48,0 t
Drehgestellachsstand	2000 mm	C2	50,0 t
Drehzapfenabstand	6100 mm	C3, C4	56,0 t
Ladelänge	10260 mm	Eigengewicht	23800 kg
Ladebreite	3040 mm	Achslager	Rollenlager

Höchstgeschwindigkeit	80 km/h
Bremsbauart	Hik-G bzw. KE-G
Federgehänge	lange Schaken
Federblattanz./-länge	8/1200 mm
Pufferlänge	620 mm
Puffertellerdurchmesser	450 mm

Um Nachteile des Klappdeckeldaches zu beheben, wurde 1958 eine Serie von 30 Wagen mit einem aus zwei Deckelpaaren bestehenden Hub-Schwenkdach beschafft. Das Dach dieser KKt 61 wird beim Öffnen zunächst angehoben und dann über die feste Kastenabdeckung zur Seite geschwenkt. Dadurch bleiben die Deckel im geöffneten Zustand innerhalb der Wagenumgrenzungslinie. Ein weiterer Vorteil ist, daß das Dach von einer der Wagenendbühnen aus bedient werden kann und der Wagen zum Öffnen des Daches nicht erst bestiegen werden muß.

Zur Unterbringung des Schwenkmechanismus', mußte der obere Teil der Stirnwände senkrecht verlaufen (der übrige Wagenkasten und das Untergestell konnten beibehalten werden). Dadurch verringerte sich der Laderaum gegenüber dem KKt 57 um 3 m³.

Die KKt 61 bekamen die Nummern 355 332 – 355 361. Nach der Umzeichnung im Jahr 1968 erhielten die Wagen die Gattungsbezeichnung Tad 962 und die Nummern 5 831 000 – 5 831 029. Der letzte Tad 962 wurde 1986 ausgemustert.

Der KKt 61 355 334 kurz nach der Ablieferung beim BZA Minden.

Der im Kaliverkehr eingesetzte, am 26.10.1963 in Bingerbrück aufgenommene KKt 62   355 366 besitzt Drehgestelle der Bauart 931 (Minden-Dorstfeld).

KKt 62   Tad 963   Tal 963

	583 1 100-327 / 583 1 328-407	Achslager	Rollenlager
Erstes Baujahr	1959/1970	Höchstgeschwindigkeit	80 km/h
Länge über Puffer	11500/11560 mm	Bremsbauart	Hik-G bzw. KE-G
Drehgestellbauart	931/661	Federgehänge	lange Schaken
Drehgestellachsstand	2000/1800 mm	Federblattanz./-länge	8/1200 mm
Drehzapfenabstand	6100 mm	Pufferlänge	620 mm
Laderaum	71,5 m³	Puffertellerdurchmesser	450 mm
Lastgrenze A	31,0 t		
B1	33,5 t		
B2	47,5 t		
C2	49,5 t		
C3, C4	55,5 t		
Eigengewicht	23 600 / 24 000 kg		

Als weitere Versuchsserie wurden 1959 vierzig Großraum-Selbstentladewagen mit einem einschaligen Schwenkdach gebaut. Auch bei ihnen entspre-

chen das Untergestell und der Wagenkasten weitgehend dem KKt 57. Die Konstruktion des Schwenkdaches, das wie beim KKt 61 mittels Handrad von einer Bedienungsplattform geöffnet und geschlossen werden kann, wurde vom Ktmm 60 übernommen.

Da sich diese Bauform im Betrieb bewährte, wurden die Wagen in den Folgejahren nachbeschafft. Dabei erhielten die bis

1966 gebauten Wagen (insgesamt 228 Stück) ebenfalls Drehgestelle der Bauart 931.

In den Jahren 1970/71 wurden lt. Bestandsnachweis weitere 80 Wagen neu gebaut. Sie sind für den Einbau der automatischen Kupplung vorbereitet und besitzen Drehgestelle der Bauart 661. Im Gegensatz zu den älteren Wagen, die nur zum Teil mit Hochleistungspuffern ausgerü-

1:87-Seiten- und Stirnansicht eines KKt 62 mit Minden-Dorstfeld-Drehgestellen.

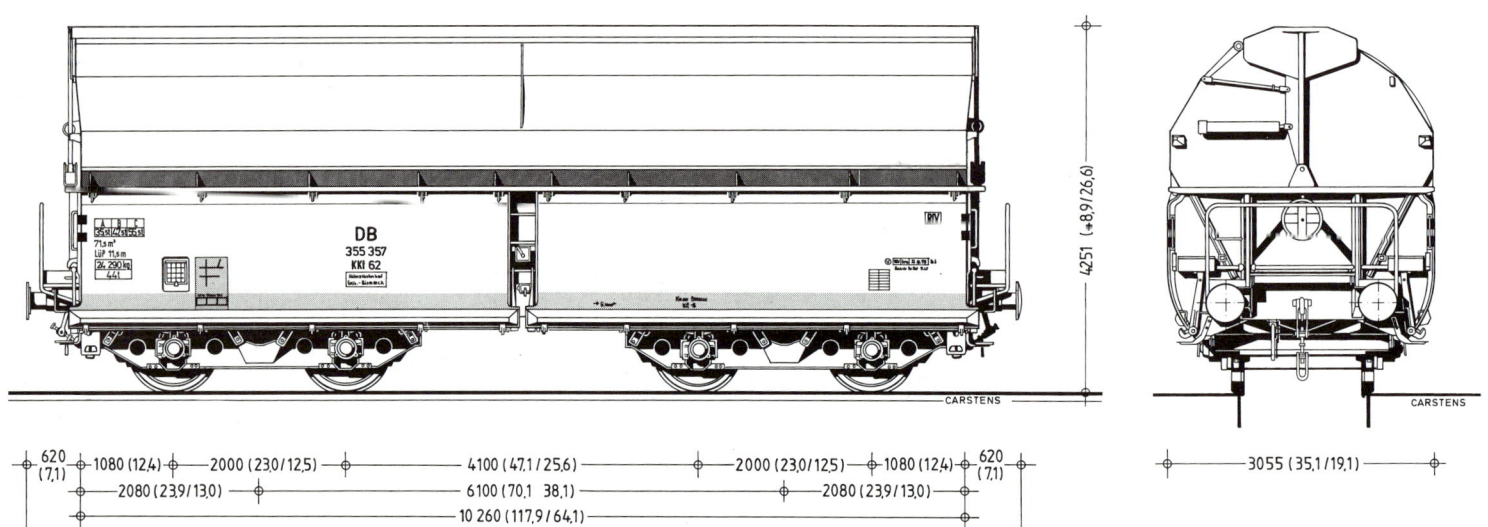

Seitenansicht eines Tal 963 mit Drehgestellen der Bauart 661.

stet sind, haben alle 80 Wagen Hochleistungspuffer mit 30 mm dicken Unterlegplatten.

Daneben wurden ab 1978 Fad 167 (OOt 50), Tad-u 961 (KKt 57) und fast alle Tad 962 (KKt 61) umgebaut. Sie erhielten z.T. anstelle ihrer Klappdeckel bzw. des vierteiligen Hub-Schwenkdaches einschalige Dächer und wurden dadurch zu Tad 963 (wiederum mit Drehgestellen der Bauart 931, jedoch mit Hochleistungspuffern, die LüP beträgt 11 560 mm). Hierdurch erhöhte sich der Bestand auf rund 440 Wagen.

Die KKt 62, die zum großen Teil im Kali-Verkehr eingesetzt werden, bekamen die Nummern 355362 ff. Nach der Umzeichnung erhielten die Wagen 1968 die Gattungsbezeichnung Tad 963 und die Nummern 5831100 – 5831541. Inzwischen lautet die Gattungsbezeichnung Tal 963 und die Wagennummern 5663030 – 5663471, wobei allerdings im Vorjahr eine erneute Umnummerung begonnen hat: Künftig werden die Wagen den Nummernbereich 0663030 – 0663471 belegen.

KKt 70/Tad 964 s. S. 76

Tal 963 566 3 274 am 28. 9. 85 in Darmstadt Hbf.

Tads 966
Tals 966

Erstes Baujahr	1973
Länge über Puffer	11560 mm
Drehgestellbauart	661
Drehgestellachsstand	1800 mm
Drehzapfenabstand	6100 mm
Laderaum	53,5 m³
Lastgrenze A	28,0 t
B1	30,0 t
B2	44,5 t
C2	46,5 t
C3, C4	52,5 t
S max.	52,5 t
Eigengewicht	27350 kg
Achslager	Rollenlager
Höchstgeschwindigkeit	100 km/h
Bremsbauart	KE-GP
Federgehänge	lange Schaken
Federblattanz./-länge	8/1200 mm
Pufferlänge	620mm
Puffertellerdurchmesser	450 mm

Der Tads 966 5835003 bei der Ablieferung im Jahr 1973 auf dem Talbot-Firmengelände.

Die 1973 gebauten Tads 966 ähneln den Tad 964 des Baujahres 1968, haben jedoch als erste gedeckte vierachsige Selbstentladewagen eine Bremsanlage mit einem GP-Lastwechsel. Sie sind daher für 100 km/h Höchstgeschwindigkeit zugelassen. Ebenso wie die Tad 964 besitzen sie hydraulische Klappenbetätigungen.

Die Wagen hatten als Tads 966 die Wagennummern 5835000 – 5835069. Ab 1980 lautet die Gattungsbezeichnung der Wagen Tals 966. Sie sind noch vollzählig vorhanden und belegen die Nummern 5667000 – 5667069 bzw. ab 1988 auch 0667000 ff.

Der Uad-70 KKt 355 064, aufgenommen bei der Ablieferung im Jahr 1962, besitzt glatte Seitenwandklappen und Minden-Dorstfeld-Drehgestelle.

In den Jahren 1962 und 1968 wurden insgesamt 40 Wagen gebaut, die bis auf die hydraulische Klappenbetätigung weitgehend den KKt 62 entsprechen. Mit ihr werden die gegenüberliegenden Seitenwandklappen paarweise geöffnet und geschlossen. Der hierfür erforderliche Druck wird von einer Radsatzpumpe während der Fahrt erzeugt. Die Wagen sind wegen der hydraulischen Klappenbetätigung nicht für den internationalen Einsatz zugelassen. Da die Wagen speziell für den Transport schlecht gleitender Schüttgüter vorgesehen sind, ist der Quersattel des Wagenkastens stärker geneigt als bei den KKt 62 (die Neigung beträgt nicht – wie in der DV 939 angegeben – 45°, sondern 69°), so daß der Laderaum von 71,5 m^3 auf 53,5 m^3 reduziert wurde. Die 1962 gebauten 25 Wagen besitzen Drehgestelle der Bauart 931 und glatte Seitenwandklappen, während der Rest Drehgestelle Bauart 661 und unten eingezogene Klappen hat.

Die Wagen erhielten die Bezeichnung KKt 70. Ab 1980 lautet die Gattungsbezeichnung Tal 964. Die Wagen, die bis 1980 im Nummernbereich 583 1 900 – 583 1 939 eingeordnet waren, belegen heute die Nummern ab 566 3 500 bzw. seit 1988 ab 066 3 500 ff.

KKt 70

	583 1 900 - 924 / ab 583 1 925
Erstes Baujahr	1962/1968
Länge über Puffer	11560 mm
Drehgestellbauart	931/661
Drehgestellachsstand	2000/1800 mm
Drehzapfenabstand	6100 mm
Laderaum	53,5 m^3

Tad 964

Lastgrenze A	28,0 t
B1	30,5 t
B2	44,5 t
C2	46,5 t
C3, C4	52,5 t
Eigengewicht	27750 kg
Achslager	Rollenlager

Tal 964

Höchstgeschwindigkeit	80 km/h
Bremsbauart	KE-G
Federgehänge	lange Schaken
Federblattanz./-länge	8/1200 mm
Pufferlänge	620 mm
Puffertellerdurchmesser	450 mm

Tads 967
Tals 967

Erstes Baujahr	1974
Länge über Puffer	11890 mm
Drehgestellbauart	661
Drehgestellachsstand	1800 mm
Drehzapfenabstand	6100 mm
Laderaum	71,5 m^3
Lastgrenze A	31,0 t
B1	33,5 t
B2	46,0 t
C2	50,0 t
C3, C4	54,0 t
S max.	54,0 t
Eigengewicht	25800 kg
Achslager	Rollenlager
Höchstgeschwindigkeit	100 km/h
Bremsbauart	KE-GP
Federgehänge	lange Schaken
Federblattanz./-länge	8/1200 mm
Pufferlänge	620 mm
Puffertellerdurchmesser	450 mm

Ein Jahr nach der Ablieferung der Tads 966 wurden 76 weitere, für eine Höchstgeschwindigkeit von 100 km/h zugelassene gedeckte vierachsige Selbstentladewagen gebaut. Diese als Tads 967 bezeichneten Wagen

haben 49° Sattelneigung und gegenüber den anderen Wagen mit hydraulischen Klappenbetätigungen einen auf 71,5 m^3 vergrößerten Laderaum.

Die Wagen hatten ursprünglich die Nummern 583 5 070 ff. Mit der Änderung der Gattungsbezeichnung in Tals 967 im Jahr 1980 erhielten sie die Nummern

566 7 070 bis 566 7 145; ab 1988 werden die Nummern in 066 7 070 ff. geändert.

Bei der Ablieferung im Jahr 1974: der Tads 967 583 5 071 auf dem Talbot-Firmengelände.

Der in Hamburg Hohe Schaar beheimatete Tals 968 0665 129 ist einer der Versuchswagen mit zweistufiger pneumatischer Lastabbremsung (die meisten Wagen besitzen mechanische Lastabbremsung). Das Foto zeigt den Wagen am 6. 3. 1989 im Bf. Hamburg Hohe Schaar.

Tals 968   Talns 968

	m. Hbr. / o. Hbr.
Erstes Baujahr	1981
Länge über Puffer	12540 mm
Drehgestellbauart	665
Drehgestellachsstand	1800 mm
Drehzapfenabstand	7500 mm
Laderaum	71,5 m³
Lastgrenze A	34,5 t
B1	37,0 t
B2	46,5 t
C2	54,5 t
C3, C4	64,5 t
S max.	64,5 t
120 km/h	00,0 t
Eigengewicht	25300/25000 kg
Achslager	Rollenlager

Höchstgeschwindigkeit	120 km/h
Bremsbauart	KE-GP
Federgehänge	Trapezschaken
Federblattanz./-länge	5/1200 mm
Pufferlänge	620 mm
Pufferteller	450 x 340 mm

1981 wurde eine Serie von 140 Tals 968 geliefert. Die Wagen entsprechen in den Abmessungen und wagenbaulich den gleichzeitig beschafften offenen Fals 182, wobei der obere Wagenkastenteil jedoch für die Aufnahme des Schwenkdachs verkürzt werden mußte. Sie haben mechanische Klappenbetätigungen und sind rund einen Meter länger als die meisten bis dahin gebauten Selbstentladewagen. Ihr Laderaum ist zwar ebenfalls nur 71,5 m³ groß, jedoch haben die Wagen höhere Lastgrenzen.

Die Tals 968 werden u. a. im Kali-Verkehr eingesetzt. Durch die chemische Aggressivität des Ladegutes sind sie sehr stark korrosionsgefährdet. Im Jahr 1984 wurden daher neun Versuchswagen mit unterschiedlichen Formen des Korrosionsschutzes versehen (teilweise Verwendung von Chrom-Nikkel-Stahl und PUR-Dickschichtanstriche), darunter drei neu gebaute Wagen mit einer anderen Bauform der Lastabbremsung.

Die Wagen haben die Nummern 566 7 200 – 566 7 342. Ab 1988 wird die Gattungsbezeichnung in Talns 968 geändert, die Nummern in 066 5 000 – 066 5 142.

Stirn- und Seitenansicht eines Tals 968 im Maßstab 1 : 87.

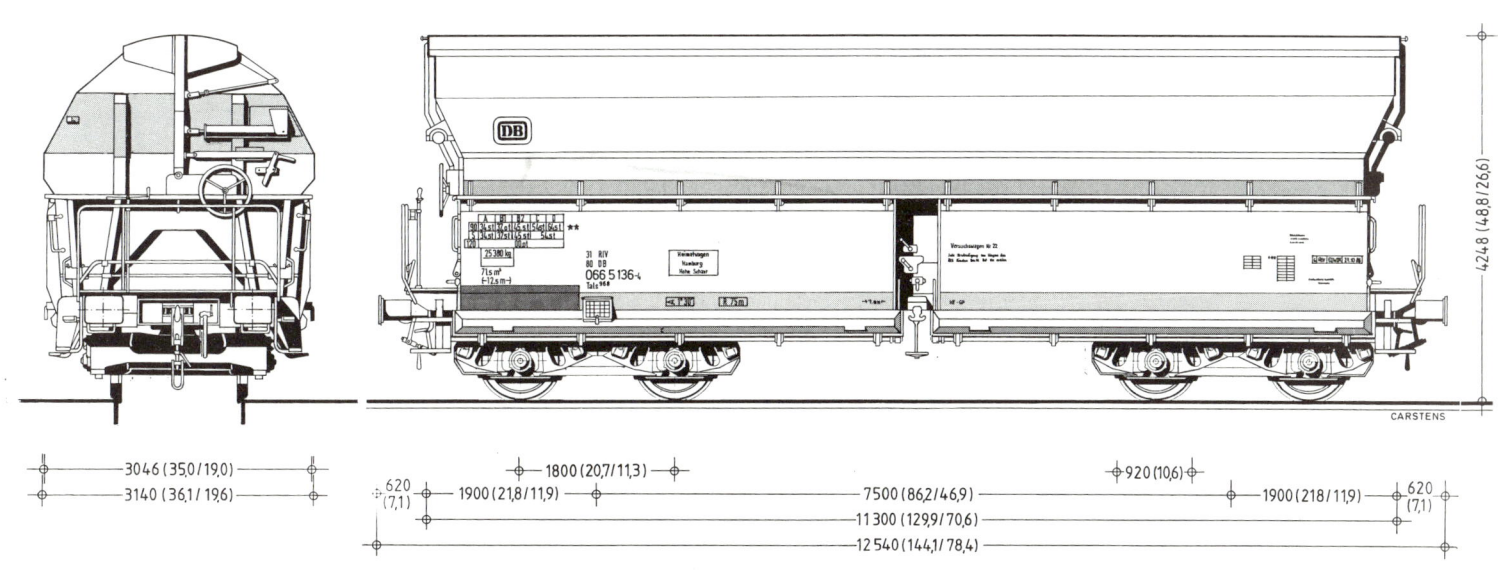

Am 27. 1. 1989 stand der Tadgs 959 584 4 578 im Bf. Hamburg Hohe Schaar. Der Wagen wurde 1978 gebaut und besitzt Drehgestelle der Bauart 621.

Tadgs 959

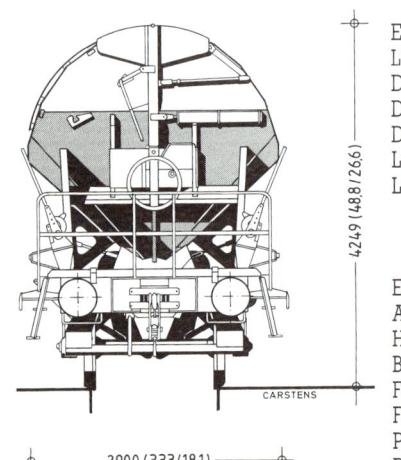

	Drehgestellbauart 661 / 621
Erstes Baujahr	1973/1979
Länge über Puffer	21640 mm
Drehgestellbauart	661/621
Drehgestellachsstand	1800 mm
Drehzapfenabstand	16600 mm
Laderaum	80,0 m³
Lastgrenze A	39,0 t
B	47,0 t
C	55,0 t
S max.	55,0 t
Eigengewicht	24800 kg
Achslager	Rollenlager
Höchstgeschwindigkeit	100 km/h
Bremsbauart	KE-GP
Federgehänge	lange Schaken
Federblattanz./-länge	8/1200 mm
Pufferlänge	620 mm
Puffertellerdurchmesser	450 mm

1970 wurden die UIC-Richt-linien für den Bau von Standard-Drehgestellgüterwagen festge-legt. Aufgrund dieser Richtlinien wurden 1971 der Eads 105 und der Tadgs 959-Prototyp gebaut. Die Wagen besitzen Unterge-stell und Wagenkasten des Tadgs 965, im Gegensatz zu die-sem jedoch die herkömmlichen, mit Handhebeln von den End-bühnen zu bedienenden Rund-schieber.

Ab 1973 wurden die Tadgs 959 in mehreren Serien beschafft. Die erste Serie umfaßte 120 Wa-gen (584 4 201 – 584 4 320), bei denen die Dachantriebswelle auf dem Wagenkasten liegt. Ab der zweiten Bauserie (1977, Wa-gen 584 4 321 – 584 4 485) liegt sie, wie bei allen folgenden Se-rien im Wagenkastensaum. Wei-tere Änderungen sind u.a.: Ab Baujahr 1978 Verwendung von Drehgestellen der Bauart 621 (Wagen 584 4 486 – 584 4 985) und 1983 geänderte Überset-zung des Dachantriebs (Wagen 584 4 000 – 584 4 199). Die letzten in den Jahren 1984/85 geliefer-ten Wagen (584 3 600 – 584 3 999) haben schließlich z.T. geänderte Rundschieber. Ab 1988 werden die Tadgs 959 ebenfalls umgenummert und bekommen eine 0 an der ersten Stelle der Wagennummer.

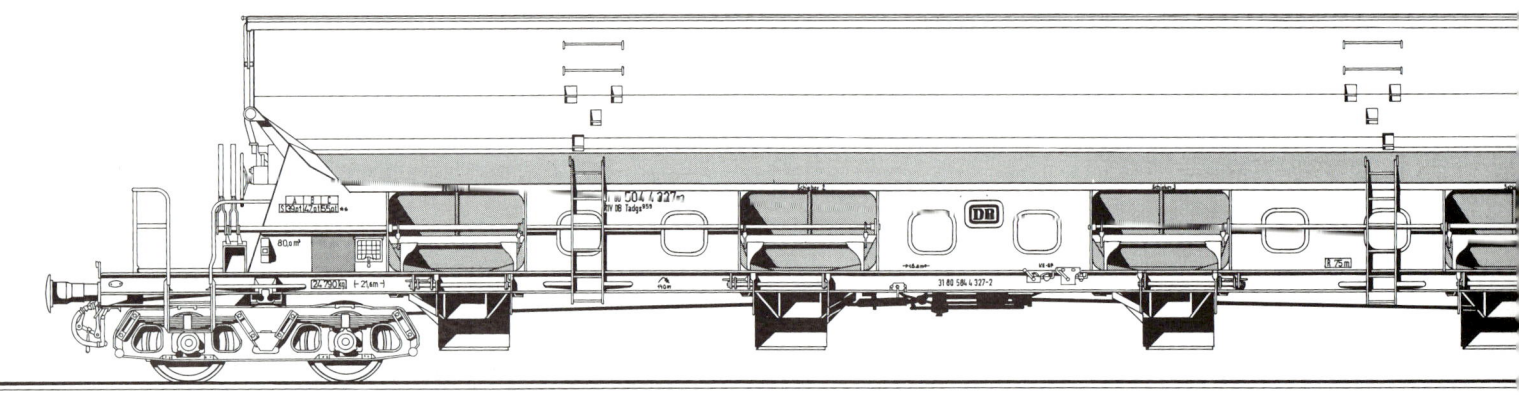

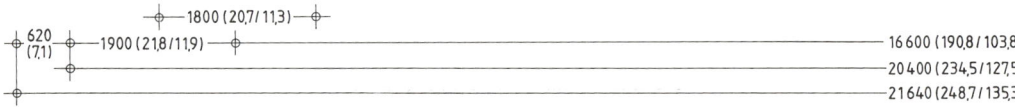

Modell

Lima liefert den Tadgs 959 mit Drehgestellen der Bauart 621. Da diese Drehgestelle in der Detaillierung jedoch nicht überzeugen können, sollten sie gegen Roco-Drehgestelle (Bauart 621 oder 661.1) getauscht werden. Hierzu müssen die Drehzapfen aus den Lima-Drehgestellen herausgesägt und in die Roco-Drehgestelle (anstelle des vorhandenen Drehzapfens) eingeklebt und verstiftet werden. Gleichzeitig müssen die Wagen neue Kupplungsaufnahmen bekommen.

Weiter werden zur optischen Verbesserung die an den Wagen angespritzten Halter unter den Auslaufrutschen entfernt und durch Halterungen vom Roco-Tdgs-z 930 ersetzt. Für die Montage sind die Löcher neu zu bohren, da die Anordnung beim Lima-Wagen nicht genau mit dem Vorbild übereinstimmt. Hierbei sollten die Halterungen, vor der Fixierung in den Löchern, mit den Auslaufrutschenteilen verklebt werden.

Bleiben zum Schluß noch einige Feinheiten, wie z. B. der Austausch des Handrades für die Schwenkdachbetätigung gegen ein Roco-Handrad oder die Anbringung des fehlenden Geländers zwischen Aufstiegstreppe und Wagenkasten. Was dem Modell noch fehlt, sind Konsolen mit Seilankern, die als Zurüstteil wünschenswert wären, da sie für viele modernere Wagen verwendbar sind.

Der Tadgs 959 584 4 311 aus der ersten Lieferserie im April 1989 im Bf. Hamburg Hohe Schaar.

Der Lima-Tadgs 959 mit den im Haupttext geschilderten Verbesserungen.

Tadgs 959 mit Drehgestellen der Bauart 661 im Maßstab 1 : 87.

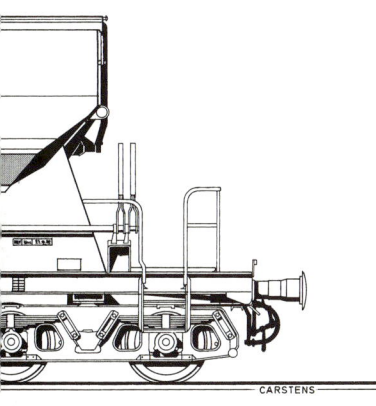

Tadgs 965

Erstes Baujahr	1970
Länge über Puffer	19540 mm
Drehgestellbauart	661
Drehgestellachsstand	1800 mm
Drehzapfenabstand	14300 mm
Laderaum	76,0 m³
Lastgrenze A	38,5 t
B	46,5 t
C	54,5 t
S max.	54,5 t
Eigengewicht	25300 kg
Achslager	Rollenlager
Höchstgeschwindigkeit	100 km/h
Bremsbauart	KE-GP-A
Federgehänge	lange Schaken
Federblattanz./-länge	8/1200 mm
Pufferlänge	620 mm
Puffertellerdurchmesser	450 mm

Der Tadgs 965-Prototyp wurde 1970 geliefert. Ebenso wie die zweiachsigen Selbstentladewagen erhielt er ein einteiliges Schwenkdach, das von der Bühne aus betätigt wird. Zur Entladung besitzt er vier mit Handrädern von beiden Seiten zu betätigte Flachschieber. Eine Serienbeschaffung unterblieb zugunsten der Tadgs 959.

Der Wagen hatte bis 1980 die Nummer 584 4 000, danach wurde er in 584 4 999 umgenummert (demnächst bekommt er die Nummer 084 4 999).

Der Tadgs 965 beim BZA Minden.

Umladung von Zement aus einem Kds 54 der ersten Bauserie in einen Silo-LKW. Das Bild aus den fünfziger Jahren zeigt einen Kds 54 mit 25 m³-Behältern in einer heute nicht mehr existierenden Form mit innerhalb des Wagenkastens liegenden Rohrleitungen und an den Behältern angebrachten Signalhaltern.

Staubgutwagen

Obwohl vor dem Zweiten Weltkrieg staubförmige Güter fast ausschließlich in Stoff- oder Papiersäcken befördert wurden, wurden bereits in den zwanziger Jahren Behälterwagen für die Beförderung von Braunkohlenstaub, Kalk, Quarzmehl, Soda und Zement entwickelt. Diese Wagen konnten sich aber nicht durchsetzen, da bei der damals angewendeten Entladung mittels Schwerkraft häufiger das Ladegut an den Trichterwänden hängen blieb und somit Probleme beim Entleeren der Behälter auftraten.

Dies änderte sich erst durch die Entwicklung von Staubgutwagen mit Druckluftentleerung. Das neue Verfahren setzte sich nach dem Zweiten Weltkrieg aus verschiedenen Gründen erfolgreich durch. Zum einen fehlte infolge der Papierknappheit

ausreichendes Packmaterial, und zum anderen konnten die Umladekosten und -zeiten erheblich gesenkt werden. Auch außerhalb des Eisenbahnbereichs wurde dieser Wandel durch die im Straßenverkehr auftauchenden Silofahrzeuge und die Zementsilos auf Baustellen deutlich.

Die ersten von der DB beschafften Staubbehälterwagen waren die vierachsigen KKd 55, die im Jahr 1950 gebaut wurden. Sie besaßen, ebenso wie die 10 1953 beschafften Kd 54, Injektor- oder Düsenentleerungseinrichtungen, bei denen der Behälter durch die Luft über die Auflockerungsleitungen und die Oberluftleitungen unter Druck gesetzt wird. Durch den Luftdruck wird das Ladegut zu der am unteren Behälter befindlichen Förderdüse gedrückt. Dieses Prin-

zip wurde bei Behälterwagen bereits vor dem Zweiten Weltkrieg angewendet, und funktionierte problemlos, solange die Entleerung der Wagen nicht unterbrochen wurde. Bei einer Unterbrechung des Entladevorgangs können u.U. die Zuluftleitungen mit zurückgedrücktem Ladegut verstopfen und müssen, um mit dem Entladevorgang fortfahren zu können, erst abgebaut, ausgeklopft und ausgeblasen werden.

Zur Vermeidung dieser Probleme wurde bei den in den Jahren 1953/54 aus ehemals amerikanischen Kesselwagen umgebauten KKd 49 erstmals eine Entleerungseinrichtung mit einem Auflockerungsboden aus einer luftdurchlässigen Sinterplatte eingebaut. Da bei diesem System keine unmittelbare Verbindung zwischen dem Raum für

das Ladegut und der Druckluftzufuhr besteht, können die Druckluftzuleitungen nicht mehr verstopfen. Obendrein besitzt bei diesen Wagen das Förderrohr einen größeren Querschnitt (100 mm Durchmesser gegenüber 75 mm), dadurch ist die Entleerungsleistung mehr als doppelt so groß wie bei den Wagen mit Düsenentleerung.

Aufgrund der mit den KKd 49 gesammelten Erfahrungen erhielten alle nachfolgend gebauten Wagen eine Entleerungseinrichtung mit einem porösen Auflockerungsboden. Dies gilt sowohl für die im Jahr 1954 beschafften 24 KKds 55 als auch für die ab 1955 gebauten Kds 54 und Kds 56.

Während des Beschaffungszeitraums von 16 Jahren wurde die Konstruktion der zweiachsi-

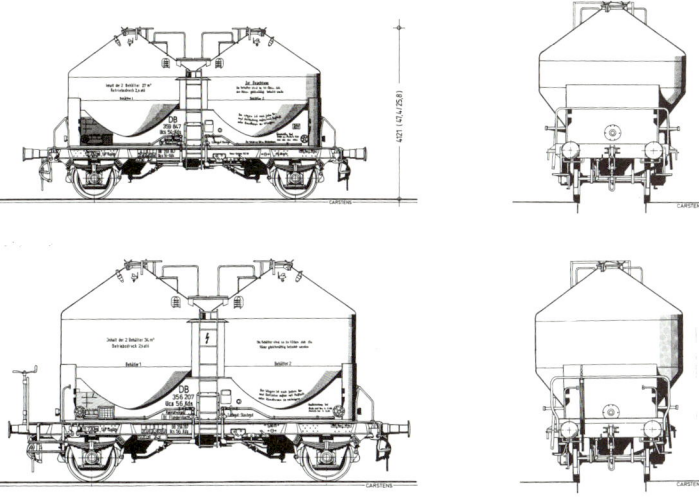

Kds 54 und Kds 56 (mit Handbremse) im Maßstab 1 : 160.

gen Staubbehälterwagen in etlichen Details überarbeitet. So besaßen die ersten Wagen noch Doppelschakenlaufwerke. Da hierdurch das Laufverhalten der Wagen nicht verbessert wurde, erhielten die späteren Baulose Einfachschaken. Außerdem wurde bei den Kds 56/Ucs 909 ab 1969 das Untergestell um 50 cm verlängert. Weitere Detailänderungen, die z.T. auch erst nachträglich vorgenommen wurden, betrafen die Anordnung und Ausführung der Leitungen, den Anbau von Seilankern anstelle von Seilösen und die Ausrüstung mit Hochleistungspuffern.

Die letzten Staubbehälterwagen-Neukonstruktionen für die DB waren die ab 1961 in unterschiedlichen Ausführungen beschafften Kds 67, die speziell für den Transport von Kunststoffgranulaten entwickelt worden waren. Von den drei Bauartvarianten, die sich in der Neigung der Behälter und im Baustoff (Aluminium bzw. Stahl) unterscheiden, wurden nur kleine Serien gebaut. Die Wagen wurden inzwischen, ebenso wie etliche Kds 54 und Kds 56, an die EVA bzw. VTG verkauft, die – im Gegensatz zur DB – auch heute noch Drehgestell-Staubgutwagen beschaffen.

Der Ucs 908 910 6 009 mit Einfachschaken und Behältern mit 27 m³ Fassungsraum am 19. 5. 1989 in Bützfleth.

Kds 54   # Ucs 908

	m. Hbr. / o. Hbr.		
Erstes Baujahr	1955 (1953)	Achslager	Rollenlager
Länge über Puffer	8540 mm	Höchstgeschwindigkeit	100 km/h
Achsstand	5000 mm	Bremsbauart	KE-GP (Hik-G)
Laderaum	27,0m³, z.T. 25,0 m³	Federgehänge	Einfachschaken
Lastgrenze A	20,5 (19,5) t	Federblattanz./-länge	8/1200 mm
B	24,5 (23,0) t	Pufferlänge	620 mm
C	28,5 (27,0) t	Puffertellerdurchmesser	370 mm
S max.	24,5 (23,0) t		
Eigengewicht	11500 (11800)/11200 kg		

Ein Teil der Wagen mit 13,5m³-Behältern und alle Wagen mit 12,5m³-Behältern haben Laufwerke mit Doppelschaken. Eigengewicht und Lastgrenzen weichen z.T. erheblich von den angegebenen Werten ab. Werte in Klammern gelten für Kd 54 (nur mit Handbremse und 12,5m³-Behältern).

Leider ist es heute nahezu unmöglich, die Entwicklung der Kds-Wagen vollständig und

richtig aufzuzeigen. Hierfür gibt es mehrere Gründe. Zum einen werden unter einer Gattungsbezeichnung Wagen der unterschiedlichsten Bauformen zusammengefaßt (so gibt es z.B. Kds 54/Ucs 908 mit Doppelschakenlaufwerk und mit Einfachschaken, mit 25 m³, 27 m³ und 34 m³(!) Fassungsraum der Be-

Noch relativ sauber: der Ucs 54 Kds 356 189 mit 27 m³-Behälter und Einfachschaken am 14.8.1962 in Mainz-Bischofsheim.

hälter). Entgegen Angaben in verschiedenen Ausgaben der Merkbücher wurden 1953 zehn Kd 54 und ab 1955 Kds 54 zunächst mit Doppelschaken-Laufwerk und Behälter-Fassungsraum von 25 oder 27 m³ und ab 1956/57 mit Einfachschaken und 27 m³ Fassungsraum beschafft (von denen Ende 1988 noch 29 Stück im Einsatz waren). Außerdem besaßen alle Wagen der ersten Lieferjahre ein Doppelschakenlaufwerk.

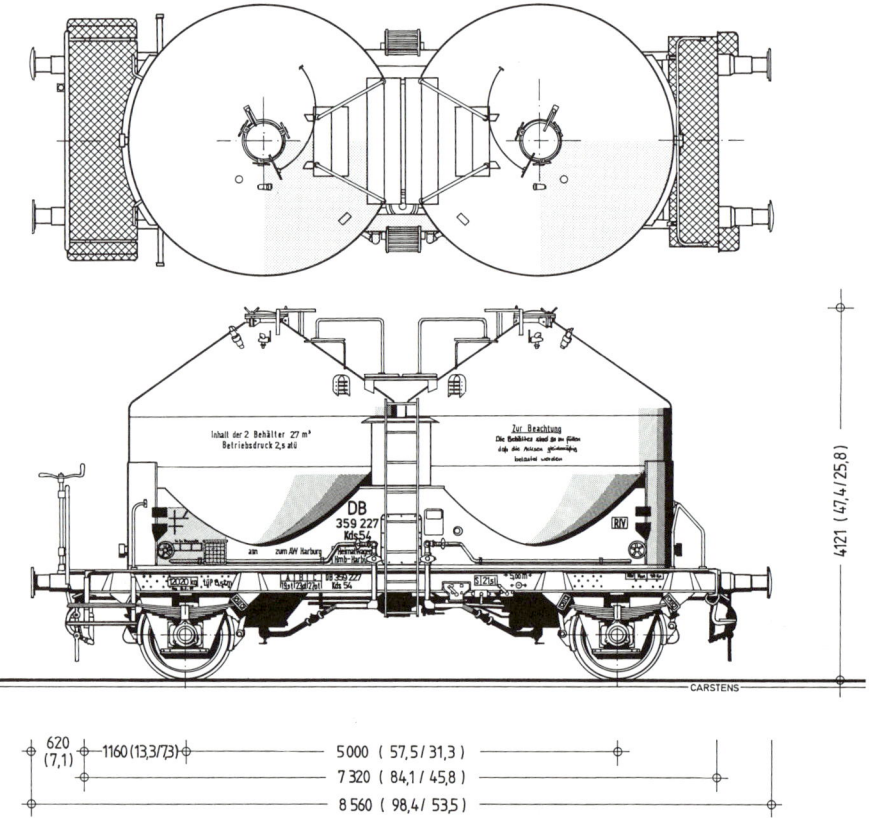

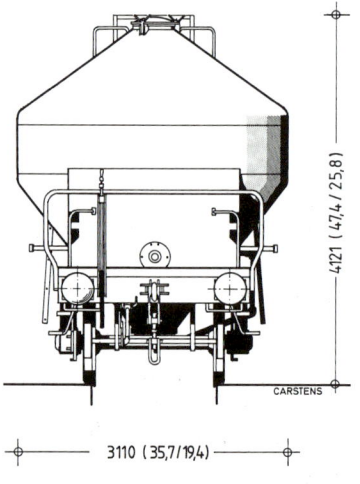

Seitenansichten, Draufsicht und Stirnansicht eines Kds 54 mit Handbremse im Maßstab 1:87. Die LüP-Angabe in der Zeichnung und im Merkbuch stimmt nicht mit den Angaben an den Wagen überein.

Frisch aus der Hauptuntersuchung: der Ucs 908 910 5 712 am 3.9.1988 im AW Paderborn.

Der Ucs 908 910 5 656 mit Dyckerhoff-Werbeaufschrift am 6.8.1988 in Wiesbaden-Ost.

Der Ucs 908 910 5 760 mit 25 m³-Behälter und Doppelschakenlaufwerk am 27. 1. 1989 im Rbf. Maschen.

Die Kds 54 sind (wie auch die anderen Behälterwagen mit Druckluftförderung) für den Transport von Feinschüttgut wie z.B. Zement, Quarzsand/Quarzmehl, Kalkstaub, Gips, Zucker, Salz, Sojamehl, Aluminiumhydroxid, Granulat, und Tonmehl gebaut (wobei die Wagen in der Regel nur für ein Ladegut verwendet werden und beheimatet sind).

Trotz unterschiedlicher Ausrüstungen und Rohrleitungsführung unterscheiden sich die Wagen in ihrem grundsätzlichen Aufbau nicht. Die beiden Behälter besitzen an der unteren Spitze eine Druckluftentleerungseinrichtung mit porösem Boden aus einer Sintermetallegierung. Die Entleerungsrohre beginnen als Steigrohre im Innern der Behälter über den Auflockerungsböden und führen an den Wagenstirnseiten aus den Behältern zu Gummimembranventilen mit Gewindeanschlüssen für die Förderleitungen. An den Wagenseiten befindet sich je eine Kupplung für einen Druckluftanschluß. Ergänzt wird die technische Ausrüstung durch einen Wasserabscheider, eine Abzweigleitung, mit der Zusatzluft in die Förderleitungen gegeben werden kann, Manometern, Sicherheits- und Rückschlagventilen. Ein Teil der Wagen ist nachträglich mit zusätzlichen Oberluftleitungen zur Auflockerung des Ladeguts ausgerüstet worden.

Nach den Angaben in der Literatur wurden die Kd 54 (10 Probewagen mit 25 m³ Fassungsraum und Hik-G-Bremse) im Jahr 1953 gebaut. 1955 begann dann die Serienfertigung der Kds 54 mit 27 m³ Fassungsraum und KE-GP-Bremse mit zunächst 150 Wagen. In den Folgejahren bis 1964 wurden 1072 Wagen gebaut, so daß der Bestand auf 1232 Kds 54 anstieg. Hiervon wurden im Jahr 1967 85 Wagen verkauft. Die restlichen Kds 54/Ucs 908 sind weiterhin im

Mitte: Ebenfalls mit Doppelschakenlaufwerk, jedoch mit 27 m³-Behälter und einer von der Zeichnung abweichenden Ausführung der Handbremsbühne: der Kds 54 359 320 im Jahr 1958 in Hamburg.

Zwei unterschiedliche Ucs 908/Kds 54 mit Werbeaufschrift der Quarzwerke GmbH im Jahr 1970.

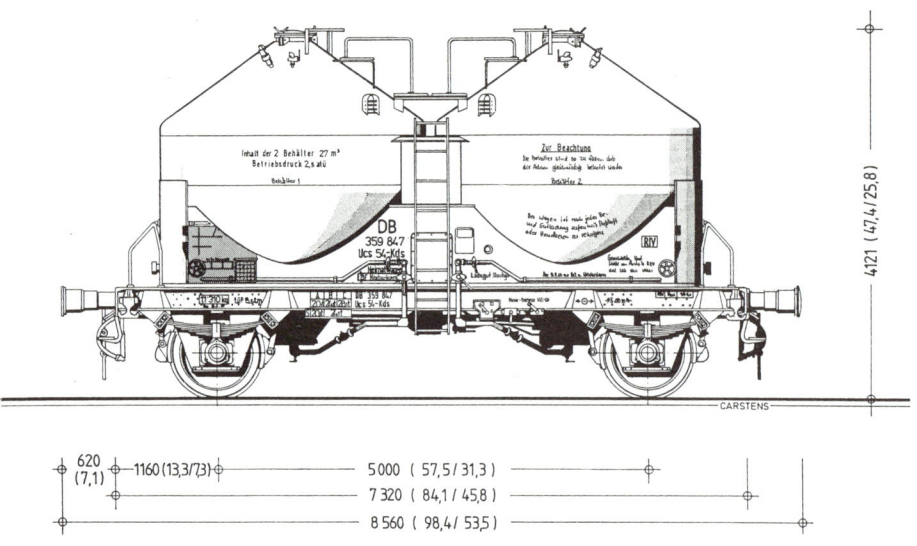

Stirn- und Seitenansicht des Kds 54 ohne Handbremse und mit Hochleistungspuffern in 1/1 HO-Größe (1:87).

Bestand, wobei allerdings inzwischen durch Ausmusterungen und Umzeichnungen zu Bahndienstwagen der Bestand auf rund 975 Wagen gesunken ist.

Eingereiht waren die Wagen in die Nummerngruppen 356100 – 356599, 357800 – 357899, 359200 – 359360 (Wagen mit 25 m³ und 27 m³ Fassungsraum), 359461 – 359560 und 359708 – 359999 (auch hier scheinen die offiziellen Angaben teilweise nicht zu stimmen, denn Nummernkreise für Kds 56 wurden z.T. mit Kds 54 belegt). Nach 1968 erhielten die Ucs 908 die Nummern 9105000 bis 9106229, wobei die Nummern 9105731 bis 9105779 von Wagen mit 25 m³ Fassungsraum belegt wurden.

Modell

Der Bau eines Kds 54 auf Basis eines Märklin-Wagens ist wohl keinem zu empfehlen und sollte nur von demjenigen nachvollzogen werden, der im wahrsten Sinne des Wortes "Geld und Mühe nicht scheut", zu einem ansprechenden Modell zu kommen. Zwar muß ich gestehen, daß der Kds 54 für mich ein Muß als Güterwagenmodell ist, aber nochmal möchte ich diesen Umbau nicht machen. Daher nachfolgend die wichtigsten Umbauschritte nur in Stichworten:

Anpassen des Fahrwerks eines Roco-Kesselwagens (Ausbau der Kesselstützen, Abtrennen der Bremsanlage, Abtrennen der Seilösen, Ändern der Federböcke), Ausrüsten mit einer Weinert-Bremserbühne, neuer Pufferbohle mit Eckprofilen, Federpuffern und Rangierertritten. Anbringen einer Bühne aus Riffelblech mit einem passend gebogenen und verklebten oder verlöteten Geländer, Anbringen der Behälterunterteile aus entsprechend gedrehtem Kunststoffmaterial (hier eignen sich z.B. große LKW-Reifen als Ausgangsbasis) und der Rohrleitungen mit Weinert-Flanschen. Neue Bremsanlage mit Umstellhebeln und das Schild für das Lastgrenzraster aus einem kleinen Messingprofil.

Die Aufbaudetaillierung ist kaum weniger aufwendig. Die überflüssigen Ventile und Anschlüsse wegschleifen und die Löcher von den ausgebauten Bühnenblechen und Geländern verspachteln. Anschließend den Mittelteil des Behälters mit Fotokarton auf den Umfang des oberen und unteren Behälterteils auffüttern. Aufstiegsleitern zusammenlöten und mit den Zurüstteilen anbringen: neue Bühnen auf den Behältern mit Geländern, Schutzgeländer um die Schwenkdeckel, Luftablaßhähne aus Bremsschlauchventilen, aus mehreren Drähten und Rohren zusammengeklebte Sicherheitsventile, Manometer (Preiser-LKW-Scheinwerfer), Rohrleitungen mit Flanschen, Zettelhalter und Handräder für Ventile. Daß der Wagen zum Schluß noch lackiert und beschriftet werden muß, sei nur am Rande erwähnt.

Falls Sie sich wider Erwarten immer noch mit dem Umbau-Gedanken tragen, sollten Sie sich allerdings noch etwas gedulden:

1990 wird Roco als Messeneuheit u.a. einen richtigen Kds 54 der Serienausführung vorstellen, an dem wohl kaum noch Verbesserungen erforderlich sein werden. Für den Modelleisenbahner, der z.B. einen Ganzzug aus Kds-Wagen einsetzen will, bieten sich aber immer noch genug Umbau-Möglichkeiten. So können die Wagen u.a. mit Handbremsen ausgerüstet werden (unter Verwendung der Bühnenteile von Weinert) oder aber abweichende Anordnungen der Rohrleitungen, Manometer und Entlüftungsventile bekommen. Und schließlich sollten die Wagen noch verschmutzt werden, denn saubere Kds 54 waren beim Vorbild recht selten.

Ein Umbau, der Zeit und Nerven kostet: der Kds 54 von Märklin mit einem Roco-Fahrwerk und diversen Messing-Zurüstteilen.

Der Ucs 909 910 8 677 am 15.5.1988 im Bf. Steinbach. Der Wagen besitzt ein Untergestell mit einer Länge über Puffer von 9,04 m und einfache Puffer. Die Leitungsführung entspricht dem links abgebildeten Ucs 908. Die Anschriften in dem Kasten rechts besagen, daß der Wagen aufgrund von Sondervereinbarungen mit der DR, DSB, NS, ÖBB, SJ, PKP, CSD und CFL – wie alle Ucs 909 – wie ein RIV-Wagen bei o. a. Bahnverwaltungen eingesetzt werden darf.

Kds 56   # Ucs 909

	bis Baujahr 1968 / ab 910 8 607		
Erstes Baujahr	1955/1969	Bremsbauart	KE-GP
Länge über Puffer	8540/9040 mm	Federgehänge	Einfachschaken
Achsstand	5000 mm	Federblattanz./-länge	8/1200 mm
Laderaum	34,0 m³	Pufferlänge	620 mm
Lastgrenze A	19,5 t	Puffertellerdurchmesser	370 mm
B	23,5 t		
C	27,5 t		
S max.	23,5 t		
Eigengewicht	12000 kg*		
Achslager	Rollenlager		
Höchstgeschwindigkeit	100 km/h		

* Das Eigengewicht der Wagen liegt zwischen 11000 kg und 12300 kg. Dementsprechend können die Lastgrenzen bis zu 0,7 t unter oder 1,4 t über den angegebenen Werten liegen.

Gleichzeitig mit dem Beginn der Kds 54-Serienfertigung begann im Jahr 1955 der Bau der Kds 56, die sich nur durch die größeren Behälter von den Kds 54 unterscheiden. Die Wagen sind durch den (gegenüber dem Kds 54) um 7 m³ größeren Laderaum zwar für spezifisch leichte Ladegüter besonders gut geeignet, durch die größere Wagenhöhe aber nur bedingt

international einsetzbar. Ebenso wie die Kds 54 erhielten die ersten Kds 56 Doppelschakenlaufwerke.

Bis 1971 wurden insgesamt knapp 1300 Kds 56/Ucs 909 für die DB gebaut, von denen in den Jahren 1956 und 1958 insgesamt fünf Wagen mit Aluminiumbehältern abgeliefert wurden. Die ersten rund 600 Wagen haben

1:87-Zeichnung eines Ucs 909 mit langem Fahrwerk und Hochleistungspuffern.

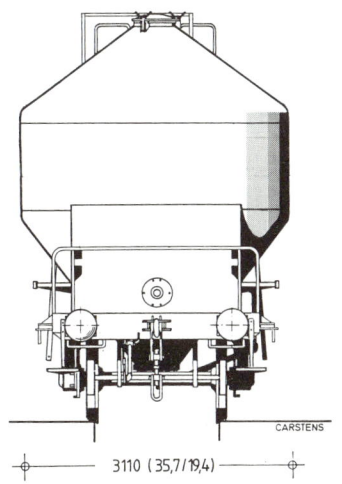

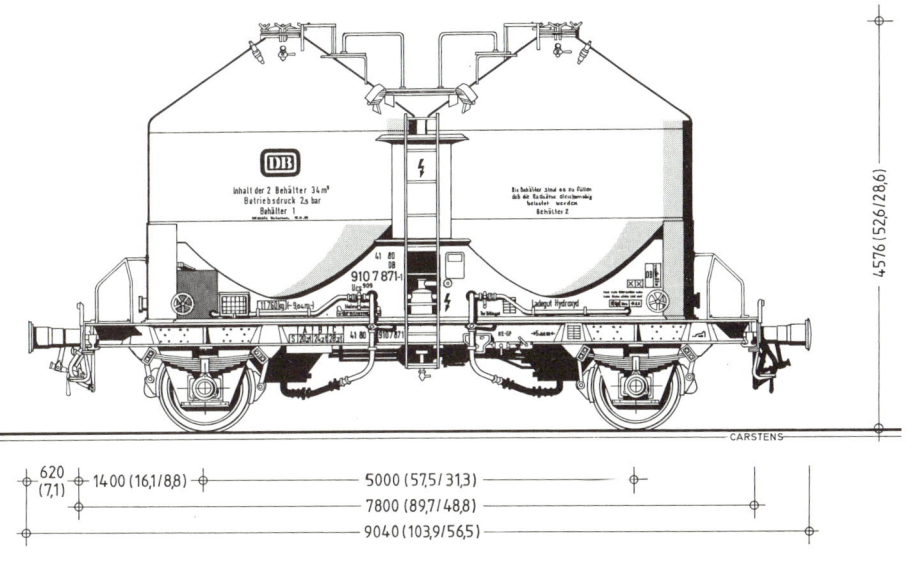

Die leitungsfreie Seite des Ucs 909 910 7 965, ebenfalls am 15. 5. 1988 im Bf. Steinbach. Von dem auf der Vorderseite abgebildeten Wagen unterscheidet er sich durch die Hochleistungspuffer und die schwarzen Anschriften.

eine Länge über Puffer von 8540 mm bzw. (laut Merkbuch) 8560 mm. Ab 1969 wurde die LüP auf 9040 mm erhöht.

Zusätzlich zu den für die DB gebauten Wagen gibt es Kds 56, die im privaten Auftrag gebaut worden sind und als Privatwagen bei der DB eingestellt sind.

Die Kds 56 der DB erhielten die Nummern 356 000 – 356 099, 359 211 – 359 460, 359 561 – 359 707, 359 861 – 359 865 und 359 908 – 359 999, wobei diese offizielle Liste, wie bereits bei den Kds 54 erwähnt, fehlerhaft sein dürfte.

Nach 1968 bekamen die nun als Ucs 909 bezeichneten Wagen die Nummern 910 7 470 bis 910 8 766, wobei von 910 8 000 bis 910 8 606 die Wagen mit 8,54 m LüP eingereiht sind. Im Jahr 1979 wurden rund 490 Wagen, vorwiegend an die EVA verkauft. Hierdurch ist der Bestand auf knapp 800 Wagen gesunken (und bis heute nahezu konstant geblieben).

Diese 800 Wagen differieren in ihrem äußeren Erscheinungsbild z.T. stark voneinander, da bei etlichen Wagen die Anordnung der Rohrleitungen und Anschlüsse den Wünschen der Kunden entsprechend umgebaut worden ist.

Einer der wenigen Kds 56 mit Handbremse: der Ucs 56 Kds 356 144 mit kurzem Untergestell und Hochleistungspuffern. Unten die Seiten- und Stirnansicht eines solchen Wagens mit normalen Puffern.

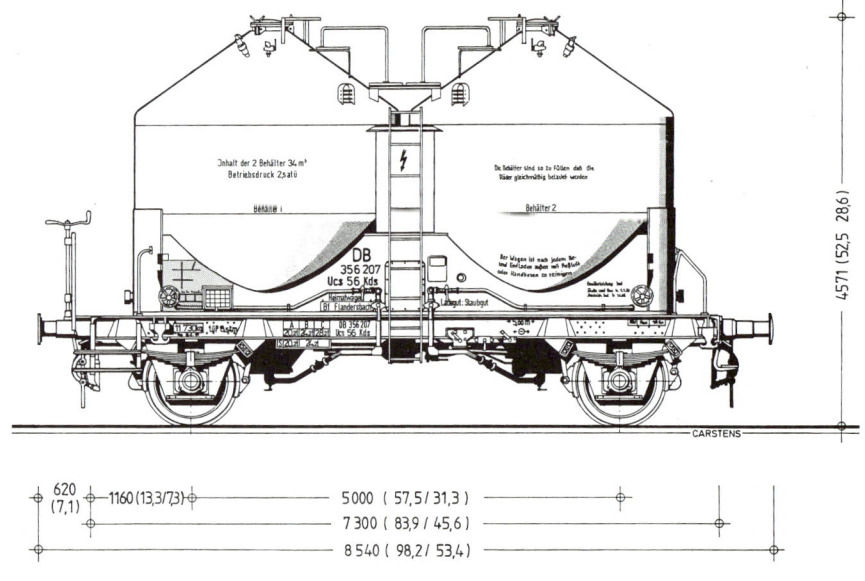

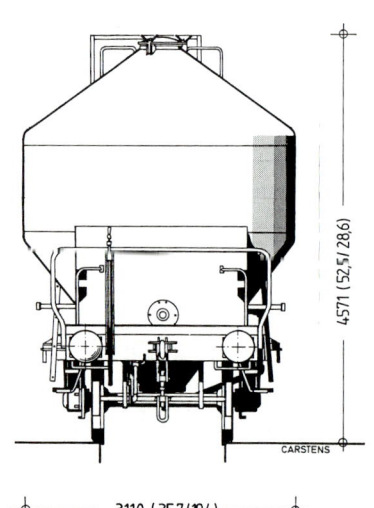

Der kurze Ucs 909 910 8 424 hat – wie einige Ucs 909 – einen dunklen Anstrich (Pressig-Rothenkirchen, 15. 5. 1988).

Nicht mehr mit DB-Nummer: der Ucs 909 910 4 384 der EVA am 10. 8. 1988 in Gernsheim.

Rechts: Zwei Ucs 909 im April 1989 im Rbf. Maschen mit unterschiedlicher Leitungsführung (fehlende Leitungen zu den Wagenenden bei dem linken Wagen) und verschiedenen Geländern an den Leitern.

Unten: Der Ucs 909 910 7 590, am 5. 2. 1989 im Rbf. Maschen fotografiert, besitzt Oberluftleitungen und seitliche Entleerungsstutzen.

Unten rechts: Der Ucs 909 910 7 609 mit Brandt-Werbeaufschrift, am 6. 4. 1989 im Bf. Braunschweig Hgbf. aufgenommen, besitzt ebenfalls Oberluftleitungen und zusätzliche Entleerungsstutzen unter dem Untergestell.

Der Ucs 909-Versuchswagen 910 7 799 am 19. 5. 1989 in Bützfleth.

Ucs 909 Versuchswagen

1956 und 58 ließ die DB insgesamt fünf Kds 56 mit Behältern aus Aluminium bauen, die ansonsten jedoch weitgehend der Serienausführung entsprachen.

Hingegen unterscheidet sich ein Versuchswagen, der 1970 von der Waggonfabrik Uerdingen gebaut wurde, um Erfahrungen für den Einbau der automatischen Mittelpufferkupplung zu sammeln, äußerlich auffällig von den Ucs-Wagen der Serienausführung. Der Wagen ist mit einer Länge über Puffer von 9,70 m deutlich länger als die normalen Ucs-Wagen und besitzt eine andere Behältertragkonstruktion. Um das verwindungssteife Untergestell der Serienwagen weicher zu machen, werden die Behälter nicht durch die seitlichen Tragbleche mit dem Untergestell verbunden, sondern nur von einzelnen Stützblechen getragen. Da der Fassungsraum der Behälter 34 m³ beträgt, wurde der Wagen als Ucs 909 mit der Nummer 910 7 799 eingereiht.

Am 13. 3. 1970 war der in Würzburg fotografierte Ucs 910 9108 804 noch im Eigentum der DB.

Der Ucs 67 Kds 359 879, ein späterer Ucs 911, bei der Ablieferung auf dem Werksgelände der Waggonfabrik Uerdingen.

Der spätere Ucs 912, Ucs 67 Kds 357 827 am 9. 5. 1964 in Stuttgart-Untertürkheim

Kds 67
Ucs 910/911/912

Erstes Baujahr	1961
Letztes Einsatzjahr bei der DB	1970
Länge über Puffer	11740 mm
Achsstand	8200 mm
Laderaum	51,0 m³
Lastgrenze A	17,0 – 17,7 t
B	21,0 – 21,7 t
C	25,0 – 25,7 t
S max.	21,0 – 21,7 t
Eigengewicht	14300 – 15000 kg
Achslager	Rollenlager
Höchstgeschw.	100 km/h
Bremsbauart	KE-GP
Federgehänge	Einfachschaken
Federblattanz./-länge	8/1200 mm
Pufferlänge	620 mm
Puffertellerdurchmesser	370 mm

1961 beschaffte die DB sieben Staubbehälterwagen mit je drei Aluminium-Behältern für die Beförderung von relativ leichten Kunststoffgranulaten. In ihrem grundsätzlichen Aufbau unterschieden sich die Wagen nicht von den bis dahin gebauten Kds 54 und Kds 56.

In den Jahren 1963 bis 1965 ließ die DB neun ähnliche Staubbehälterwagen bauen. Die technischen Daten entsprechen weitgehend der Vorgängerbauart, wobei jedoch der Neigungswinkel der Behälter im unteren Bereich von 45° auf 60° vergrößert wurde.

Während bei den späteren Ucs 910 und 911 die Behälter aus Aluminium waren, besaßen die in den Jahren 1963/64 in einer kleinen Serie von 40 Wagen gebauten Ucs 912 Stahl-Behälter (mit einer Neigung von 60°).

Die Wagen mit Aluminiumbehältern erhielten die Bauartbezeichnung Kds 67 und die Wagennummern 359866 bis 359872 (Baujahr 1961) und 359873 bis 359881 (Baujahr 1963/65). 1969 wurden die Wagen des Baujahrs 1961 zu Ucs 910 mit den neuen Nummern 9108 800 bis 9108 806 umgezeichnet. Von den Wagen der Baujahre 1663/65 wurden bereits 1967 die ersten vier verkauft. Die verbliebenen fünf Wagen bekamen die Bauartbezeichnung Ucs 911 und die Nummorn 9108 807 ff.

Die Wagen der dritten Kds 67-Bauform erhielten die Wagennummern 3 59812 ff.. Bis auf 3 Stück wurden sie ebenfalls 1967 an die EVA und VTG verkauft, die die Wagen auch heute noch einsetzen. Die restlichen 3 Ucs 912 mit den Nummern 9108862 ff. folgten zusammen mit den verbliebenen Ucs 910 und 911 im Jahr 1970.

Der aus einem amerikanischen Kesselwagen umgebaute KKd 49 359044 Anfang der fünfziger Jahre.

KKd 49   Uac 945

Erstes Umbaujahr	1953
Letztes Einsatzjahr	1970
Länge über Puffer	12400 mm
Drehgestellbauart	969
Drehgestellachsstand	1675 mm
Drehzapfenabstand	8340 mm
Laderaum	32,0 m³
Lastgrenze A, B, C	40,0 t
Eigengewicht	21000 kg
Achslager	Gleitlager
Höchstgeschw.	55 km/h
Bremsbauart	W-G
Pufferlänge	530 mm
Puffertellerdurchmesser	400 mm

Nach dem Zweiten Weltkrieg verblieben etliche ehemals amerikanische Kesselwagen in Deutschland. Diese Wagen wurden von der DB übernommen und erhielten die Bauartbezeichnung EKW 49.

In den Jahren 1953/54 wurden 165 Wagen für die Beförderung von losem Zement umgebaut. Dabei wurde der Kessel durch eingeschweißte Stahlbleche in drei Kammern unterteilt, die durch seitliche Leitbleche einen trogförmigen Innenraum erhielten. Außerdem erhielten die Kessel, die zur Unterbringung der Förderkästen für die Entleerung ca. 200 mm abgehoben werden mußten, beim Umbau einen zusätzlichen Dom für den mittleren Behälter. Die ersten Wagen erhielten noch eine Düsenentleerungseinrichtung. Da bei diesen Wagen die restlose Entleerung jedoch relativ lange dauerte und sehr viel Druckluft erforderte, bekamen die meisten Wagen eine Druckluftentleerungseinrichtung mit Auflokkerungsanlage nach dem System Polysius, das später bei den Kds 54 und Kds 56 übernommen wurde.

Bis auf einen Wagen blieben alle Fahrzeuge, die in den Nummernbereich ab 359000 (nach 1968 als Uac 945 mit Nummern 9205000 ff.) eingereiht waren, bis 1967 im Einsatz und wurden dann innerhalb von drei Jahren vollzählig ausgemustert.

Zwei weitere für den Zementtransport umgebaute Wagen: die KKd 49 359121 und 359021 am 13.11.1953 in Hamburg.

Der KKds 55 358001 nach der Ablieferung beim BZA Minden.

KKd(s) 55

	KKd 55 / KKds 55
Erstes Baujahr	1950/1954
Länge über Puffer	14500/14090 mm
Drehgestellbauart	925/931
Drehgestellachsstand	2000 mm
Drehzapfenabstand	8100/7350 mm
Laderaum	68,0/56,0 m³
Lastgrenze A	41,5/40,0 t
B	41,5/48,0 t
C	41,5/56,0 t
S max.	/44,0 t
Eigengewicht	22500/23600 kg
Achslager	Rollenlager
Höchstgeschwindigkeit	80/100 km/h
Bremsbauart	Hik-G/KE-GP
Federgehänge	lange Schaken
Federblattanz./-länge	7/8/1200 mm
Pufferlänge	650/620 mm
Puffertellerdurchmesser	450 mm

Unter der Gattungsnummer 55 wurden bei der DB zwei sehr unterschiedliche vierachsige Staubgutwagentypen zusammengefaßt. Zum einen handelt es sich hierbei um die mindestens drei im Jahr 1950 gebauten KKd 55 und zum anderen um die 1954 gebauten 24 KKds 55. Während die erstgenannten Wagen noch Düsenentleerungseinrichtungen besaßen und als Universalwagen gebaut wurden, hatten die KKds 55 eine Entleerungseinrichtung mit Auflockerungsboden und waren für den Transport von Tonerde gebaut.

Uac(s) 946

Auch äußerlich unterscheiden sich die Wagen deutlich voneinander. Um ausreichend Platz für die unter dem Behälter angeordnete Düsenentleerungseinrichtung zu schaffen, durften die äußeren Behälter der KKd 55 nicht weit unter den Wagenboden herabreichen und mußten daher kleiner ausgeführt werden als die inneren. Bei den KKds 55 reicht der Raum im Untergestell hingegen für die Unterbringung der Entleerungseinrichtung mit porösem Boden aus, so daß hier alle vier Behälter gleich groß ausgeführt werden konnten.

Die tatsächlich gebaute Stückzahl der KKd 55 konnte nicht eindeutig geklärt werden. Während in den Bestandsnachweisen von 1965 nur ein Wagen genannt wird, wurden ab 1966 27 Uac(s) 946 im Bestand geführt, wobei als letztes Baujahr weiterhin 1954 angegeben wurde. Da für die Uac 946 ab 1969 die Nummern 9205170 – 9205172 vorgesehen waren, scheint es wahrscheinlich, daß tatsächlich zumindest drei Wagen existiert haben. Der letzte Uac 946 war bis 1988 im Einsatz.

Die 24 KKds 55 bzw. Uacs 946 hatten bzw. haben die Nummern 358000 – 358023 bzw. 9305000

ff. und waren Ende 1988 alle noch vorhanden.

Modell

Zwar gibt es von Fleischmann ein Modell des KKds 55, aber dies ist im Maßstab 1:83 gehalten und kann aufgrund seines hohen Alters heutigem Fertigungsstandard nicht mehr gerecht werden.

Uacs 947

1985 mietete die DB von der VTG für einen Zeitraum von 10 Jahren 7 im Jahr 1982 gebaute, vierachsige Staubgutwagen mit einen Laderaum von 69 m³ für den Transport von Kalksteinmehl und Flugasche an. Die Wagen vom VTG-Typ 8069.80 tragen die DB-Bauartbezeichnung Uacs 947 und sind in der Nummerngruppe 9321000 bis 9321026 eingereiht.

Am 3.4.1989 existierte zumindest noch ein ehemaliger KKd 55. Der Privatwagen steht als Werkssilo bei den Tonwerken Ludwig in Ransbach-Baumbach.

Verladung von Gefrierfleisch im Hamburger Hafen Anfang der fünfziger Jahre. Hinter dem Tnvhs Berlin 6758 sind weitere Tnvhs Berlin, später Tnvhs 31, zu erkennen.

Kühlwagen

Kühlwagen dienen vornehmlich dem Transport wärmeempfindlicher Güter und werden je nach Verwendung bzw. Ausstattung als Wärmeschutzwagen, Kühlwagen, Tiefkühlwagen oder Kühlmaschinenwagen bezeichnet.

Wärmeschutzwagen werden meist ohne Kühlmitteleinsatz zum Transport wärme- oder kälteempfindlicher Güter im Temperaturbereich zwischen 4 und 16 °C eingesetzt. Das sind zum einen nur geringe Kühlung erfordernde Milchprodukte, Getränke, Margarine, Schokolade, Konserven oder Fleischprodukte, zum anderen Kartoffeln, Früchte (vorwiegend Bananen) und andere landwirtschaftliche Erzeugnisse (Gemüse, Salate, Pflanzen, Blumen). Hierzu zählen sämtliche Kühlwagen der Länder-, Verbands- und Fremdbauarten Tk(woh)01 und Tko 19, die ersten Neubauten der Deutschen Reichsbahn Tko 02, die **Behelfskühlwagen** Tnohs 39

sowie die bei der DB durch Umbau entstandenen **Bananen-kühlwagen** Tnos 34, TTko 49, Tno(m)ehs 59, Ibbhlps 401, dazu kommen z.T. noch die Bauarten Ibblps 379, Iblps 394 und Ibbhls 398 und 399.

Kühlwagen mit Wasser- oder Trockeneiskühlung sind einzuteilen in Bier-, Fleisch-, Seefisch- und Universalkühlwagen. Letztere sind für alle Kühl- und Gefriergüter ausgenommen Frischfisch geeignet. Die Kühltemperaturen liegen je nach Kühlmitteleinsatz zwischen +4 und −18°C. Die Bauartbezeichnungen verteilen sich auf folgende Untergruppen:

– Fleischkühlwagen: Tnhs 31 (Ics 373),

– Bierkühlwagen: Tnohs 31 (Ibcos 363, Tno(m)s 35 (Ibs 394) und Toehs 42 (Ihs 367),

– Seefischkühlwagen: Tnfhs 32, Tnfhs 38, Tnfmhs 64 und Ibbdhs 399,

– Universalkühlwagen: Tehs 42 (Ichs 366), T(mm)ehs 50 sowie die Neubauten der DB Ibbhs 396...400 und die ebenfalls zu den Universalkühlwagen zählenden Fährbootkühlwagen Tbnhs 30.

Tiefkühlwagen dienen dem Transport von Gefrier- und Tiefkühlgütern. Das sind im wesentlichen Gefrierfleisch und Tiefkühlkost. Die Wagen gewährleisten Kühltemperaturen von −10 oder −20 °C während der gesamten Transportdauer. Es sind die Wagen Tgehs 40, Tgghs 41 und Tgm(m)ehs 50 (Ibhlqrs 408, 409).

Kühlmaschinenwagen mit Kühlmaschine anstatt Kühlmittelbehälter dienen dem Transport von Kühlgütern aller Art über lange Distanzen und ermöglichen eine Temperaturregelung mit engen Toleranzen zwischen +20 und −20 °C. Fahrzeuge mit der Bezeichnung Gkkwhs bzw. Tkkwh Berlin kamen nicht mehr zur DB, allerdings betrieben Pri-

vatfirmen wie die Transthermos solche Wagen im Auftrag der DB. Ähnliche Eignung weisen heute die Ibbhs 410 und 411 der DB auf, die statt der Kühlmaschine eine thermostatgeregelte Umluftanlage in Kombination mit Trockeneiskühlung nutzen.

Darüber hinaus waren noch **Spezialkühlwagen** im Einsatz, wie z.B. Milchkühlwagen mit Behältern (Tnehs 31) oder isoliertem Kessel (Tkkh 53). Während des Krieges gab es als weitere Spezialwagen von Begleitwagen gespeiste Kühlwagen, (Tief-) Kühlwagen für Lazarettzüge etc.

Weitere Fahrzeuge werden als angemietete oder Privatkühlwagen überwiegend für Bier und andere Getränke, Fleisch und Fleischerzeugnisse aller Art, Gefrier- und Tiefkühlgut, Konserven, Trockeneis, technische Gase u.a. im internationalen Verkehr bei der DB eingestellt. Dazu zählten auch Bassinwagen für den Transport lebender Fische.

Entwicklung

Die Eisenbahnen hatten als erstes Massenverkehrsmittel eine herausragende Bedeutung für die Lebensmittelversorgung der Bevölkerung vor allem in den neu entstandenen industriellen Ballungsgebieten. Bei den kurzen Entfernungen in den Gebieten deutscher Ländereisenbahnen erforderten diese Güter jedoch noch keine speziellen Transportverfahren. Es war vor allem die hochentwickelte Bierbrauerei-Industrie, die frühzeitig Wagen benötigte, in denen die Ladung gegen unzulässige Erwärmung geschützt war. Diese Wagen, die überwiegend in Privatbesitz waren, nahmen bereits eine Reihe von Entwicklungsschritten der späteren Staatsbahnkühlwagen voraus. So waren Wandungen meist zweifach verschalt; statt der schlecht schließenden Schiebetüren waren zweiflügelige Drehtüren eingebaut.

Bereits Ende des vorigen Jahrhunderts mußten vor allem Frischfleisch, Fleischerzeugnisse, Getreide und Futtermittel in großen Mengen nach Deutschland importiert werden. Der Bahnversand heimischer Nahrungsmittel konzentrierte sich auf Obst, Gemüse, Milch, Molkereierzeugnisse, Eier, Fette und Öle, Schlachtfleisch sowie Seefische.

Diese Güter wurden zunächst in gewöhnlichen gedeckten Güterwagen befördert. Bedingt durch lange Versandzeiten infolge niedriger Beförderungsgeschwindigkeiten und mangelhaften Wärmeschutz kam vielfach bereits verdorbenes Gut bei den Empfängern an. Das änderte sich auch dann nicht nennenswert, als man zum Zwecke geringerer Wärmeabsorption ab Anfang des Jahrhunderts die Wagen für diese Transporte mit einem weißen Außenanstrich versah.

Deshalb wurden sogenannte Wärmeschutzwagen entwickelt, die ohne Eiseinsatz die während der Beladung gespeicherte Temperatur möglichst lange halten sollten. Sie hatten durch eine dreifache Verschalung aller Wandungen eine doppelte Luftschichtisolation. Auch diese Wagen konnten ihre Aufgabe nur unvollkommen erfüllen, da ein wirksamer Wärmeschutz auf die Dauer von ein bis zwei Tagen infolge der unvermeidlichen Luftzirkulation nicht erreichbar war.

Besonders empfindliche Güter wurden deshalb als Eilstückgut in Personenzügen befördert. Dazu mußten die Wagen mit Druckluftbremse, Dampfheizleitung und Laufbrettern ausgerüstet sein. Zur Verbesserung der Schnellaufeigenschaften entwickelte die preußische Staatseisenbahn 1908 dreiachsige Kühlwagen, die aufgrund ihrer vergleichsweise guten Eigenschaften zur Zeit der frühen Bundesbahn als einzige Länderbahngattung noch im Kühlverkehr eingesetzt wurde.

Zum verbesserten Wärmeschutz verwendete man Isolationsstoffe aus Strohmatten, Häcksel oder Torf, später meist aus Kork, der mit geringem spezifischem Gewicht ein schlechtes Wärmeleitvermögen vereinte. Letzterer wurde meist in Form von gepreßten wasserabweisenden Korksteinplatten in Kombination mit Teerpappebelägen verwendet, die zwischen die Verschalungen eingebettet waren. Die Türen wurden ein- oder zweiflügelig ausgeführt und mit Filz abgedichtet. Besondere Bedeutung hatten die Türverriegelungen als wesentliches Element der Dichtheit.

Dem Schutz gegen Eindringen von Feuchtigkeit aus Ladung oder Kondenswasser in die Wandungen und der Reinlichkeit des Bodens dienten Auskleidungen des Bodens und teilweise der Wände mit Zinkblech. Vielfach hatten die Fahrzeuge wie die gedeckten Güterwagen, aus denen sie umgebaut oder abgeleitet wurden, Lüftungsschlitze, um dem Ladegut durch den Fahrtwind Feuchtigkeit zu entziehen. Später kamen stattdessen kombinierte Dach- bzw. Bodenlüfter zur Anwendung, die sich als Luftfänger selbsttätig in Fahrtrichtung einstellten, während Luftsauger der Abführung der feuchten Luft dienten.

Zusätzlich kam Eis als Kühlmittel zum Einsatz, das meist in speziellen Behältern mitgeführt wurde. Diese "Eisbunker" erfuhren im Laufe der Weiterentwicklung zahlreiche Veränderungen in Ausführung (offen oder geschlossen), Form, Größe, Anzahl und Plazierung. Am häufigsten war die Anordnung eines oder zweier offener Behälter über dem Fußboden an den Wagenstirnseiten. Erwärmte Luft konnte hier durch Öffnungen im oberen Bereich der Behälter eintreten, kühlte sich beim Durchströmen des Eises ab und trat unten durch den Eisauflagerost und Öffnungen in den Behälterwandungen wieder in den Laderaum, wo sie, durch allmähliche Erwärmung aufsteigend, die Ladung gleichmäßig umspülte und erneut zirkulierte.

Die Deutsche Reichsbahn übernahm bei ihrer Gründung über 1000 Kühl- und Wärmeschutzwagen der deutschen Länderbahn- und Verbandsbauarten (spätere Bauarten Tkw 01), deren Einsatz wegen ungenügender Isolierung, unzureichender Wirkung des Kühlmittels, schlechter Laufeigenschaften und geringem Ladegewicht bei hohen Totlasten wirtschaftlich nicht befriedigen konnte.

Infolge zunehmender Bedeutung des Transportes von Seefisch sowie Schlacht- und Gefrierfleisch entwickelte die Deutsche Reichsbahn ab 1921 in enger Zusammenarbeit mit der Waggonbauindustrie entsprechend eingerichtete Kühlwagen. Parallel dazu entstanden baugleiche, bahneigene Kühlwagen für den Bier- oder Milchtransport. Vorgaben für die Konstruktion waren: 15 t Ladegewicht, mindestens 20 m² Ladefläche, geringes Eigengewicht, nur zwei Achsen, Achsstand über 5500 mm (gegenüber 4000 bis 4500 mm bisher) und eisernes Kastengeripppe.

Bereits 1922 kamen zwei Versuchsbauarten in den Verkehr, die in Anlehnung an Entwicklungen in den USA entstanden. Es handelte sich um Wagen mit einer LüP von 11320 bzw. 11500 mm und 6000 mm Achsstand, hochgestelltem Bremserhaus und einem Behälter für Wassereis als Kühlmittel. Dieser befand sich an der dem Handbremsende gegenüberliegenden Stirnwand hinter einer Trennwand. Die Befüllung des Eisbehälters war durch eine Ladeluke im Dach möglich. Weitere Merkmale waren Türdichtungen aus Kunststoff, Bodenauflage aus Lattenrosten zur Verbesserung der Kaltluftzirkulation und Schmelzwasserabläufe im Boden. Um die Lebensbedingungen für Fäulnisbakterien zu minimieren, mußte das Wageninnere kühl, trocken und luftdicht abgeschlossen sein; auf eine Belüftung mit Außenluft wurde daher (erstmals) verzichtet.

Der Wagenkasten war als eisernes Fachwerk für große Steifigkeit mit kurzem Sprengwerk ausgeführt, worin der doppelwandige, eigentliche Kühlbehälter aus Holz eingebettet war. So wurden bei Verwindungen des Wagens im Betrieb Beschädigungen der Isolierungen vermieden. Der allseitig umschlos-

Kühlwagen der zwanziger und dreißiger Jahre im Maßstab 1:160: von oben nach unten Tko 02, Tbnhs 30, Tnhs 31 und Tnfs 32.

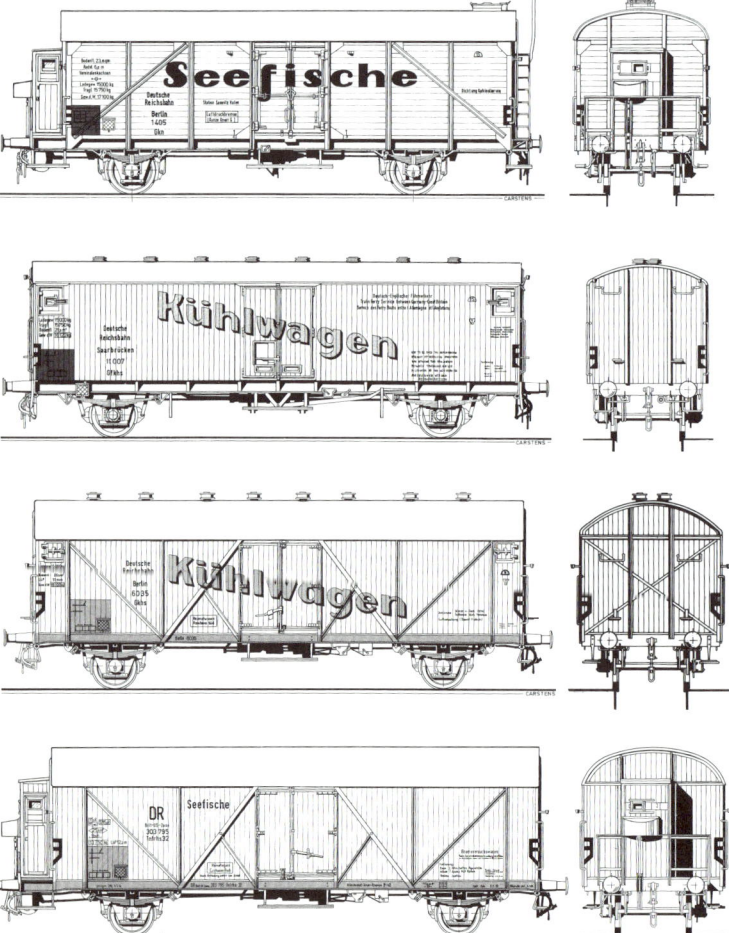

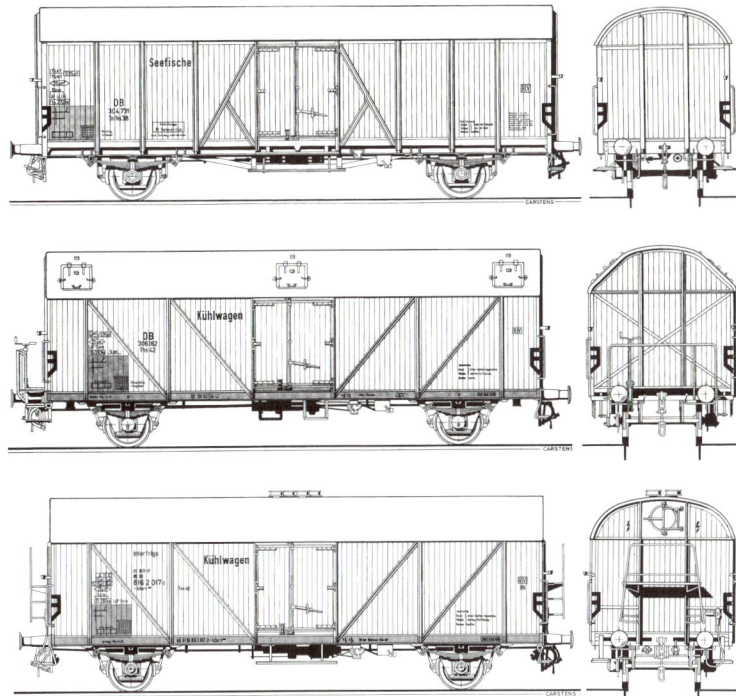

In den vierziger Jahren entstanden der Seefisch-Kühlwagen Tnfhs 38 (oben) und der Ths 42-Universalkühlwagen (in der Mitte mit dem ursprünglichen Trapezdach, unten die Umbauvariante der DB).

sene Kühlraum hatte keine von außen nach innen durchgehenden wärmeleitenden Metallteile. Die Wärmeisolation bestand aus Kork- oder Torfoleumplatten (wasserabweisendem, im Kern mit Öl getränktem und unter hohem Druck gepreßtem Torf), teilweise aus der Kombination beider Materialien. Diese zwischen 100 und 120 mm starken Platten waren zusätzlich beidseitig mit wellenförmig verlegtem "Giantpapier", einer wasser- und luftundurchlässigen, geschmeidigen Pappe beklebt.

Die Serienbeschaffung der nur leicht modifizierten Wagen (später Tko 02) erfolgte bereits ein Jahr später. Verändert wurde lediglich das Untergestell, das jetzt bei unterschiedlichen Achsständen zwischen 5700 und 6560 mm ohne Sprengwerk auskam.

Die Weiterentwicklung dieser Bauart führte zu den ersten geschweißten Kühlwagen der Deutschen Reichsbahn. Als erstes kamen Fährbootkühlwagen (später Tbnhs 30) in den Verkehr, da der Kühlverkehr zwischen Großbritannien und dem Festland stark an Bedeutung gewonnen hatte. Sie hatten die gleichen Konstruktionsgrundlagen wie die ein Jahr später beschafften Fleisch- und Bierkühlwagen.

Diese wurden seit 1934 von der Waggonfabrik Rathgeber entwickelt und ab 1936 in zahlreichen Varianten beschafft. Die bei der DB als Tnhs 31 bezeich-

neten Wagen waren für die Beförderung von Lebensmitteln in Eilgüter- und Personenzügen mit einer Höchstgeschwindigkeit von 90 km/h bestimmt. Weitere Sollvorgaben waren eine Ladefläche von mindestens 23 m² und eine Tragfähigkeit von 15,75 t bei einem maximalen Gesamtgewicht von 32 t. Der Achsstand sollte zwecks besserer Laufruhe 7000 mm betragen.

Das Kastengerippe lag außerhalb der Isolierung, so daß keine Wärmebrücken zum Innenraum bestanden. Die Seitenwände waren im Verbund mit den außenliegenden Langträgern des Untergestells als tragende Fachwerkrahmen ausgebildet, das führte gegenüber bisherigen Konstruktionen zu spürbaren Gewichtseinsparungen. Die Verschalung der 300 mm starken Wände bestand innen und außen aus 15 mm dicken Holzplanken.

Der Fußboden aus 40 mm starken Fichtenholzbohlen mit Nut und Feder war mit 2 mm starken, verschweißten Zinkblechen abgedeckt, darauf lagen für Reinigungszwecke hochklappbare Holzlattenroste. Die Isolierung des Fußbodens bestand aus Isoflex, einer wasserbeständigen Vielschicht-Azetylenfolie. Der Aufbau der Seitenwandisolierung bestand von außen nach innen aus 30 mm Isoflex, 10 mm Trennwand mit Knitteralfol (wellenförmig verlegte Aluminiumfolie) und Iporkaplatten. Das Dach war mit mehreren Schich-

ten von Iporkaplatten und Alufolien isoliert. Das Untergestell war aus Normprofilen und Blechen für die Kopfstücke zusammengeschweißt.

Parallel dazu entstanden bauartgleiche Seefisch-Kühlwagen (spätere Bauart Tnfhs 32). Frischfisch wird entweder in Körben mit Wassereis verpackt oder in losen Schüttungen auf am Boden verteilten Eisschichten versandt, um ein Trocknen zu vermeiden. Es fehlten daher die bei den Mehrzweck-Kühlwagen erforderlichen Eisbehälter, Eisluken und Luftumwälzer. Die Wagen hatten einen größeren Laderaum und ein um ca. eine Tonne geringeres Eigengewicht. Zusätzlich waren die Innenwände mit 2 mm starkem Zinkblech bis zu 1,5 m Höhe ausgekleidet, um das Holz vor Durchnässung zu schützen.

1942 kamen kriegsbedingt vereinfachte Kühlwagenbauarten in den Verkehr, die aus den geschweißten Gls Dresden hervorgingen. Erste Variante war ein Seefischkühlwagen (später Tnfhs 38), dessen Wagenkasten außen dem "Dresden" und im Inneren in etwa dem Tnfs 32 entsprach. Die zweite Variante war ein Behelfskühlwagen (später Tnohs 39), der hauptsächlich für den Transport von Milch, Butter, Bier, frischem Obst und Gemüse geplant war. Als dritte Variante wurde ein Tiefkühlwagen (später Tgghs 41) entwickelt, der ausschließlich dem stark gestiegenen Transportbedarf von Trockeneis Rechnung trug. Um die hierfür erforderlichen tiefen Temperaturen zu gewährleisten, war der Wagen besonders stark isoliert und besaß zwei relativ kleine Kühlkammern.

Parallel dazu wurden für den ausschließlichen Transport von Gefrier- und Tiefkühlgütern weitere Bauarten durch Umbau und Abwandlung vorhandener Kühl- und G-Wagentypen entwickelt (Tghs 40), die ebenfalls eine Zweikammerbauweise allerdings mit geringeren Wandstärken aufwiesen.

Anfang des Zweiten Weltkrieges kamen wenige Kühlmaschinenwagen zum Einsatz, die für die nun geplanten großen Distanzen im Tiefkühlverkehr erforderlich wurden. Diese Wagen besaßen ein eigenes Kühlaggregat, das während des Transportes für die erforderliche Kühlung und Temperaturregelung sorgte. Das Kühlaggregat war meist im Wageninneren an einer Stirnseite installiert und von außen durch doppelflügelige Türen zugänglich. Allerdings

waren die Anlagen recht störanfällig, so daß die meisten nach dem Kriege defekt oder bereits ausgebaut waren. Die DB konnte keinen dieser Wagen mehr übernehmen.

Für die Beförderung gefrorener Lebensmittel und zur Vereinfachung des Einsatzes und der Unterhaltung entstanden ab 1943 Universalkühlwagen (später Tehs 42) mit getrennten Vorratsbehältern für Wasser- bzw. Trockeneis (festes Kohlendioxid bei Temperaturen unter −78,5° C). Abgesehen von einigen kriegsbedingten Vereinfachungen und konstruktionstechnischen Änderungen am Kastengerippe übernahm man die Bauart der Fleischkühlwagen (Tnhs 31). Hauptunterschiede gegenüber diesen lagen im Dach, das jetzt eine Trapezform und drei quer eingebaute Trockeneisbehälter hatte, durch deren seitliche Ladeluken auch die Wassereisbehälter befüllt werden konnten.

Mit den gleichen Konstruktionsmerkmalen entstand als Prototyp ein vierachsiger Universalkühlwagen (TThs 43) mit Drehgestellen und zwei getrennten Kühlräumen für Gefriertguttransporte. Erst 1949 wurde er in einer kleinen Serie nachbeschafft.

Nach dem Kriege waren die Kühlwagen abgewirtschaftet. Da sie für die Lebensmittelversorgung der Bevölkerung unverzichtbar waren, wurden sie jedoch sehr schnell instandgesetzt und modernisiert. Vor allem die geschweißten Reichsbahnbauarten wurden in vielen Baugruppen vereinheitlicht, und in zwei Standardtypen genormt: Universal- und Seefischkühlwagen.

Bereits 1949 begann man mit der Umstellung der Dachbauart der Universalkühlwagen von dem typische Trapezdach auf das Tonnendach. Viele Fahrzeuge aller Bauarten, also auch die Fleisch- und Bierkühlwagen, später auch die Seefischkühlwagen, wurden auf Stirnwandbeeisung mit verschiebbaren Wassereisbunker-Trennwänden umgebaut. Gleichzeitig erfolgte der Einbau eines einheitlichen Trockeneiskanals in Wagenlängsrichtung unter dem neuen, höheren Dach mit zwei Regelklappen und vier Luftumwälzern in Wagenmitte.

Zur Vermeidung von heißlaufenden Achslagern und Erhöhung der Geschwindigkeit auf 100 km/h wurden die Wagen vollständig von Gleit- auf Rollen-

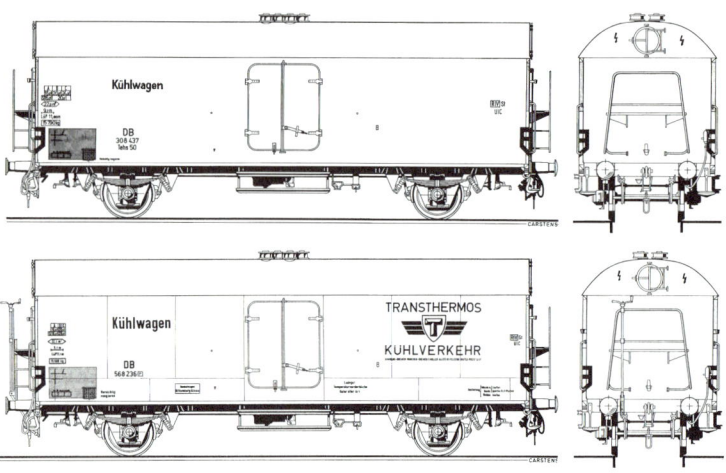

Der DB-Universalkühlwagen T(m)ehs 50 ohne Handbremse und mit Handbremse als Privatwagen der Transthermos GmbH

lager umgerüstet. Weitere Änderungen betreffen im Rahmen der Vollaufarbeitung ab etwa 1956 bei Wagen mit nicht mehr ausreichender Wärmedichte die Umstellung auf waagerechte Außenverschalung oder Plattenbekleidung vor dem neu aufgebauten Kastengerippe, welche ab etwa 1966 durch beschichtete Sperrholzplatten hinter dem Gerippe abgelöst wurde. 1962 wird der DD-Anstrich (Zweikomponenten-Lack) eingeführt und ab 1965 werden die Holzfußböden mit Zinkblechbelag durch Sandwichböden mit GfK-Beschichtung ersetzt.

1950 entwickelte die DB einen neuen Universalkühlwagen, der ab 1953 in zwei Serien als T(m)ehs 50 beschafft wurde. Die Fahrzeuge stellen eine eigenständige Bauart dar, deren einzelne entwicklungs- bzw. konstruktionsspezifischen Details bei der Bauartbeschreibung abgehandelt werden. Darüber hinaus waren die folgenden Merkmale bestimmend für die weitere Kühlwagenentwicklung: Die innere Wandverkleidung besteht aus 2 mm starkem eloxiertem Aluminiumwellblech. Das Stahldach von 1,25 mm Stärke ist innen mit 1,5 mm-Aluble-

chen belegt und dicht verschweißt. Die Isolierung besteht aus Isoflex, Holzfaserplatten und Iporka-Platten (Kunstharz-Schaumstoffflocken in wasserdichter Kunststoffolie). Die Stirnwand-Wassereisbehälter sind mit Alu-Streckmetall ausgekleidet, um bei möglichst großer Kühlmitteloberfläche Eisanhaftungen zu vermeiden und fassen je 2,25 m³ bzw. 1250 kg. Der durchgehende Trockeneiskanal aus Leichtmetall in Wagenlängsrichtung unter dem Dach wird in der Mitte von Luftumwälzern geteilt und faßt 1,6 m³ bzw. 850 kg Trockeneis. Er dient bei Wassereiskühlung der Führung der von Flettner-Lüftern umgewälzten Luft im Wageninneren. Zwei Steuerklappen neben den Luftumwälzern im Trockeneiskanal ermöglichen die Anpassung der Luftführung in drei Stufen an den jeweiligen Kältebedarf.

Ab 1955 entstanden zum Ersatz älterer Bauarten (vor allem amerikanischer Herkunft) neue Wärmeschutzwagen für den Bananentransport durch den Umbau von Regelgüterwagen der Gattung Glmehs 50. Weitere „Bananenwagen" entstanden 1962 durch den Umbau älterer See-

fischkühlwagen (Tnfs 32) zu Tnos 34.

Als zweite Neuentwicklung beschaffte die DB zwischen 1967 und 1974 in mehreren Serien insgesamt 829 Universalkühlwagen (heute als Isothermenwagen bezeichnet) entweder für Kühl- und Gefriergüter aller Art oder für Frischfisch. Für die Beschaffung diese Kühlwagen der Bauarten 396 bis 411 waren folgende Umstände maßgebend:

– Die Einhaltung sicherer Isolationseigenschaften über längere Betriebszeiten war bei den bisherigen Kühlwagen-Bauarten mit Holzwänden nicht mehr zu gewährleisten. Bei Revisionsfristen von 3 Jahren mußten sie infolge hoher Schadanfälligkeit durchschnittlich nach 1,5 Jahren dem AW zugeführt werden, die neuen Wagen konnten 6 Jahre ohne Zwischenausbesserungen eingesetzt werden.

– Höhere Anteile an Gefriergut-transporten, gesteigerte Anforderungen hinsichtlich Isolationswert, Ladedauer und Transportsicherung bei höheren Geschwindigkeiten waren mit bisherigen Konstruktionen nicht erreichbar. Das gleiche galt für die Forderung nach größeren Laderäumen mit universeller Einsatzeignung, 25 t Tragfähigkeit, modernen Transportmethoden mit Palettenverladung durch Gabelstapler und die geplante Einführung der automatischen Mittelpufferkupplung.

– Neue Werkstoffe, deren Verarbeitung und Fortschritte in der Fertigungstechnik ermöglichten eine rationellere Bauweise mit deutlichen Gewichts- und Stabilitätsvorteilen.

Die einzelnen entwicklungs-bzw. konstruktionsspezifischen Details dieser Bauarten werden weiter hinten abgehandelt. Gemeinsam sind ihnen folgende Merkmale: Seiten- und Stirnwandelemente sind geschäumte, vorgefertigte Sandwichbau-

teile aus randzonenarmiertem Polyurethan (PU)-Hartschaum mit sehr guten, dauerhaften Isolationseigenschaften. Die Außenverkleidung besteht aus 1 mm starkem Stahlblech mit aufgeschweißten „Profilsicken", die Innendeckschicht aus gepreßten, glasfaserverstärkten Polyester-Kunststoffplatten. Die Fugen zwischen allen Kühlraumflächen sind durch nachträgliches Ausschäumen der Stoßstellen mit PU-Hartschaum verschlossen.

Mit diesen Wagen werden zuverlässig Tiefkühlgüter und andere wärmeempfindliche Produkte befördert. Für die mengenmäßig zunehmenden Transporte hochempfindlicher Güter wie z.B. Joghurt, der eine konstante Transporttemperatur von exakt +5 °C verlangt, haben darüber hinaus ein Teil der Fahrzeuge (Ibbhs 410 und 411) nachträglich eine „Coolvent-Anlage" erhalten, die die Einhaltung festgelegter Temperaturen gewährleistet.

Der Kühlwagenbestand der DB weist zum Jahresende 1988 nur noch 887 Fahrzeuge in zwei Haupt- und zehn Unterbauarten aus. Hierbei handelt es sich zum einen um 69 ab 1966 durch den Umbau von Gbs 254 entstandenen Ibblps 379, die vollständig vermietet sind. Alle übrigen Wagen gehören den Gattungen Ibbhs 396 ff. an. Die Wagen der Bauarten Ibbhlps-t(z) 399, 410 und 411 sind ebenfalls (an die Transthermos) vermietet. Unter eigener Regie betreibt die DB noch 735 Wagen der Bauarten Ibbhs 396 ... 401. Hiervon wird die Mehrzahl der rund 300 vorhandenen Ibbhs 398 und 399, ebenso wie die Wagen der jüngsten Kühlwagenbauart, der seit 1988 durch Umbau entstehenden Ibbhlps 401, im Bananenverkehr eingesetzt (letztgenannte Bauart ausschließlich). Für den Transport aller übrigen Kühlgüter stehen rund 350 Wagen zur Verfügung.

Stellvertretend für die Umbauten zu Bananenkühlwagen; Stirn- und Seitenansicht des Tnoms 59. Rechts daneben der Universalkühlwagen Ibbhs 396 und darunter der durch Weiterentwicklung aus diesem Typ entstandene Ibbhlps-tz 410 mit der „Coolvent-Anlage".

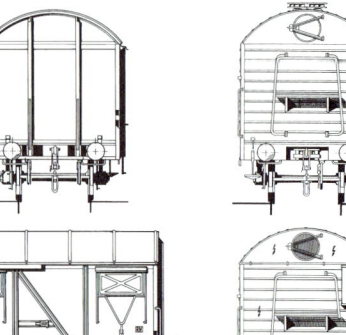

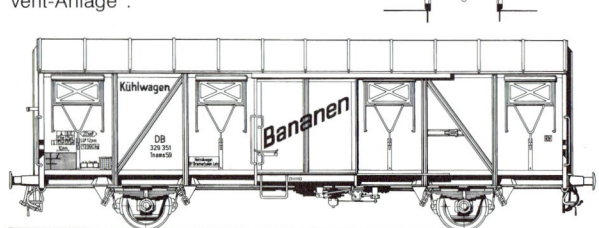
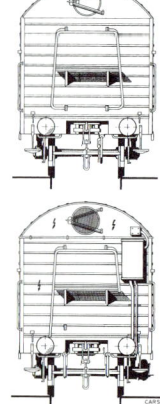

Einer der interessantesten Gkwh 01, hier noch als Gkhfw Berlin 666 preußischer Bauart nach Zeichnung Cq 18IV mit Preßkohlenheizung, aufgenommen im Jahre 1949.

Gk(w)h Berlin

nach Zeichnung Cq 18 IV

Erstes Baujahr	1911
Letztes Einsatzjahr	vor 1958
Länge über Puffer	10900 mm
Achsstand	7000 (2 x 3500) mm
Ladelänge	9100 mm
Ladebreite	2550 mm
Ladefläche	22,7 … 23,2 m²
Laderaum	43,8 … 51,0 m³
Ladegewicht	10,0 t
Tragfähigkeit	10,5 t
Eigengewicht	16000 kg
Achslager	Gleitlager
Höchstgeschwindigkeit	85 km/h
Bremsbauart	Kk-GP
Federgehänge	Einfachschaken
Federblattanz./-länge	9(10)/1600 mm
Pufferlänge	690 mm
Ladetürbreite/-höhe	1450/ca.1800 mm

Die Kühl- und Wärmeschutzwagen der Länderbahnbauarten wurden bei der Deutschen Reichsbahn als Gk(w) Berlin mit Nummern von 101 bis 752 bezeichnet. Es waren Wagen mit 2 oder 3 Achsen, einer Gesamtlänge zwischen 8800 und 10300 mm und 4000 bis 7000 mm Gesamtachsstand.

Dazu kamen ab 1911 gebaute, überwiegend von G-Wagen der Verbandsbauarten abgeleitete Kühlwagen mit LüP-Maßen zwischen 9600 und 10900 mm und Achsständen von 4500 bis 7000 mm. Im Jahre 1932 waren für diese Wagen die Nummern von 2001 bis 2845 belegt.

Gk(w), Tkwoh 01

Insgesamt verfügte die Deutsche Reichsbahn 1925 über etwa 1500 Kühlwagen in beiden Nummerngruppen mit Ladegewichten vorwiegend unter 15 t mit und ohne Handbremse. Sie fanden zunächst überwiegend für Transporte von Milch, Bier oder Fleisch Verwendung. Infolge nachlassender Isoliereigenschaften schieden die meisten Wagen nach und nach aus dem Einsatz für den Kühlverkehr aus.

Die Deutsche Bundesbahn übernahm weniger als 100 dieser Fahrzeuge, von denen ab 1951 nur Einzelstücke in Tkwoh 01 mit Nummern zwischen 300 000 bis 300 199 umgezeichnet wurden. Die übrigen noch vorhandenen Wagen gehörten als Gkw 01 zum Bereitschaftspark und fanden ausschließlich als G-Wagen Verwendung, 1956 waren sie nicht mehr im Betrieb.

Modell

Märklin und Trix haben seit einigen Jahren Modelle älterer privater Kühlwagen im Programm, die weitgehend dem unten abgebildeten Kühlwagen der Bayerischen Staatsbahn entsprechen. Diese Wagen sind jedoch nur als Privatwagen erhältlich.

Ablieferungszustand des Kühlwagens 81664 der K.Bay.Sts.B. im Juni 1910 bei MAN; diese bayerische Bauart stammt aus dem Jahre 1901, hatte bereits 15 t Ladegewicht bei nur 4 m Achsstand und war bei der DB noch als Tk 01 vorgesehen. In gleicher Bauart entstanden zahlreiche Bierwagen für mehrere Brauereien

Abwandlung eines preußischen G 10 zu einem Wärmeschutzwagen, hier als Gk Berlin 2873 zu Beginn der fünfziger Jahre; er gehörte bereits dem Bereitschaftspark an und durfte nur noch als G-Wagen verwendet werden. Die DB behielt bei dieser Splittergattung die ursprüngliche Bezeichnung „Gkw" bei, da sie den Anforderungen im Kühlverkehr nur noch sehr bedingt gerecht wurden.

Gkn Berlin 1532 bei der Ablieferung am 31.7.1925; der Wagen nach Zeichnung Cq 240 mit 5,7 m Achsstand hat ein Bremserhaus und eine Eisladeluke im Dach.

Ghk Berlin

Der Seefischkühlwagen Gkh Berlin 1153 (nach Zeichnung Cq 240) mit 5,7 m Acns- stand hat keinen Eisbehälter; er war zum Zeitpunkt der Aufnahme 1953 beim Bahnhof Bremerhaven-Fischereihafen beheimatet.

Tko(h) 02

nach Zeichnung Cq240

Erstes Baujahr	1922	Achslager	Gleitlager (DB z.T. Rollen)
Letztes Einsatzjahr	1967	Höchstgeschwindigkeit	85 km/h
Länge über Puffer	11300/11500 mm	Bremsbauart	Kkg
Achsstand	5700/6000/6100 mm	Federgehänge	Einfachschaken
Ladelänge	8648 mm	Federblattanz./-länge	13/1140 mm
Ladebreite	2520 mm	Pufferlänge	650 mm
Ladefläche	21,8 … 23,4 m²	Ladetürbreite/-höhe	1360 … 1575/
Laderaum	43,8 … 47,5 m³		ca. 1800 mm
Ladegewicht	15,0 t		
Tragfähigkeit	15,75 t	Ausstattung: 1 oder 2 Wassereisbehälter
Eigengewicht	ca. 16300 kg	mit Dachladeluken, z.T. Fleischhaken
		und Luftumwälzer	

Der Tkoh 02 300210 (ebenfalls nach Zeichnung Cq 240) mit 6 m Achsstand und den untypischen Türfeldverstärkungen besaß im Jahr 1953 Versuchs-Rollen- achslager und ein neues Tonnendach ohne Eisbehälter.

nach Zeichnung Cq401/Cq 790

Erstes Baujahr	1930/1931
Letztes Einsatzjahr	vor 1958
Länge ü. Puffer	9800/11000 (10300) mm
Achsstand	4500/6000 mm
Ladelänge	7650/8760 mm
Ladebreite	2620/2660 mm
Ladefläche	19,0 … 20,0/ca. 23,0 m²
Laderaum	40,0 … 41,8/47,0…51,0 m³
Ladegewicht	15,0 t
Tragfähigkeit	16,5/17,5 t
Eigengewicht	14500/14000 kg
Achslager	Gleitlager
Höchstgeschwindigkeit	85 km/h
Bremsbauart	Kkg
Federgehänge	Einfachschaken
Federblattanzahl/-länge	13/1140 mm
Pufferlänge	650 mm
Ladetürbreite/-höhe	ca.1600/2000 mm

Ausstattung: 1 oder 2 Wassereisbehälter mit Dachladeluken, z.T. Fleischhaken und Luftumwälzer/2 Wassereisbehälter mit Seitenwandladeluken, z.T. Luftumwälzer

Modell in Anlehnung an den links unten abgebildeten Tko 02; es entstand aus einem Roco-Kühlwagen durch neue Rungen und Entfernung der Eisladeluken; das (verlängerte) Fahrwerk stammt vom Roco-Om 21, das Bremserhaus vom Märklin-H 10. Die nicht ganz korrekte Wagennummer ist ein Kompromiß zwischen Authentizität und unzumutbarer Fummelei (mit aus Schiebebeschriftungen ausgeschnittenen Einzelziffern).

Hinter der späteren DB-Bezeichnung Tko(h) 02 verbergen sich drei verschiedene Kühlwagenbauarten der Deutschen Reichsbahn nach den Zeichnungen Cq 240, Cq 401 und Cq 790.

Die Deutsche Reichsbahn gab im Jahr 1922 300 Kühlwagen nach Zeichnung Cq 240 mit 15,75 t Tragfähigkeit und 21 m² Ladefläche in Auftrag. Im Juli 1923 waren bereits über 120 als Seefisch- und über 100 als Milch-Kühlwagen im Betrieb. Die Konstruktion basiert auf den 1922 entstandenen Versuchswagen (siehe dazu Abschnitt „Entwicklung der Kühlwagen"). Einige Details wurden allerdings verändert, so z.B. Achsstand und LüP. Änderungen des Fachwerkgerippes ermöglichten u.a. den Verzicht auf das Sprengwerk und damit eine Senkung des Eigengewichtes um über eine Tonne. Einige Wagen hatten Luftumwälzer und Haken an

Tragegestellen oder in der Wagenkuppel für Fleisch bzw. Trockeneispakete. Während wenige Wagen der ersten Lieferungen vertikal mit Holzplanken verkleidet waren und deren Bremserhaus noch über das Wagendach hinausragte, wiesen die folgenden überwiegend eine horizontale Beplankung auf; das Bremserhaus war nunmehr direkt auf dem Fahrzeugrahmen plaziert, bei den meisten Wagen verzichtete man sogar ganz auf eine Handbremse.

Etwa 200 nachbestellte Wagen gleichen Typs verfügten über Wassereisbehälter an jedem Wagenende. Typisch für die insgesamt über 500 gelieferten Wagen sind die sich über die 2 Außenfelder erstreckenden diagonalen Kastenversteifungen in unterschiedlichen Ausführungen der Profile und Knotenbleche.

Ab 1930 beschaffte die Deutsche Reichsbahn über 100 Kühlwagen auf kürzerem Untergestell als Ghk Berlin. Diese Wagen nach Zeichnung Cq 401 mit einer Tragfähigkeit von 16,5 t verfügen über zwei Eiskästen im Dach und horizontale Holzbeplankung, Wagen mit Handbremse über ein Bremserhaus auf dem Untergestell.

Als dritte Bauart wurden ab 1931 Kühlwagen nach Zeichnung Cq 790 mit zwei über Eck auf dem Wagenboden angeordneten Eiskästen ebenfalls als Ghk Berlin in Dienst gestellt, sie haben eine auf 17,5 t erhöhte Tragfähigkeit. Die Beschickung der Eiskästen erfolgt durch jeweils rechts oben in den Wagenseitenwänden befindliche Ladeluken. Etwa 50 Wagen wurden hiervon beschafft.

Insgesamt sind zwischen 1922 und 1934 ca. 630 Kühlwagen der genannten Bauarten beschafft

und der Nummerngruppe Berlin 1001 bis 2000 zugeordnet worden.

Über 200 bei der DB verbliebene Kühlwagen dieser 3 Bauarten wurden in der Gattung Tko(h) 02 zusammengefaßt und in die Nummerngruppe 300 200 bis 300 699 eingereiht. Bis Ende 1958 sank deren Einsatzbestand auf 33 Fahrzeuge, da sie als Kühlwagen durch Neubeschaffungen weitgehend entbehrlich waren. Die letzten Einsätze erfolgten im Jahre 1967.

Modell

Leider gibt es kein einziges brauchbares Modell eines älteren Kühlwagens. Um diesen Mangel zu beheben, habe ich den (vorbildlosen) Roco-Kühlwagen in einen Tko 02 umgebaut; ein recht aufwendiger Umbau, bei dem einige Kompromisse eingegangen werden müssen. Vorbild für das Modell war ein Wa-

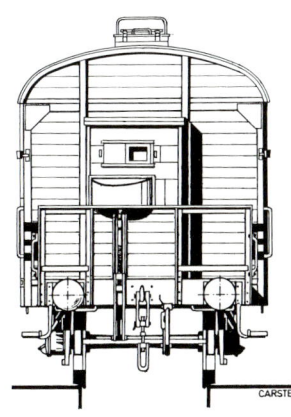

Nach Fotos und Skizzen rekonstruierte 1:87-Zeichnung eines Seefisch-Kühlwagens mit Handbremse und 6 m Achsstand (nach Zeichn. Cq 240).

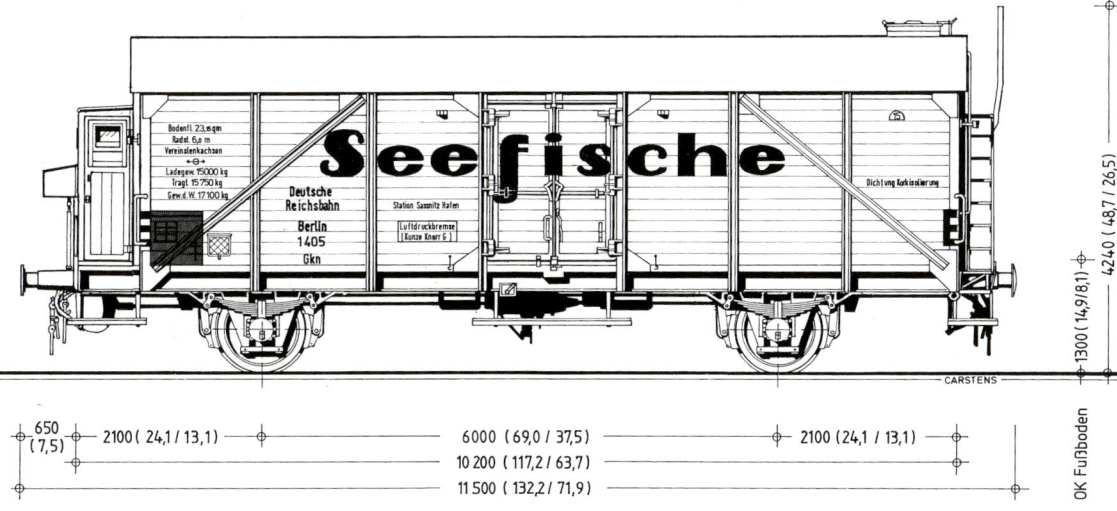

gen nach Zeichnung Cq 240, jedoch mit senkrechter Beplankung, wobei es mir darauf ankam, einen in den Proportionen richtigen Wagen zu bauen – Abweichungen im Detail habe ich in Kauf genommen.

Nachdem der Wagen in seine Einzelteile zerlegt ist, werden zunächst die Nachbildungen der Flettner-Rotoren vom Dach abgetrennt und das Dach glatt geschliffen.

Vom Wagenkasten werden mit einem Skalpell die erhabenen Bremsecken, die Zettelhalter, die Eisluken und die überflüssigen Profile abgetrennt, so daß zum Schluß nur noch die Tür, die benachbarten senkrechten Kastensäulen und die Diagonale zwischen ihnen stehen bleibt. Anschließend werden die Bretterfugen nachgeritzt und die fehlenden, am Modell einheitlich nicht ganz vorbildgerecht L-förmigen Kastensäulen aus zusammengesetzten Kunststoffprofilen aufgeklebt. Die (zuvor angebrachten) Diagonalstreben bestehen aus 1,5 x 0,8 mm-Messing-U-Profilen. Außerdem bekommt der Wagen neue Griffstangen an den Wagenecken, Signal- und Zettelhalter.

Das Fahrwerk des Wagens stammt von einem Roco-Om 21 mit Bremserhaus, das in der Mitte (durch ein Stück des Roco-Kühlwagenfahrwerks) verlängert wird. Um ihm die nötige Stabilität zu verleihen, werden dabei alle drei Teile mit der Beschwerungsplatte verklebt. Das Geländer der Bremserbühne

Ghk Berlin 1680 im Ablieferungszustand im Juni 1930 auf dem MAN-Werksgelände entsprechend Zeichnung Cq 401 (bei der DB ebenfalls Tko 02). Der künstlerische Schriftzug „Kühlwagen" war zu jener Zeit nicht einheitlich, es gab mindestens fünf Varianten.

wird, ebenso wie die Rangierertritte, abgeschnitten. Die Trittstützen an der Handbremsbühne habe ich nur dünner geschnitten; wer hier mehr machen will, sollte die Tritte komplett neu anfertigen. Anschließend werden neue Rangierertritte und -griffe, Trittstufen unter den Seitenwandtüren (aus 21 mm langen 3 × 0,5 mm Messing- oder Furnierholzstreifen und abgewinkelt eingeklebten 0,7 mm-Drahtstücken) sowie eine (Roco-)Kkg-Bremsanlage angebracht.

Das Bremserhaus meines Modells stammt von einem Märklin-Drehschemelwagen, allerdings sind die überflüssigen Leisten auf dem Dach der Feile zum Opfer gefallen. Zur Montage müssen an der Wagenstirnwand die Profile glatt geschliffen und durch neue neben dem Bremserhaus ersetzt werden. Das Bühnengeländer ist eine Eigenanfertigung aus verschiedenen Messing-Profilen, der Bühnenfußboden entsteht aus dünnen Furnierholzstreifen.

Die Beschriftung des Tko 02 ist aus verschiedenen Gaßner-Beschriftungen zusammengestückelt (Tnhs 31, Tnfhs 32 und Klmmgks 66), wobei es mir allerdings zu mühselig war, alle Ziffern einzeln auszuschneiden, so daß die Nummer nur „näherungsweise" stimmt.

Als der Umbau des Wagens entstand, war die auf der Vorseite abgedruckte, rekonstruierte Zeichnung noch nicht fertig. Beim Vergleich mit dieser Zeichnung zeigen sich in der Nachhinein einige Maßabweichungen, wie das knapp 1 mm zu niedrige Dach, das etwas zu hohe Bremserhaus und die falsche, 2 mm zu breite Tür (die eine Verlängerung der LüP um das gleiche Maß zur Folge hat). Mit Ausnahme der flachen Dachwölbung, die beim Vergleich mit Fotos durchaus realistisch ist, lassen sich die Unstimmigkeiten, werden sie gleich beim Bau berücksichtigt, jedoch problemlos vermeiden.

Ein Kühlwagen der im Zweiten Weltkrieg übernommenen Fremdbauarten, vermutlich polnischen Ursprungs, als Tkroh 19 300 213 mit Dach-Eisladeluke und Wendler-Lüfter um 1954. Der Wagen ähnelt der Bauart nach Zeichnung Cq 240, LüP und Achsstand sind jedoch etwa 1 m geringer.

Ghk Berlin Tko(h) 19

Während des Zweiten Weltkrieges reihte die Deutsche Reichsbahn Kühlwagen anderer Bahnverwaltungen als Gk Berlin mit Nummern ab 90001 in ihren Wagenpark ein. Es handelte sich überwiegend um Wagen österreichischen oder polnischen Ursprungs. Die Wagen dienten entweder der Beförderung von Kühlgütern oder von Seefischen.

Die wenigen 1951 noch vorhandenen Wagen waren in Bauweise, Ausstattung und Einsatzvoraussetzungen dem Tko 02 vergleichbar und wurden bei der DB ebenfalls in der Nummerngruppe ab 300 200 als Tko 19 eingereiht. Einige Wagen haben zusätzliche Außenbelüftung. 1958 wurden sie nicht mehr im Bestand geführt.

Gfhks Trier, Saarbrücken Gfkhs Berlin Tnb(ohs) Berlin Tbnhs 30 Icfrs 400

Erstes Baujahr	1935/1937
Letztes Einsatzjahr	1969
Länge über Puffer	11650 mm
Achsstand	7000 mm
Ladelänge	8900 … 9010/9080 mm
Ladebreite	2390 mm
Ladefläche	21,3/21,7 m²
Laderaum	39,5 m³
Ladegewicht	15,0 t
Tragfähigkeit	15,75 t
Lastgrenze A/B/C	16,0/15,0 t
S max.	16,0/15,0 t
Eigengewicht	16000/15800 kg
Achslager	Rollenlager
Höchstgeschwindigkeit	100 km/h
Bremsbauart	Hik-GP
Federgehänge	Einfachschaken
Federblattanzahl/-länge	9/1800 / 9/1650 mm
Pufferlänge	650 mm
Puffertellerdurchmesser	370 mm
Raddurchmesser	940 mm
Ladetürbreite/-höhe	1400/1786 mm

Ausstattung: 0/240 Fleischhaken, 8 Flettner-Luftumwälzer, 2 Wassereisbehälter mit 4 Ladeluken

Ab 1935 beschaffte die Deutsche Reichsbahn insgesamt 50 Kühlwagen für den Fährbootverkehr nach Großbritannien. Hierzu waren sie mit Saugluftbremse Bauart Körting und mit englischer Handhebelbremse ausgerüstet. Sie entstanden in geschweißter Bauweise nach zwei Skizzen mit unterschiedlicher Federung als Universalkühlwagen (später Tnob Berlin) oder Fleischkühlwagen (Tnb Berlin). Weitere Unterschiede betreffen Eisladeluken, Schaken und Türverschlüsse.

Fährbootkühlwagen Tbnhs 30 303 436 mit der 1960 eingeführten vorläufigen UIC-Gattungsbezeichnung Icfrs-30 im Dienste der Transthermos, aufgenommen am 29. 4. 1961 in Straßburg. Er weist große Eisladeluken und Rollenschaken auf, ...

... während der Tbns 30 303 439, aufgenommen am 27. 4. 1966 in Bremen Rbf., kleine Eisluken, Rechteckschaken und neue Türverschlüsse hat.

Die Indienststellung erfolgte zunächst als Gfhks Trier, später als Gfhks Saarbrücken. Je 25 Wagen waren entweder für die Beförderung von Fleisch oder anderen leicht verderblichen Gütern (ausgenommen Fisch) hergerichtet. Dazu besaßen sie

an jedem Wagenende je einen durchgehenden Eiskanal für 1,75 m³ Wassereis.

Die Fahrzeuge mit kurzen Federn erhielten die Nummern Saarbrücken bzw. Berlin 11001 bis 11046, die übrigen trugen die Nummern 10001 bis 10004.

Mindestens 20 dieser Wagen reihte die DB als Tbnhs 30 mit Nummern zwischen 303 410 bis 303 440 ein. Die Wagen blieben bis 1969 im Einsatz und wurden noch zu Icfrs 400 mit Nummern ab 819 6 000 umgezeichnet.

Stirn- und Seitenansicht eines späteren Tbnhs 30 mit großen Eisladeluken und dem beim Vorbild roten Schriftzug „Kühlwagen" im Maßstab 1:87.

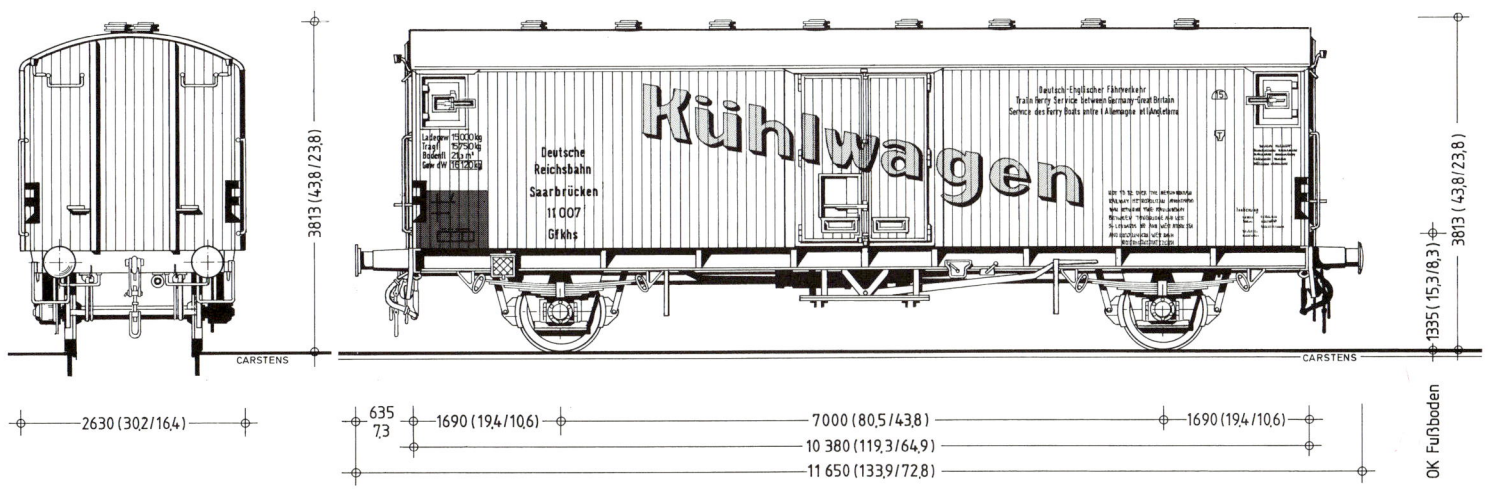

Tnhs 31 301 720 in der späten Ursprungsausführung mit Handbremse, vier Flettner-Luftumwälzern in erster „Übergangskriegsbauart", deren folgende Variante auf die halbdiagonale Kastenstrebe im Türfeld verzichtete.

Gkhs Berlin

Ibcos 363

Erstes Baujahr	1936/1937
Letztes Einsatzjahr	1971
Länge über Puffer	11700 mm
Achsstand	7000 mm
Ladelänge	9056 … 9124 mm
Ladebreite	2570 mm
Ladefläche	23,3/25,6 m²
Laderaum	55,0/60,0 m³
Ladegewicht	16,0 t
Tragfähigkeit	16,8 t
Lastgrenze A/B/C	16,0 t
S max.	16,0 t
Eigengewicht	14450/15000 kg
Achslager	Gleit-, ab 1953 Rollenlager
Höchstgeschw.	(90) 100 km/h
Bremsbauart	Hik-GP
Federgehänge	Einfachschaken
Federblattanz./-länge	9/1650 mm

Tn(hs) Berlin

Pufferlänge	650 mm
Puffertellerdurchmesser	370 mm
Raddurchmesser	940 mm
Ladetürbreite/-höhe	1510/1771 mm

Ausstattung: 220 Fleischhaken, 8 Flettner-Luftumwälzer, 2 Wassereisbehälter mit 4 Ladeluken

Abweichende Daten: Icrs-v 373
(Klammerwerte für Icrs 373 nur o. Hbr.)

	m. Hbr. / o. Hbr.
Erstes Baujahr	1940/1937 (1943)
Letztes Einsatzjahr	1977
Länge über Puffer	12200/11700 mm
Ladelänge	8924 … 9126 mm
Ladebreite	2512 … 2576 (2576 … 2626) mm
Ladefläche	23,0 … 24,0 m²
Laderaum	46,0 … 55,5 m³

Tn(meh)s 31

Ladegewicht	15,0/20,0 t
Tragfähigkeit	15,75 t
Eigengewicht	13500 … 16 300 kg

Ausstattung: 220(180) Fleischhaken, 8(6) Flettner-Luftumwälzer, 2 Wassereisbehälter mit 4 Ladeluken, Handbremse mit Kurbel oder Handrad

Ics 373 (Umbau DB)

Ladelänge bei Wasser-/	8500 mm
… Trockeneiskühlung	9600 mm
Ladefläche	21,6 bzw. 24,5 m²
Laderaum	42,0 bzw. 47,0 m³

Ausstattung: 252 Fleischhaken, 4 Flettner-Luftumwälzer, 2 Wasser- und 2 Trockeneisbehälter mit gemeinsamen Stirnwandladeluken, z. T. zusätzliche äußere Wagenkastenverkleidung, elektrische Ventilatoren oder Milchbehälter

Ibcos 363, Ics 373

Die Wagen der Bauart Gkhs Berlin wurden ab 1936 in zahlreichen Varianten beschafft. Sie waren für die Beförderung von Lebensmitteln, vor allem Fleisch und Bier, in Eilgüter- und Personenzügen mit 90 km/h bestimmt.

Gemeinsam waren den Wagen aller Unterbauarten 2 Wassereisbehälter an den Stirnseiten mit Ladeluken in den äußeren Seitenwandfeldern, kreuzförmig angeordnete Diagonalzugbänder an den Wagenstirnwänden, Holzdach, Dampfheizleitung und bis zum Baujahr 1942 auch die Ausführung des Wagenkastens. Unterschiede betrafen Türen, Dachbelag und Achshalter.

Ab 1943 wurden die Wagen schrittweise „entfeinert" geliefert, das Kastengeripppe erhielt andere Profile und einen leichteren Fachwerkaufbau wie der parallel entwickelte Universalkühlwagen, das Wagengewicht sank damit um über eine Tonne. Zusätzlich kamen zwei andere Tragfedertypen zum Einsatz und ein Teil der Fleischkühlwagen erhielt anstatt der Flettner-Luftumwälzer elektrische Ventilatoren. Die anderen Wagen hatten einheitlich sechs Luftumwälzer, und viele verfüg-

Der Tnehhs 31 301 706 in der letzten Bauform mit Leichtprofil-Langträger und Heizeinrichtung war 1955 beim Bahnhof Hamburg Süd beheimatet.

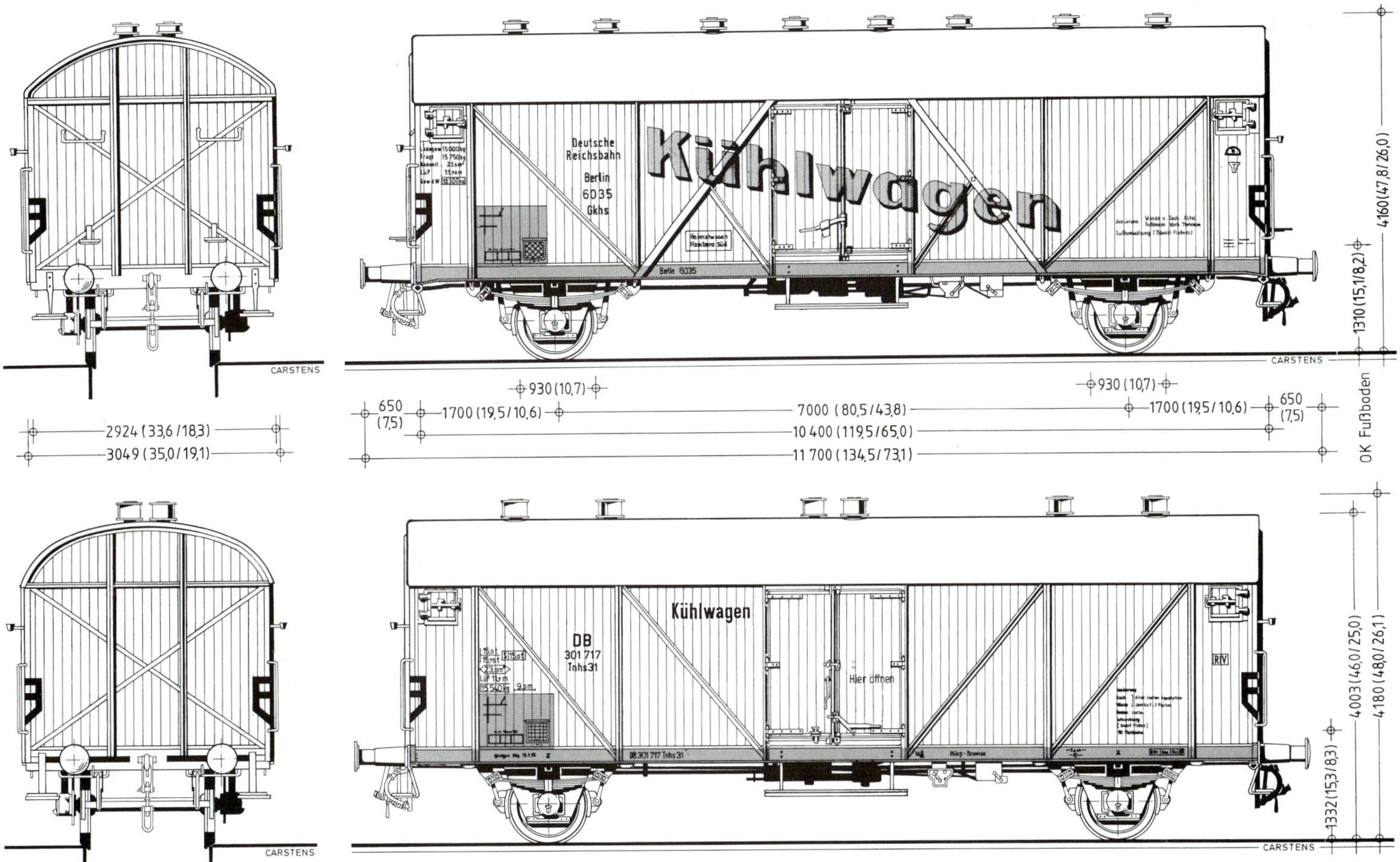

Seiten- und Stirnansicht eines Tnhs 31 der ersten Bauform mit 1650 mm langen Blatttragfedern als Gkhs Berlin (oben), sowie eines Wagens der letzten Lieferung mit 1200 mm langen Federn und abweichenden Türverschlüssen. Die Höhenangaben für die Oberkante der Flettner-Rotoren lauten z. T. anders und liegen – je nach Bauart – zwischen 4127 und 4245 mm.

ten über Radsatz-Spurwechseleinrichtungen der Bremsen. Einige Wagen hatten eine elektrische Heizleitung oder für den Transport kälteempfindlicher Güter eine zusätzliche Dampfheizung.

Die überwiegend für Biertransport genutzten Kühlwagen (Tnohs) hatten die Nummern 3001 bis 3040, die Fleischkühlwagen (Tnhs) trugen Nummern von 6001 bis 8000 und 16201 bis 16700, insgesamt waren es etwa 1900 Fahrzeuge.

Die DB übernahm im Jahr 1949 davon noch über 900 Stück, reihte die Fleischkühlwagen als Tn(reh)hs 31 mit den Nummern 301 600 bis 303 299 und die Bierkühlwagen als Tnohs 31 von 301 550 bis 301 599 ein. Wagen mit elektrischen Ventilatoren hatten als Tnvhs 31 Nummern von 303 300 bis 303 409.

Bis 1959 hatte sich der Gesamtbestand auf 66 Stück reduziert, da ca. 800 Wagen zu Universalkühlwagen umgerüstet worden waren. An den verbliebenen Exemplaren erfolgten umfangreiche Umbauten. Zunächst wurden die Eisladeluken in die Dachscheitel der Stirnwände und die Luftumwälzer auf 4 vermindert in Wagenmitte ver-

legt. Einige Wagen erhielten größere Eisbehälter. Wagen mit Handbremse waren nicht mehr vorhanden. Neu im Bestand waren dagegen kurzzeitig auch wenige aus der Kriegsbauart entstandene Milchkühlwagen mit zwei Milchbehältern und

vier Eisladeluken an jeder Seitenwand sowie einige als Tnmhs 31 bezeichnete Fleischkühlwagen mit 20 t Ladegewicht.

Bis auf drei Tnos 31 existierten 1968 nurmehr 55 Fleischkühlwagen. Sie erhielten noch die neue

Bauartbezeichnung Ibcos 363 mit Nummern 801 4 000 ff. bzw. Ics 373 in drei Varianten. Die Ices 373, Icrs-v 373 und Ics 373 bekamen die Nummern 806 1 000 ff., 807 5 000 ff. bzw. 807 7 000 ff., sie schieden bis 1977 aus dem Bestand.

Dieser Icrs 373 wurde 1985 aufgearbeitet und am 11. 10. 1985 in Bochum aufgenommen. Er zeigt die modernisierte DB-Version mit waagerechter Außenbeplankung auf neuem Kastengerippe, wodurch die Fahrzeuge den Tehs 42 äußerlich zum Verwechseln ähnlich wurden. Auch bei der DB war man sich diesbezüglich offenbar nicht einig, denn der Wagen trägt eine Nummer, die zu einem Ichs 366 (Ths 42) gehört.

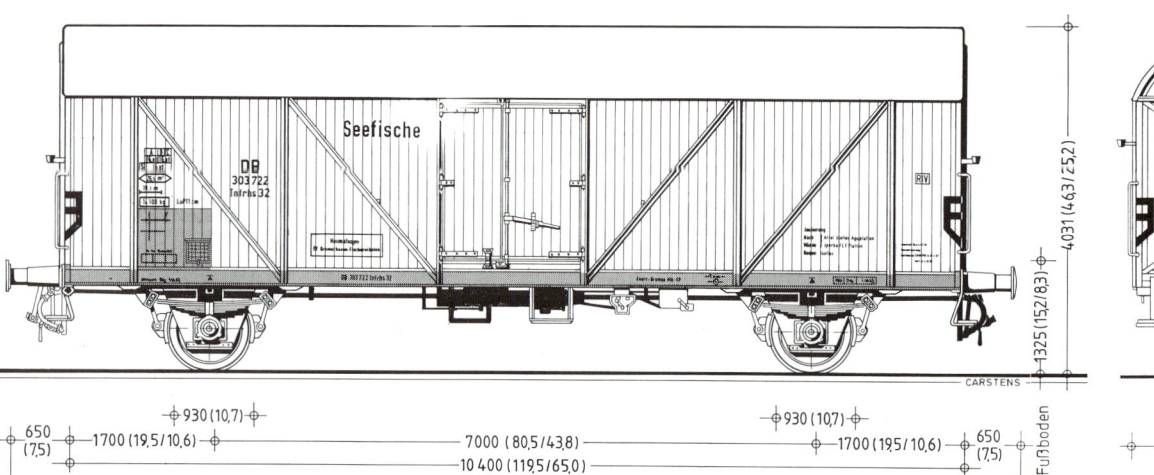

Der für das DB-Museumsprogramm restaurierte Tnfhhs 32 in der letzten Bauform mit Handbremse, Bremserbühne und Heizeinrichtung erhielt wieder Gleitlager sowie die rekonstruierte Nummer 304 256. Im Juli 1985 stand der Wagen, der inzwischen die Reichsbahnbezeichnung „Berlin 9595 Tnfhhs" trägt, im AW Hamburg-Harburg.

Gkhs Berlin   Tnf(rhs) Berlin   Tnf(rehh) 32   Ibdlps 382

Ibdlps382 Baujahr 1936 (nur m. Hbr.)

Erstes Baujahr	1936
Letztes Einsatzjahr	1981
Länge über Puffer	12200 mm
Achsstand	7000 mm
Ladelänge	9880 mm
Ladebreite	2508 … 2622 mm
Ladefläche	24,8 … 26,5 m^2
Laderaum	48,0 … 50,0 m^3
Ladegewicht	15,0 t
Tragfähigkeit	15,75 t
Lastgrenze A/B/C	16,0 t
S max.	16,0 t

Eigengewicht	14000 kg
Achslager	Gleit-, ab 1953 Rollenlager
Höchstgeschw.	(90) 100 km/h
Bremsbauart	Hik-GP
Federgehänge	Einfachschaken
Federblattanz./-länge	9/1650mm
Pufferlänge	650 mm
Puffertellerdurchmesser	370 mm
Raddurchmesser	940 mm
Ladetürbreite/-höhe	1508/1771 mm

Ausstattung: verschiedene Handbremsbauarten, Haken für Trockeneispakete

ab Baujahr 1941   m. Hbr. / o. Hbr.

Erstes Baujahr	1941 (1943)
Länge über Puffer	11800/11700 mm
Ladelänge	10100 (10084)/10084 mm
Ladebreite	2626 mm
Ladefläche	26,5 m^2
Laderaum	51,0 m^3
Eigengewicht	13600 (13000/12700) kg
Federblattanz./-länge	(6/1200) mm
Ladetürbreite/-höhe	1508/1750
	(1520/1740) mm

Ausstattung: Teilweise äußere Wagenkastenverkleidung.

Ausstattung: (Handbremskurbel auf der Bremserbühne), Eishaken

Umbauten DB   m. Hbr. / o. Hbr.

Erstes Umbaujahr	etwa 1950
Länge ü. Puffer	11700/11800/12200 mm
Ladelänge	9880/10100/10084 mm
Ladebreite	2626 … 2640 mm
Ladefläche	25,3 … 26,7 m^2
Laderaum	51,5 … 54,7 (60,5) m^3
Federblattanzahl/-länge	9/1650,
	7/1400 oder 6/1200 mm
Ladetürbreite/-höhe	1480 … 1520 /
	1675 … 1816 mm

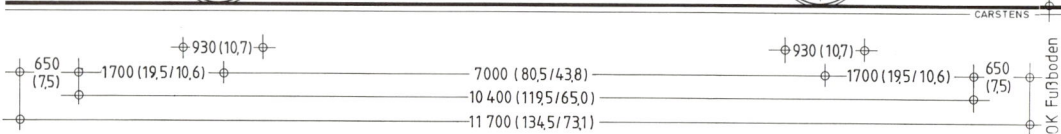
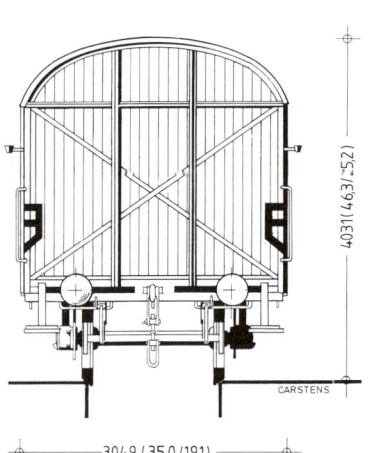

Seiten- und Stirnansicht eines Tnfhs 32 ohne Handbremse im Maßstab 1:87. Von der DB umgebaute Wagen waren 21 mm höher.

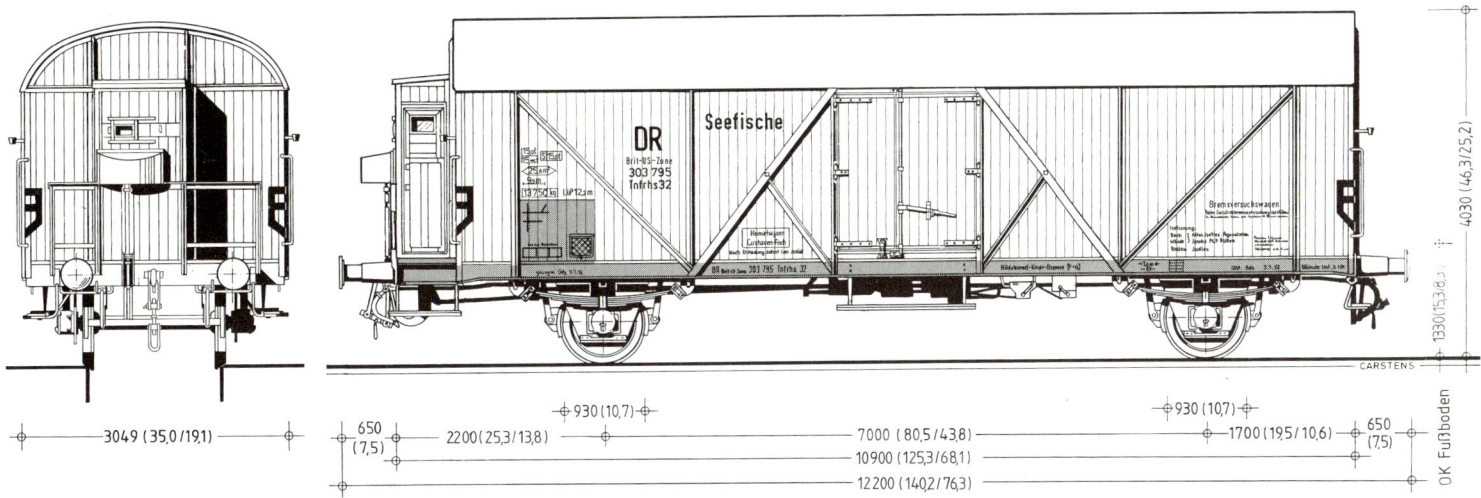

Stirn- und Seitenansicht eines Tnfhs 32 mit Handbremse und Bremserhaus mit Kurbelkasten. Im Gegensatz zu anderen Wagengattungen wurde die Anordnung der Achsen im Untergestell in bezug auf den Wagenkasten beibehalten und das Bremserhaus nur vorgebaut.

Die ausschließlich für See-fisch-Transport bestimmten Kühlwagen Tnfs 32 wurden gemeinsam mit den baugleichen Fleisch- und Bierkühlwagen (später Tns 31) ab 1936 in einer Gesamtstückzahl von etwa 1250 Stück gebaut, ihre Variantenvielfalt ist jenen ähnlich. Da auch die wagenbaulichen Unterschiede vergleichbar sind, werden hier lediglich die einsatzbedingten Bauartunterschiede aufgeführt.

Ein Großteil der Wagen verfügt über eine Handbremse. Bis zum Baujahr 1940 hatten die Wagen dazu ein Bremserhaus, danach nur noch einen kurzen offenen Bremserstand. Es fehlen Eisbehälter, Eisluken und Luftumwälzer ebenso wie Einrichtungen für Fleischtransporte. Die Wagen verfügen über einen größeren Laderaum und haben ein geringeres Gewicht. Zusätzlich hatten die Wagen Fußbodenbelag und halbhohe Innenwandverkleidungen aus Zinkblech. Einige Wagen wurden versuchsweise mit Schiebetüren ausgerüstet. Die Wagen trugen die Nummern Berlin 8001 bis 9311.

Die Deutsche Bundesbahn übernahm noch knapp 1000 Wagen in ihren Bestand, sie wurden als Tnf(reh)hs 32 bezeichnet und erhielten Nummern von 303 500 bis 304 499. Die älteren Wagen wurden zum Teil bereits seit 1949 umgebaut und erhielten ein verstärktes Kastengerippe, bei einigen entfiel das Bremserhaus oder die gesamte Handbremse. Viele Fahrzeuge wurden ab Ende der fünfziger Jahre auf waagerechte Außenbeplankung umgebaut.

In den Jahren 1962 bis 1964 wurden 57 Wagen zu Bananenwagen umgebaut und in Tnos 34

Der Bremsversuchswagen Tnfhs 32 303 959 in Ursprungsbauart mit kurzem Aufstiegstritt, aufgenommen um 1955, besitzt ein Bremserhaus mit Handbremsrad anstatt der üblichen Bremskurbel, kenntlich am fehlenden Kurbelkasten ...

..., während Tnfrhs 32 303 722 in erster Abwandlung der Ursprungsbauform, aufgenommen in Oldenburg am 30. 5. 1955, ein herkömmliches Bremserhaus, Umstellvorrichtungen für Breitspurradsätze und bereits Rollenlager hat. Auch dieser in Hamburg Altona Kai beheimatete Wagen fungierte damals als Bremsversuchswagen.

umgezeichnet. Ab 1964 wurden weitere ca. 60 Wagen zu Tnos 35 umgerüstet. Bis 1968 war der Bestand auf knapp 600 Exemplare abgesunken, die nun als Ibdlps 382 bezeichnet Nummern von 8024000 bis 8024669 und als Ibdlprs-v 382 solche von 8025000 bis 8025099 erhielten. 140 Wagen, die für den Seefischverkehr entbehrlich waren, wurden noch zu Iblps 382 mit Nummern von 8053100 bis 8053239 erhielten. Die letzten Einsätze erfolgten im Jahre 1981.

Eine weitere Variante zeigt Tnfrhs 32 304324 in der letzten Bauform mit Handbremsbühne im Jahr 1959.

Der Tnfrehs 32 304042 in später Ursprungsausführung ohne Handbremse besaß 1954 noch Gleitlager, die Aufnahme entstand im Heimatbf. Hamburg Altona Kai.

Im gleichen Bahnhof entstand im Sommer 1958 das Bild des vollaufgearbeiteten Tnfhhs 32 303511 mit neuer horizontaler Wagenkasten-Außenverkleidung; links im Bild ein Tnfhs 32 mit Handbremse, dessen Bremserhaus abgebaut war.

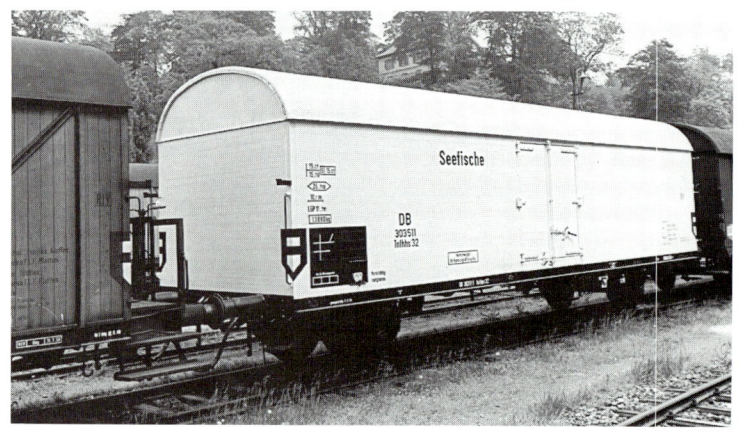

Tnos 34
Iblps 390

	m. Hbr. / o. Hbr.
Erstes Umbaujahr	1965
Letztes Einsatzjahr	1980
Länge über Puffer	11800/11700 mm
Achsstand	7000 mm
Ladelänge	10084 mm
Ladebreite	2626 mm
Ladefläche	26,5 m²
Laderaum	51,5 m³
Lastgrenze A	16,0 t
B/C	16,5 t
S max.	16,5 t
Eigengewicht	12400/12100 kg
Achslager	Rollenlager
Höchstgeschwindigkeit	100 km/h
Bremsbauart	Hik-GP
Federgehänge	Einfachschaken
Federblattanz./-länge	6/1200 mm
Pufferlänge	650 mm
Puffertellerdurchmesser	370 mm
Raddurchmesser	940 mm
Ladetürbreite/-höhe	1515/1740 mm

Ausstattung: Ofenaufhänge-Vorrichtung (für Bananentransporte).

Die Bananentransportwagen der Bauart Tnos 34 entstanden 1962 durch Umbau älterer Tnfs 32, sie erhielten Aufhängeeinrichtungen für Öfen, die dem Kälteschutz der Fracht dienten.

Schräg über die Laderaumtüren wurde der schwarze Schriftzug "Bananen" angebracht. Insgesamt verfügte die DB über 57 Wagen, die eine waagerechte Außenbeplankung hatten.

Die Wagen trugen Nummern ab 300500 und wurden 1968 komplett in Iblps 390 mit Nummern ab 8053000 umgezeichnet. Die letzten beiden Exemplare wurden 1980 abgestellt.

Aus einem Tnfs 32 älterer Version mit Handbremse entstand nach Vollaufarbeitung dieser Bananen-Kühlwagen Tnos 34 300544 ohne Eisbehälter, aufgenommen am 23. 2. 1965 in Basel.

Tnoms 35
Ibs 394
Ibdlps 394

Umbau aus Tnfs32 / Tnfhs 38	
Erstes Umbaujahr	1964
Letztes Einsatzjahr	1989
Länge ü. Puffer	11700/12100/12800 mm
Achsstand	7000 mm
Ladelänge bei Wasser-/	8500/9200 mm
… Trockeneiskühlung	10080/10200 mm
Ladebreite	2600/2500 mm
Ladefläche	22,2/23,0 bzw. 26,2/25,5 m²
Laderaum	43,3 … 49,0 bzw. 48,0 … 54,3 m³
Lastgrenze A	17,0/17,5 t
B	21,0/21,5 t
C	21,0/25,5 t
S max.	21,0/21,5 t
Eigengewicht	14480/14300 kg
Achslager	Rollenlager
Höchstgeschwindigkeit	100 km/h
Bremsbauart	Hik-GP
Federgehänge	Einfachschaken
Federblattanzahl/-länge	9 oder 7/1400 mm
Pufferlänge	650 mm
Puffertellerdurchmesser	370 mm
Raddurchmesser	940 mm
Ladetürbreite	1480/1520 mm
Ladetürhöhe	1575/1745 mm

Ausstattung: 4 Flettner-Luftumwälzer, 2 Wasser- und 2 Trockeneisbehälter mit Stirnwandladeluken, Plattenaußenbekleidung

Ab 1964 wurden durch den Umbau von Seefischkühlwagen Tnfs 32 und Tnfs 38 im AW Oldenburg großräumige Kühlwagen für Kühl- und Gefriergüter gebaut. Etwa 140 Tnoms 35 entstanden aus dem Tnfs 38, etwa 60 Tnos 35 basieren auf dem Tnfs 32.

Der größere Laderaum wurde durch geringere Isolierschichtdicke ermöglicht. Die Fahrzeuge sind mit Sperrholz-Plattensegmenten verkleidet, die außen mit emaillierten Aluminiumblechen belegt sind. Nahezu sämtliche Wagen sind mit neuen Bodenelementen wie beim Ibblps 379 und Holzrosten für Universaleinsätze ausgestattet. Sie haben vier Luftumwälzer, zwei Wassereisbehälter und zwei Dachscheitel-Trockeneisbunker, die durch gemeinsame Ladeluken in den Stirnwänden mit Eis beschickt werden können.

Die DB reihte die Wagen in die Nummerngruppe 301 001 bis 301 200 ein, 1968 wurden sie zu Ibs 394 mit Nummern ab 805 0 000 umgezeichnet. Seit 1984 erfolgte der Einsatz ausschließlich ohne Eisbehälter als Ibdlps 394 mit Nummern ab 802 5 200. Im Jahre 1988 schieden die letzten Fahrzeuge aus dem Bestand.

Der Tnoms 35 301 016, aufgenommen am 23.5.1966 in Bremerhaven Columbusbahnhof, entstand aus einem Tnfs 38 ohne Handbremse.

Bei dem Ibs 394 (ex Tnoms 35) 805 0 119, aufgenommen 1966, ist das dem Gls Dresden entlehnte Untergestell gut zu erkennen; es handelt sich um einen ehemaligen Tnfs 38 mit Handbremse.

Gkh Berlin
Tnohs 39
Ilprs 392

Erstes Baujahr	1942
Letztes Einsatzjahr	1980
Länge über Puffer	12100 mm
Achsstand	7000 mm
Ladelänge	8950 mm
Ladebreite	2350 mm
Ladefläche	21,0 m²
Laderaum	41,0 m³
Ladegewicht	15,0 t
Tragfähigkeit	15,75 t
Eigengewicht	16600 kg
Achslager	Gleit-, ab 1953 Rollenlager
Höchstgeschwindigkeit	(90) 100 km/h
Bremsbauart	Hik-GP
Federgehänge	Einfachschaken
Federblattanz./-länge	7/1400 mm
Pufferlänge	650 mm
Raddurchmesser	1000 mm
Ladetürbreite/-höhe	1870/1640 mm

Ausstattung: 2 Wassereisbehälter mit je 2 Eisladeluken

Die Behelfskühlwagen der Bauart Gkh Berlin, später Tnohs 39, entstanden ab 1942 aus der Bauart Gls Dresden. Verändert wurden Radsätze und Federung. Zusätzlich erhielten sie ringsum eine etwa 100 mm starke Isolierung, Wassereisbehälter mit Ladeluken in den oberen Ecken der äußeren Seitenwandfelder, Holzlattenroste und doppelflügelige Laderaumtüren. Schiebetüren und seitliche Lüfter entfielen. Die Deutsche Reichsbahn beschaffte 200 Wagen mit Nummern von 1729 bis 1928, die überwiegend für Biertransporte genutzt wurden.

Die DB übernahm ca. 60 dieser Wagen als Tnohs 39, die Nummern zwischen 301 400 und 301 549 erhielten. 1958 waren noch vier Wagen im Bestand, einer davon wurde 1968 in Ilprs 392 ohne Eisbehälter und Bodenroste mit der Nummer 812 6 000 umgezeichnet. 1980 schied er als Seefischkühlwagen Ibdlps 386.6 aus dem Verkehr.

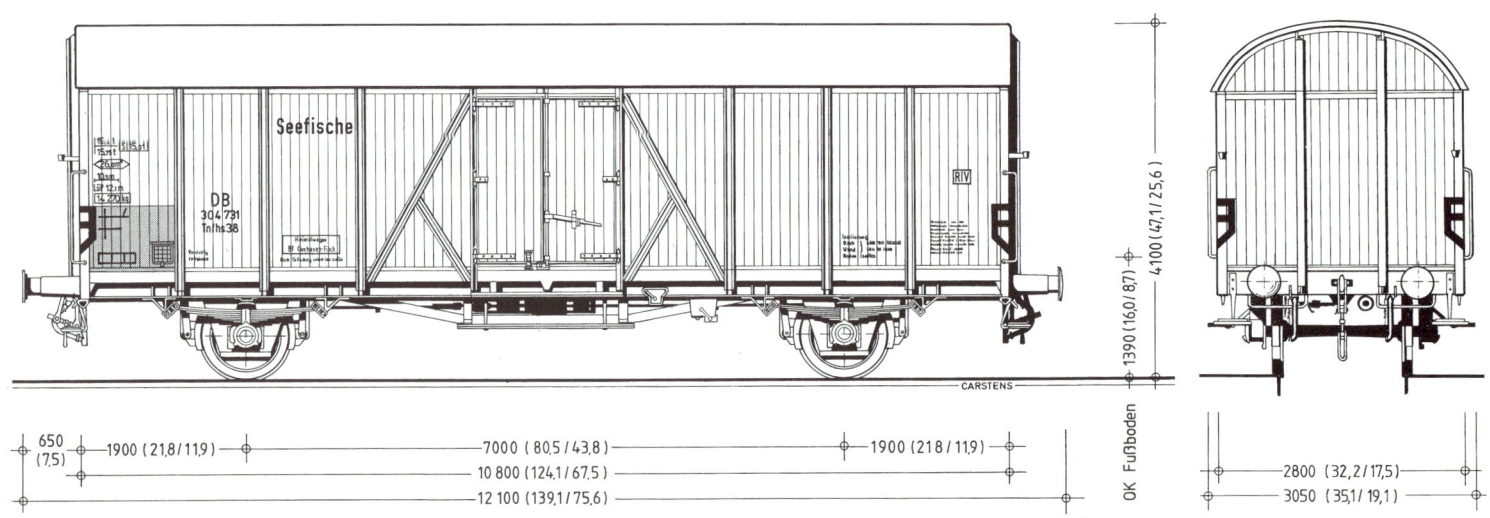

Der in „Cuxhaven-Fisch" beheimatete Tnfhs 38 304 577 am 24. 10. 1959 im Sg 5222 in Frankfurt am Abzweig Forsthaus(straße). Unten die 1 : 87-Seiten- und Stirnansicht eines solchen Wagens.

Gkhs Berlin

	m. Hbr. / o. Hbr.
Erstes Baujahr	1942
Letztes Einsatzjahr	1980
Länge über Puffer	12800/12100 mm
Achsstand	7000 mm
Ladelänge	10480 mm
Ladebreite	2480 … 2560 mm
Ladefläche	25,2 … 26,0 m²
Laderaum	50,5 … 53,5 m³
Ladegewicht	15,0 t
Tragfähigkeit	15,75 t
Lastgrenze A/B/C	16,0 t
S max.	16,0 t

Tnf(rhs) Berlin

Eigengewicht	14600/14350 kg
Achslager	Gleit-, ab 1953 Rollenlager
Höchstgeschw.	(90) 100 km/h
Bremsbauart	Hik-GP
Federgehänge	Einfachschaken
Federblattanz./-länge	7/1400 mm
Pufferlänge	650 mm
Puffertellerdurchmesser	370 mm
Raddurchmesser	940 mm
Ladetürbreite/-höhe	2000, 1515/1740 mm

Ausstattung: z.T. zusätzliche Schiebetür, Haken für Trockeneispakete Planken- oder Plattenaußenbekleidung

Tnf(reh)s 38   Ibdlps, Ibdlprs-v 383

Die Seefischkühlwagen Tnfhs Berlin entstanden ab 1942 auf der Basis geschweißter Glmhs Dresden. Die starke Isolierung sowie die Auskleidung mit Zinkblech zum Nässeschutz und Wasserablaufeinrichtungen erhöhten das Eigengewicht gegenüber der Ursprungsbauart um etwa eine Tonne. Die Wagen hatten ein Kastengerippe wie der Glmhs Dresden, allerdings in der Serie mit einer zusätz-lichen Halbdiagonalen in den verbreiterten Türfeldern und das gleiche Sprengwerk. Unterschiede wiesen Radsätze, Tragfedern, Dach und vor allem die Türen mit unterschiedlicher Breite auf. Die zweiflügeligen Drehtüren waren bei einigen Wagen allerdings von einer 2 m breiten Schiebetür verdeckt.

Insgesamt beschaffte die Deutsche Reichsbahn etwa 500

Tnf(r)hs mit Nummern zwischen 9312 und 10000.

Die Bundesbahn übernahm noch knapp 400 Wagen, die ab 1951 in Tnf(re)hs 38 umgezeichnet wurden und Nummern von 304 500 bis 304 899 belegten.

Ab Ende der 50er Jahre wurden viele Wagen auf Außenverkleidung umgerüstet. Zunächst erhielten sie eine waagerechte Holzbeplankung, später eine Außenverschalung mit beschichteten Sperrholzplatten.

Im Jahre 1961 erfolgte an 50 Fahrzeugen der Einbau anderer Tragfedern und eine Veränderung der Bremshebel. Die so für höhere Ladegewichte geeigneten Wagen wurden 1962 zu Tnfms 64 umgezeichnet.

Noch etwa 130 Tnfs bzw. Tnfehs 38 wurden 1968 als Ibdlps 383 in den Nummernkreis 802 4 670 bis 802 4 949 bzw als Ibdlprs-v 383 zwischen 802 5 100 und 802 5 199 eingereiht, zwölf Jahre später schieden die letzten 5 Exemplare aus dem Bestand.

Deutlich läßt dieses Bild des Tnfrhs 38 304 698 mit Bremserhaus und braunem (!) Anstrich, entstanden um 1953, die Ursprungsbauart (Gls Dresden) erkennen.

Hingegen hat der nach Vollaufarbeitung nunmehr außen verschalte Tnfrhs 38 304 734 am 27. 4. 1966 in Bremen Rbf. äußerlich nur noch wenig mit der Ursprungsbauart gemein.

Tnfm(h)s 64
Ibdlps 386

Vom Tnf(reh)s 38 abweichende Daten:

	m. Hbr./o. Hbr.
Erstes Umbaujahr	1959
Letztes Einsatzjahr	1980
Ladebreite	2480 mm
Ladefläche	26,0 m²
Laderaum	52,0 … 53,5 m³
Lastgrenze A	17,0 t
B/C	21,0 t
S max.	21,0 t
Eigengewicht	14800/14500 kg
Achslager	Rollenlager
Höchstgeschwindigkeit	100 km/h
Federblattanz./-länge	9/1400 mm

Während die Tnfhs 38 siebenlagige Blatttragfedern hatten, besaßen die durch Umrüstung aus jenen hervorgegangenen Tnfmhs 64 Federn mit neun Lagen, wie auf diesem Foto des 304 622 aus dem Jahre 1959 gut zu erkennen ist.

Die Seefischkühlwagen Tnfms 64 entstanden 1959 durch die Verstärkung der Tragfedern und Bremsumbau aus Tnfs 38. Dabei behielten sie ihre ehemaligen Wagennummern. Später wurden sie größtenteils ebenfalls auf waagerechte Holzplanken-Außenverkleidung umgebaut.

Im Jahre 1968 erhielten noch etwa 40 Fahrzeuge die neue Bauartbezeichnung Ibdlps 386 mit Nummern ab 302 4 950. Etwa 10 Wagen, die nicht mehr für Fischtransporte benötigt wurden, trugen als Iblps 386 noch Nummern ab 805 3 400. Die letzten verschwanden 1980 aus dem Verkehrsdienst der DB.

Letzte Variante eines Tiefkühlwagens der Bauart Tgehs 40 304 932 mit 7 m Achs-stand im Jahr 1958 in Hamburg, umgebaut aus einem Universalkühlwagen.

Eine der ersten Varianten des Tgehs 40 zeigt das Bild des 304 925, er weist Eis-ladeluken im Dach und eine vertikale Außenverkleidung der Wände auf.

Tg(hs) Berlin Tg(eh)s 40 Ihms 403

Erstes Baujahr	1943
Letztes Einsatzjahr	1968
Länge über Puffer	11800 mm
Achsstand	6800 (7000) mm
Ladelg. bei Wasser-/	2 x 4090 (2900) mm
… Trockeneiskühlg.	(2 x 3660) mm
Ladebreite	2200 … 2240 mm
Ladefl. d. Kühlkammern	6,4/8,0/9,1 m²
Laderaum d. Kühlkammern	
	12,0/15,0/16,0 m³
Ladegewicht	16,4 t
Tragfähigkeit	17,23 t
Lastgrenze A/B/C	16,0 t
S max.	16,0 t
Eigengewicht	16000 kg
Achslager Gleit-, ab 1953 Rollenlager	
Höchstgeschw.	(90) 100 km/h
Bremsbauart	Hik-GP
Federgehänge	Einfachschaken
Federblattanz./-länge	7/1400 mm
Pufferlänge	650 mm
Puffertellerdurchmesser	370 mm
Raddurchmesser	1000 mm
Ladetürbreite	1120 … 1500 mm
Ladetürhöhe	1570/1650 … 1740 mm

Ausstattung: 2 Kühlkammern und ein Laderaum, 2 Wassereisbehälter mit Ladeklappen im Dach, z.T. 2 Trockeneisbunker und gemeinsame Stirnwandladeluken, Platten-Außenbekleidung

bauarten war der Achsstand von nur 6800 mm gemeinsam.

Alle Wände bestanden aus Holz, sie waren wie Fußboden und Dach 270 mm stark isoliert. Die beiden Kühlkammern waren durch isolierte Türen vom mittleren Laderaum aus zu erreichen. Je ein Eisbehälter befand sich über den Ladekammern unter dem Dach, sie waren durch zwei Luken im Dach wahlweise mit Trocken- oder Wassereis zu beladen. Dazu verfügten die Wagen über Aufstiegsleitern an einer oder beiden Stirnseiten und Laufplanken auf dem Dach.

Weitere Varianten entstanden als Tiefkühlwagen für Lazarettzüge und als Bauarten „Rastatt" und „Danzig". Äußere Unterschiede lagen in Aufbau und Verkleidung des Wagenkastens sowie in den Ladetürmaßen. Insgesamt wurden etwa 470 Wagen ausgeliefert, deren Nummern zwischen 13001 und 13593 lagen.

Die DB übernahm nur noch rund 100 Wagen, die sie in Tghs 40 umzeichnete und in die Nummerngruppe 304 900 bis 305 299 einreihte. Ende der 50er Jahre erfolgte ein Umbau einiger Tehs 42 zu Tghs 40. Die Kühlkammern sind hier mit verzinktem Stahlwellblech ausgekleidet. Die beiden Trockeneisbunker sind über Ladeluken an den Stirnwänden erreichbar.

Als Bauart Tgs 40 schieden die Fahrzeuge 1968 aus dem Bestand. Für sie war noch die Bauartbezeichnung Ihms 403 mit den Nummern 8120000 ff. vorgesehen.

Tgg(hs) Berlin Tgg(reh)s 41 Ihmos 413

Erstes Baujahr	1943
Letztes Einsatzjahr	1968
Länge über Puffer	12100 (11700) mm
Achsstand	7000 mm
Ladelg. bei Wasser-/	2 x 2530 … 2800 mm
… Trockeneiskühlung	2 x 3000 … 3560 mm
Ladebreite	1650 (2040) mm
Ladefläche	9,9 … 16,8 m²
Laderaum	14,5 … 27,6 m³
Ladegewicht	15,0 t
Tragfähigkeit	15,75 t
Lastgrenze A/B/C	15,0 t
S max	15,0 t
Eigengewicht	15900 … 17000 kg
Achslager Gleit-, ab 1953 Rollenlager	
Höchstgeschw.	(90) 100 km/h
Bremsbauart	Hik-GP
Federgehänge	Einfachschaken
Federblattanz./-länge	7/1400 mm
Pufferlänge	650 mm
Puffertellerdurchmesser	370 mm
Raddurchmesser	(940) 1000 mm
Ladetürbreite	1500/1580 mm
Ladetürhöhe	1650/1870 mm

Ausstattung: 2 Kühlkammern, 1 Laderaum, 1 Trockeneisbunker, z.T. zusätzliche äußere Schiebetür

Spezialwagen der Bauart Tgghs Berlin wurden ab 1943 in Dienst gestellt. Es waren Tiefkühlwagen in Zweikammerbauweise, sie basierten auf der Universalkühlwagenbauart oder auf Wagen der Bauart Glmhs Dresden, von dem sie sich äußerlich durch ihren weißen Anstrich mit der Aufschrift „Tiefkühlwagen", kleinere Radsätze und andere Tragfedern unterschieden. Teils verzichtete man auf die zusätzlichen Schiebetüren. Die Wagen hatten eine besonders starke Isolierung von ringsum 583 mm. Über dem Lade-Vorraum befand sich ein Eiskasten, der nur vom Wageninnern aus erreichbar war. Insgesamt wurden 60 Wagen mit Nummern zwischen 13601 und 13660 geliefert. Sie waren ausschließlich für den Transport von Trockeneis bestimmt.

Die DB führte noch 14 dieser Wagen als Tgg(eh)s 41 mit Nummern ab 305300 in ihrem Bestand, 1958 waren noch fünf im Einsatz. Für diese war noch die Bezeichnung Ihmos 413 oder Ihmors-v 413 mit Nummern ab 8120500 bzw. 8120600 vorgesehen, das letzte Exemplar schied jedoch 1968 aus dem Bestand.

Tiefkühlwagen in Zweikammerbauweise der Bauart Tg Berlin für den Transport von Tiefkühlgütern wurden seit 1942 in Dienst gestellt. Den sechs Unter-

Aus der Universalkühlwagen-Bauart abgeleitete Variante des Tiefkühlwagens Tggrehs 41 mit Nummer 305316 im Jahr 1956, beheimatet in Bremerhaven Fischereihafen.

Universalkühlwagen Ths 42 305 954 in der letzten und häufigsten Bauform, bis auf die Rollenlager noch im Originalzustand, am 24. 9. 1959 bei Fulda; es handelt sich wohl um eine Leerrückführung, da die Eisladeluken im Dach nicht richtig verschlossenen sind.

Gkhs Berlin

Ichs366

	m. Hbr. / o. Hbr.
Erstes Baujahr	1943
Letztes Einsatzjahr	1978
Länge über Puffer	11700 mm
Achsstand	7000 mm
Ladelänge bei Wasser-/	8430 mm
… Trockeneiskühlung	9690 mm
Ladebreite	2250 mm
Ladefläche	19,0 bzw. 21,5 m²
Laderaum	34,0 bzw. 39,0 m³
Ladegewicht	15,0 t
Tragfähigkeit	15,75 t
Lastgrenze A	15,0 t
B/C	16,0 t
S max.	16,0 t
Eigengewicht	16250/15850 kg
Achslager	Gleit-, ab 1953 Rollenlager
Höchstgeschw.	(90) 100 km/h
Bremsbauart	Hik-GP
Federgehänge	Einfachschaken
Federblattanz./-länge	6/1200 mm
Pufferlänge	650 mm
Puffertellerdurchmesser	370 mm
Raddurchmesser	940 mm
Ladetürbreite/-höhe	1490/1610 mm

Ausstattung: 180 Fleischhaken, 2 Wassereisbehälter und 3 Trockeneisbunker mit je 2 Ladeluken im Dach

Umbauten der DB
Ichrs-v366 / Ihs 367

erstes Umbaujahr	1950
Ladelänge bei Wasser-/	8450 mm
… Trockeneiskühlung	9360 mm
Ladebreite	2246 mm
Lastgrenze A	15,0/16,0 t
B/C	16,0/17,0 t
S max.	16,0/17,0 t

T(hs) Berlin

Eigengewicht	16000/15200 kg
Federblattanzahl/-länge	9/1650,
	7/1400 oder 6/1200 mm
Ladetürbreite/-höhe	1480/1750 mm

Ausstattung: 180 … 216 Fleischhaken (nur Ichrs-v366), 2 Wasser- und 2 Trockeneisbehälter mit Stirnwandladeluken, unterschiedliche Wagenkasten-Skelette, z.T. 4 Flettner-Luftumwälzer, Außenverkleidung, bei Handbremse Bremserstand, oder Bremserhaus mit Kurbel oder Handrad.

T(e)hs 42

Universalkühlwagen der Bauart Ths Berlin, später Ths 42, wurden von der Deutschen Reichsbahn ab 1943 beschafft; sie waren für alle Kühl- und Gefriergüter außer Frischfisch geeignet. Die Fahrzeuge entstanden in Anlehnung an die Konstruktion der Fleischkühlwagen (Tns 31). Wichtigste Entwicklungskriterien waren Anpassung an die Kriegsverhältnisse, Umstellung auf Transport tiefgefrorener Le-

Ichs 366, Ihs 367

bensmittel sowie Arbeits-, Rohstoff- und Gewichtsersparnis. Dazu diente vermehrter Einsatz von Holz und Blechschweißteilen anstelle schwerer Normprofilträger. Gefordert waren auch Beeisungseinrichtungen für längere Transportwege und bessere Isolierung.

Die Wagen waren mit 180 Fleischhaken ausgerüstet und verfügten über zwei Wassereis-Stirnwandbunker. Für Gefrier-

Der 1954 fotografierte Tehs 42 305 872 der letzten Bauform mit Handbremse ohne eigene Bremserbühne erfuhr bereits einen Dachumbau.

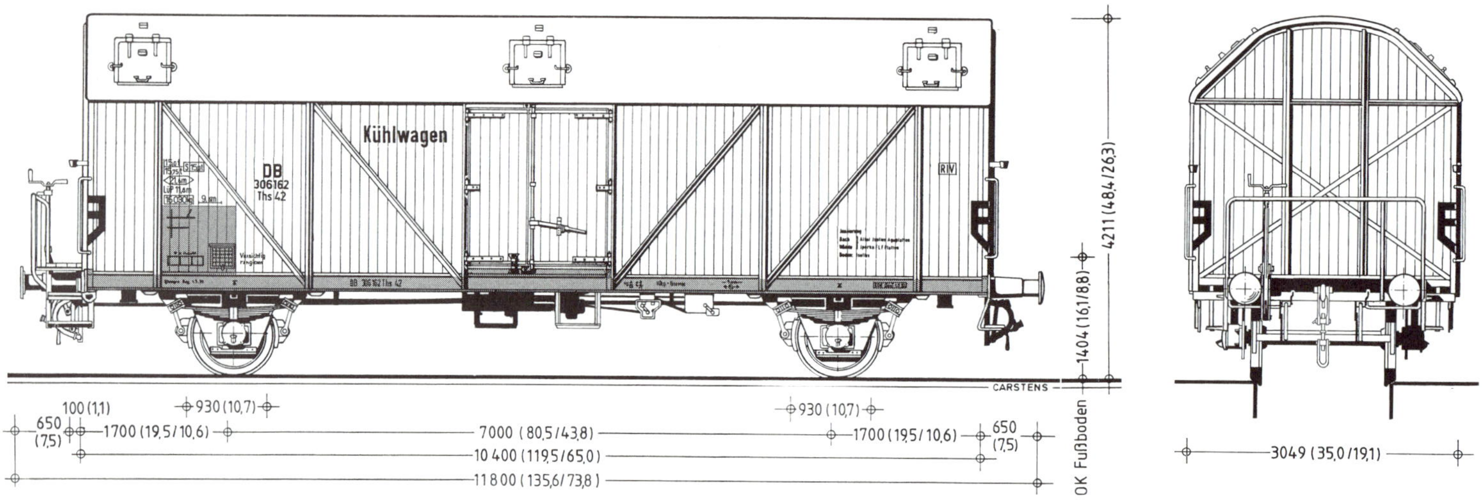

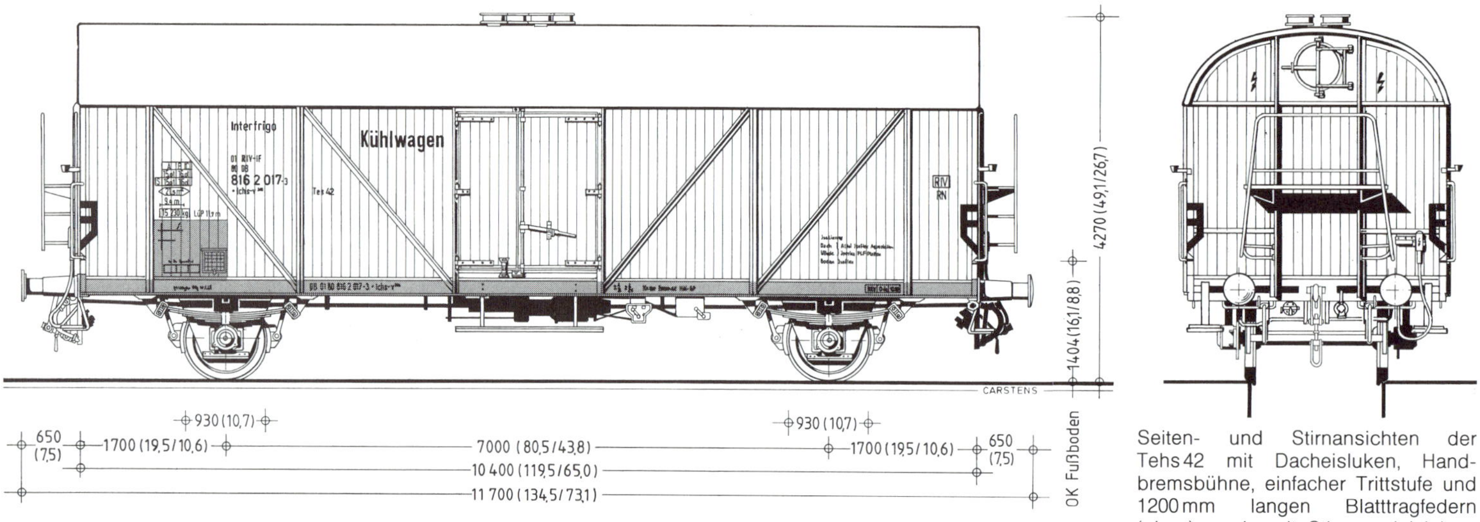

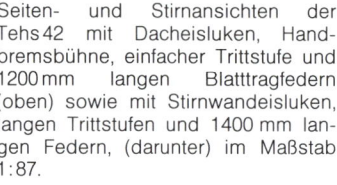

Seiten- und Stirnansichten der Tehs 42 mit Dacheisluken, Handbremsbühne, einfacher Trittstufe und 1200 mm langen Blatttragfedern (oben) sowie mit Stirnwandeisluken, langen Trittstufen und 1400 mm langen Federn, (darunter) im Maßstab 1:87.

Der Ths 42 306269 in der ersten Version und noch im Originalzustand (jedoch mit langen Blatttragfedern und Rollenlagern) im Jahr 1957.

Links unten: DB-Versuchsumbau Tehs 42 306850 in einen völlig mit Blech verkleideten Wagen mit Eisladeluken im Dach, aufgenommen im September 1963 bei Frankfurt-Bonames.

Nach der Umstellung auf horizontale Außenbeplankung waren die Tehs 42 äußerlich nur schwer von den Tnehs 31 zu unterscheiden, wie dieser Privatwagen 524210 der Interfrigo mit Migros-Werbung am 23. 2. 1969 in Basel.

guttransporte waren drei quer im Dach liegende Trockeneisbunker vorgesehen. Jeder dieser Trockeneisbunker konnte, ebenso wie die Stirnwandbunker, durch Luken in den beiden Seitenflächen des trapezförmigen Daches beschickt werden.

Die Verschalung bestand innen und außen aus Holzplanken, die Wandstärke betrug rundum 300 mm, an den Innenwänden waren für den Schutz gegen Wandbeschädigungen und zur Gewährleistung guten Luftdurchsatzes auch bei dicht gestapelter Ladung senkrechte Leisten angebracht. Der Fußboden war mit Zinkblech abgedeckt, darauf lagen hochklappbare Holzlattenroste. Alle Wagen hatten eine Dampfheizleitung, so daß sie in Reisezüge eingestellt werden konnten.

Insgesamt ca. 1700 gebaute Fahrzeuge trugen Nummern zwischen 26001 und 28000, sie hatten zum Teil eine Handbremse und einen Bremserstand.

Die Deutsche Bundesbahn setzte zunächst ca. 750 Wagen dieser Gattung ein, die ab 1951 die Bauartbezeichnung T(e)hs 42 und Nummern zwischen 305 400 und 308 099 trugen. Bereits ab etwa 1950 erfolgten zahlreiche Umbauten. Da mit dem vorhandenen Dachaufbau keine befriedigende Dichtigkeit erzielbar war, wurden im Zuge planmäßiger Unterhaltung nahezu alle Universalkühlwagen auf Stirnwandbeeisung mit einem Trockeneiskanal im Scheitel eines neuen Tonnendachs und 4 Luftumwälzern umgebaut.

Durch vergleichbare Umbauten älterer Varianten der Fleisch-, Bier- und Tiefkühlwagen erhöhte sich der Bestand bis 1958 auf über 1400 Stück, unter denen nun auch Wagen mit Bremserhaus waren. Viele von ihnen, vor allem der älteren Bauarten, erhielten neue Tragfedern, neue Türen, Verstärkungen des Kastenfachwerks und später waagerechte Außenbeplankung. Die Bauart Toehs 42 entstand ab etwa 1963 durch vergleichbare Modernisierung.

Von allen Ths 42-Typen waren 1968 insgesamt noch etwa 800 Fahrzeuge vorhanden. Mit Fleischhaken ausgerüstete wurden zu Ichs 366, die anderen zu Ihs 367 umgezeichnet. Die neuen Nummern lauteten: 806 4000 ff. (Ichrs-v 366), 812 1000 ff. (Ihrs-v 367), 812 3000 ff. (Ihs 367), 816 1000 ff. (Ichs 366). Im Jahre 1978 verschwanden die letzten sechs Wagen von den Gleisen der DB.

Der Tehs 42 306 115, noch mit Gleitlagern im Jahr 1954 aufgenommen, zeigt die nur in geringer Stückzahl entstandene zweite Bauform mit verstärkten Kastenstreben im Türfeld ohne Halbdiagonale.

Die größte Variantenvielfalt in einem Fahrzeug zeigt der Ths 42 305 952 auf dem Bild von etwa 1955: bereits umgebautes Dach mit Stirnwandbeeisung, erste Version des Kastengerippes eines Fleischkühlwagens mit langen Trittstufen unter den Türen, kurze Federn der letzten Bauart und ehemals Handbremse (zu erkennen am verlängerten Untergestell) mit Handradbedienung.

Ths 42 305 751 mit Stirnwandbeeisung, verstärkten Seitenwanddiagonalen 1400 mm langen Blatttragfedern und Leichtprofil-Langträgern im Jahr 1960.

TThs 43 308 105 in Ursprungsausführung bei Fulda am 24. 9. 1959 (im selben Zug wie Ths 42 305 954 auf Seite 109 oben).

GGkhs Berlin

Baujahr 1942 und 1949 / Umbau 1960	
Erstes Baujahr	1942/1960
Letztes Einsatzjahr	1964/1977
Länge über Puffer	16700 mm
Drehgestellbauart	925
Drehgestellachsstand	2000 mm
Drehzapfenabstand	10000 mm
Ladelänge bei Wasser-/	2 x 5880 mm
... Trockeneiskühlung	2 x 7100 mm
Ladelänge	/14660 mm
Ladebreite	2180/2220 mm
Ladefläche	25,6 bzw. 30,6/32,3 m²
Laderaum	47,4 bzw. 56,6/63,0 m³
Ladegewicht	36,0 t
Tragfähigkeit	38,0 t
Lastgrenze A	37,5 t
B/C	38,0 t
S max.	38,0 t
Eigengewicht	24500/26000 kg
Achslager	Rollenlager
Höchstgeschwindigkeit	120/100 km/h
Bremsbauart	Hik-GP
Federgehänge	Laschen

TT(hs) Berlin

Federblattanz./-länge	7/1200 mm
Pufferlänge	650 mm
Raddurchmesser	940 mm
Ladetürbreite	1113/1110 mm
Ladetürhöhe	1895/1700 mm

Ausstattung: 2 Kühlkammern, 4 Wassereisbehälter und 6 Trockeneisbunker mit je 2 Ladeluken im Dach, 260 Fleischhaken/1 Trockeneisbehälter

Der 4-achsige Universalkühlwagen GGkhs Berlin wurde 1942 entworfen. Er war für den Transport tiefgefrorener Güter mit Höchstgeschwindigkeiten bis 120 km/h bestimmt. Der Wagen hatte zwei getrennte, unabhängig kühlbare Laderäume und sechs quer eingebaute Eisbehälter mit Ladeluken beidseitig im Dach.

TThs 43

Dem Gefriergutransport dienten die Trockeneisbunker im Dach, Frischgut wurde mit Wassereis gekühlt, das in je zwei an den Enden jedes Laderaumes einrichtbaren Bunkern untergebracht werden konnte. Der Aufbau von Wagenkasten, Wänden, Dach, Fußboden und der Isolation entsprach dem der Ths 42.

Infolge der Kriegsereignisse kam es nur noch zur Ausführung eines Prototyps mit der Nummer Berlin 4001. Im Jahre 1949 beschaffte die Deutsche Reichsbahn im Vereinigten Wirtschaftsgebiet weitere 21 Kühlwagen nach den Plänen von 1942, die als TThs Berlin 4002 bis 4022 eingereiht wurden. 1951 erhielten sie die Bezeichnung TThs 43 mit Nummern von 308 100 bis 308 122. Sie blieben

Iachrs 417

bis 1962 nahezu unverändert im Einsatz.

1963 wurde ein Großteil der Wagen ausgemustert. Einige Wagen wurden noch auf ausschließliche Trockeneiskühlung umgebaut, dabei entstand ein durchgehender Kühlraum. Das Trapezdach wurde durch ein Tonnendach ersetzt; die Eisbehälter im Dach entfielen, dafür wurde in Wagenmitte ein vergrößerter Behälter von 1,1 m³ Fassungsvermögen installiert. Teilweise erfolgte der Einbau von Fleischhaken-Trägern.

1968 wurden noch zwei Wagen in Iachrs 417 und ein weiterer in Iachs 417 umgezeichnet, sie trugen Nummern zwischen 836 3 000 und 836 3 100, der letzte schied 1977 aus dem Betriebsdienst.

TT(DR-A)

Erstes Baujahr	1944
Letztes Einsatzjahr	vor 1962
Länge über Puffer	13113/13215* mm
Drehgestellbauart	969
Drehgestellachsstand	1660 mm
Drehzapfenabstand	8965 mm
Ladelänge	9970 mm
Ladebreite	2108 mm
Ladefläche	21,2 m²
Laderaum	38,4 m³
Ladegewicht	30,0 t
Tragfähigkeit	32,0 t
Eigengewicht	19430 kg
Achslager	Gleitlager

Höchstgeschwindigkeit	75 km/h
Bremsbauart	W-G
Pufferlänge	549 mm
Puffertellerdurchmesser	400 mm
Raddurchmesser	1000 mm
Ladetürbreite/-höhe	1219/1778 mm

Ausstattung: 12 Lattenroste, Fleischhaken, 2 Eisbehälter mit Ladeluken im Dach, z. T. Hand-Feststellbremse

* Größere Werte gelten für Wagen mit Pufferverlängerung durch Aufsatz auf Holzklötze, da sie mit den europäischen Vorschriften nicht übereinstimmten.

TTko 49

Im Jahre 1944 wurden zur Versorgung der alliierten Truppen etwa 900 Kühlwagen nach Europa verbracht. Die Wagen hatten Bettendorf-Drehgestelle und waren mit einer Hand-Feststellbremse ausgestattet. Sie waren mit Sperrholzplatten verkleidet, die Isolierung bestand aus Glaswollmatten. Zwei Eisbehälter mit je zwei Ladeluken befanden sich an den Stirnwänden. Das leicht gewölbte Dach bestand aus 10 Elementen, in deren Au-

ßenfeldern die Eisladeluken angeordnet waren. Die Nummern reichten von 242 000 bis 244 999. Der Anstrich war oliv mit weißer Aufschrift UNITED STATES ARMY TRANSPORTATION CORPS.

Im Jahre 1949 mußte die DB über 600 Kühlwagen aus dem Besitz der US-Besatzungsmacht auslösen. Die Bauartbezeichnung TTko 49 mit Nummern von 300 700 bis 301 399 erhielten sie im Jahre 1951. Einige Fahrzeuge wurden ausschließlich für Bananentransporte genutzt, im übrigen fanden sie nur noch als G-Wagen Verwendung.

1958 waren noch 35 TTko 49 im Bestand. Zu Bahndienstwagen umgerüstet existierten wenige noch bis Anfang der 70er Jahre. Einige weitere Wagen verblieben bis zum Beginn der 60er Jahre im Besitz der US-Streitkräfte in Deutschland.

Der ehemalige US-Army-Kühlwagen TTko 49 300 904 des Heimatbahnhofs Hamburg Süd war um 1955 nur noch im Bananentransport eingesetzt, die Handfeststellbremse mit dem für die amerikanischen Wagen typischen Handrad war bereits abgebaut.

EKW 51

Erstes Baujahr	1952
Letztes Einsatzjahr	1968
Länge über Puffer	8740 oder 8800 mm
Achsstand	4500 mm
Kessellänge innen/außen	6650/6850 mm
Kesseldurchmesser i./a.	2000/2200 mm
Laderaum	20,0 m³
Lastgrenze A/B/C	20,0 t
S max.	20,0 t
Eigengewicht	12000 kg
Achslager	Rollenlager
Höchstgeschwindigkeit	100 km/h
Bremsbauart	Hik-GP
Federgehänge	Doppelschaken
Federblattanz./-länge	6/1200 mm
Pufferlänge	620 oder 650 mm
Puffertellerdurchmesser	370 mm
Raddurchmesser	1000 mm

Ausstattung: je 2 Füll- und Entleerungsöffnungen

Tkkh 53

Im Jahre 1952 beschaffte die DB 20 Kesselwagen für den Milchschnellverkehr zu Ballungszentren. Die Wagen haben einen isolierten Kessel aus Reinaluminium mit 20 m³ Inhalt, der in zwei Hälften geteilt ist. Die Isolierung aus Kork und Kunstharzschaumstoff ist 100 mm stark, sie hält die Temperaturdifferenzen von ± 2 °C über 15 Stunden. Die äußere Kesselabdeckung besteht ebenfalls aus Aluminium. Jede Kammer hat eine Füllöffnung mit Klappdeckelverschluß und eine untere Entleerungseinrichtung mit verschließbaren Ablaufrohren nach beiden Seiten. Die Wagen haben eine Handbremse mit Bremserstand und zum Teil eine elektrische Hauptheizleitung.

Tkkm(e)hs 53

Zunächst liefen die Fahrzeuge als EKW 51 (**E**inheits-**K**essel-**W**agen) mit Nummern von 099 501 bis 099 520, bereits 1953 trugen sie aber Nummern zwischen 329 900 und 329 919 sowie die Gattungsbezeichnung Tkkh 53, die später in Tkkmhs 53 korrigiert wurde.

1968 wurden sämtliche Fahrzeuge ausgemustert, für sie war noch die neue Bauartbezeichnung Uhrs 980 mit Nummern ab 719 5000 bzw. als Uhqrs 980 ab 719 6000 vorgesehen.

Zwei interessante Wagenläufe aus den Jahren 1953 und 1956 sind bekannt. Gemäß Zugbildungsplan für Schnellzüge 1953 verkehrten im Milchschnellver-

Uh(q)rs 980

kehr zwischen Wüsting (bei Oldenburg i.O.) und Frankfurt-Höchst die Tkkmhs 53 in folgenden Zügen: **Nahgüterzug** zwischen Wüsting und Bremen, **D 176** (Nachtzug Cuxhaven–Frankfurt) zwischen Bremen und Frankfurt über Hannover, Göttingen, Dransfeld (!) und Kassel (als 2. Wagen zwischen Post- und Packwagen, ab Hannover als 1. Wagen) und **Übergabe** zwischen Frankfurt Hpbf und Frankfurt-Höchst. Im Jahre 1956 gestaltet sich der Umlauf noch interessanter: Bis Hannover wie gehabt in **D 176** (jetzt über Altenbeken), ab dort in **D 76** (Kiel - Lindau) bis Bad Nauheim, dort Umstellung in **P 1504** über Friedberg, Bad Homburg und Frankfurt-West nach Frankfurt-Höchst.

Die Tkkh 53 hießen bei der Ablieferung EKW 51 und waren im Milchschnellverkehr u. a. in Nachtschnellzügen zwischen Wüsting (bei Oldenburg) und Frankfurt-Höchst eingesetzt.

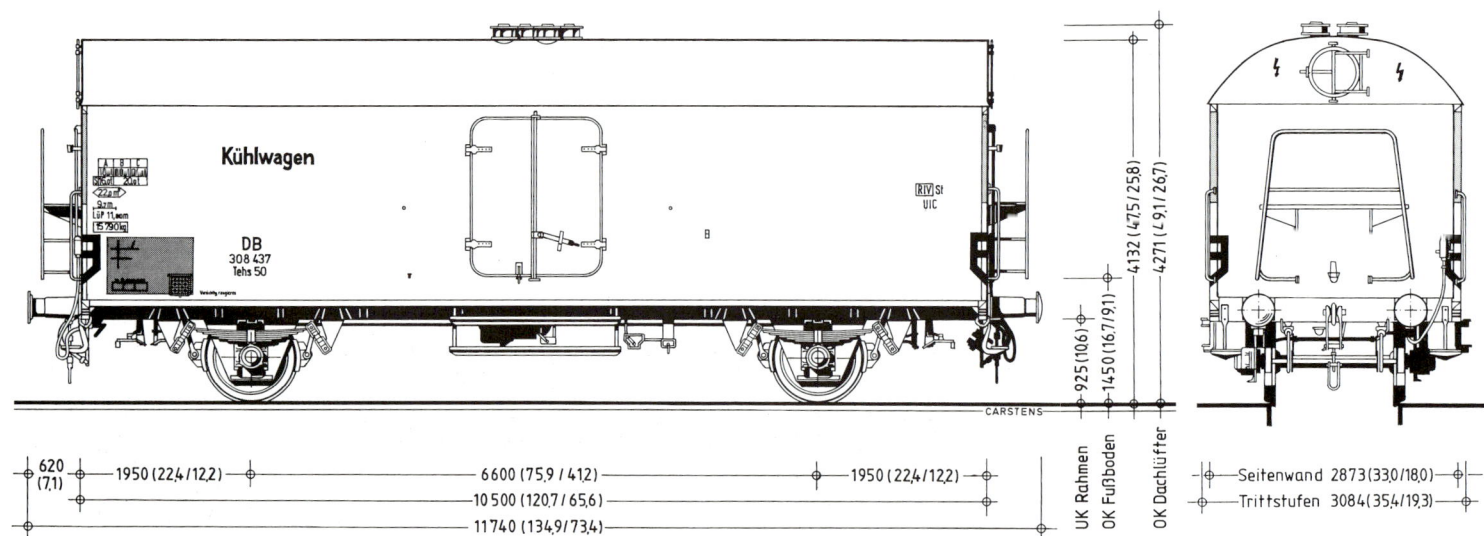

Der Tmmehs 50 war der erste neuentwickelte Kühlwagen der DB, hier als Museumsfahrzeug Ihs 377   846 6021 im Juli 1985 im AW Hamburg-Harburg mit zusätzlichen Stirnwandrungen.

T(m)ehs 50   Tmmehs 50   Ichqrs 369/376/377

Ichqrs 369

	m. Hbr. / o. Hbr.
Erstes Baujahr	1953
Letztes Einsatzjahr	1968
Länge über Puffer	11740 mm
Achsstand	6600 mm
Ladelänge bei Wasser-/	8527 mm
... Trockeneiskühlung	9665 mm
Ladebreite	2297 mm
Ladefläche	19,5 bzw. 22,2 m²
Laderaum	37,0 bzw. 42,2 m³
Ladegewicht	15,4 t
Tragfähigkeit	15,75 t
Lastgrenze A/B/C	16,0 t
S max., SS max.	16,0 t

Eigengewicht	15900/15800 kg
Achslager	Rollenlager
Höchstgeschwindigkeit	100 (120) km/h
Bremsbauart	Hik-GP oder KE-GP
Federgehänge	Doppelschaken
Federblattanz./-länge	7/1400 mm
Pufferlänge	620 mm
Puffertellerdurchmesser	370 mm
Raddurchmesser	1000 mm
Ladetürbreite/-höhe	1500/1800 mm

Ausstattung: 4 Flettner-Luftumwälzer, 256 Fleischhaken, 2 Wassereisbehälter, ein Trockeneiskanal mit Stirnwandladeluken

Abweichende Daten Ichqrs 376

	m. Hbr. / o. Hbr.
Erstes Baujahr	1956
Letztes Einsatzjahr	1968
Lastgrenze B/C	20,0 t
S max.	20,0 t
Eigengewicht	16000/15800 kg
Höchstgeschwindigkeit	100 km/h
Bremsbauart	KE-GP
Federblattanz./-länge	8/1400 mm

Ichqrs 377

Erstes Umbaujahr	1962
Letztes Einsatzjahr	1985
Lastgrenze B	20,0 t
C	24,0 t
S max.	20,0 t
SS max.	16,0 t
Eigengewicht	14700/14450 kg
Höchstgeschwindigkeit	100 (120) km/h
Federblattanz./-länge	9/1400 mm

Seiten- und Stirnansichten der Tehs 50 ohne Handbremse und als Transthermos-Wagen mit Handbremse und sichtbaren Plattenschweißnähten (oben rechts).

Kühlwagen

DB
308 437
Tehs 50

4132 (47,5 / 25,8)
4271 (49,1 / 26,7)

925 (10,6)
1450 (16,7/9,1)

UK Rahmen
OK Fußboden
OK Dachlüfter

CARSTENS

620 (7,1)   1950 (22,4 / 12,2)   6600 (75,9 / 41,2)   1950 (22,4 / 12,2)
10 500 (120,7 / 65,6)
11 740 (134,9 / 73,4)

Seitenwand 2873 (33,0 / 18,0)
Trittstufen 3084 (35,4 / 19,3)

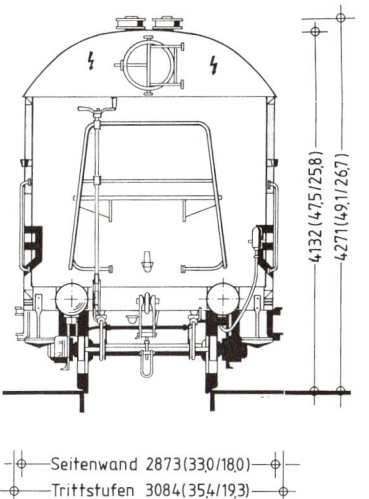

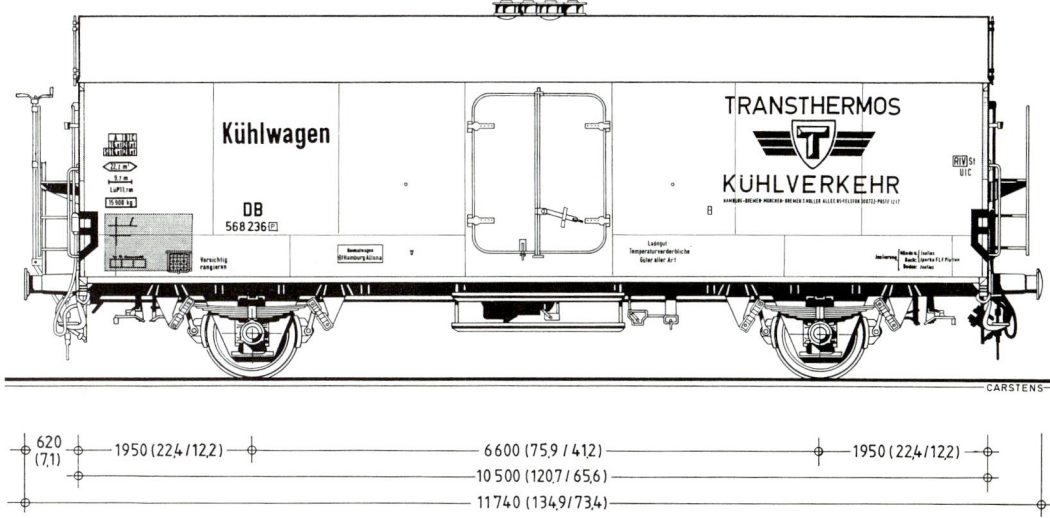

Seitenwand 2873 (33,0/18,0)
Trittstufen 3084 (35,4/19,3)

4132 (47,5/25,8)
4271 (49,1/26,7)

620 (7,1) — 1950 (22,4/12,2) — 6600 (75,9/41,2) — 1950 (22,4/12,2)
10500 (120,7/65,6)
11740 (134,9/73,4)

CARSTENS

Im Jahre 1951 lieferte die Firma Rathgeber einen Prototyp der Bauart Tehs 50 mit der Nummer 133. Er entspricht dem Standard-Kühlwagen Typ 2 der UIC.

Dieser Universalkühlwagen in Ganzmetallbauweise hat eine vollkommen glatte, hermetisch dicht verschweißte Außenhaut aus Stahlblech. Die innere Wandverkleidung besteht aus eloxiertem Aluminiumwellblech; sie ist durch die Wellung selbsttragend und gewährleistet auch bei dicht gestapelter Ladung guten Luftumlauf.

Der Wagenboden besteht aus einem Stahlblindboden und Querschwellen, auf denen der Kühlraumboden liegt. Dieser wird entweder aus Sperrholz mit Zinkblechauflage oder aus sechs abgedichteten Hohlkästen aus verzinktem Stahlblech gebildet. Seit 1965 ist er mit glasfaserverstärktem Kunststoff beschichtet. Der Laderaum ist vollständig mit klappbaren Leichtmetall-Bodenrosten ausgestattet und hat unter den Eiskammern in wannenartigen Vertiefungen jeweils zwei Abläufe für Schmelz- und Kondenswasser.

Die Isolierung ist in den Seitenwänden und im Dach 250 mm und im Fußboden 200 mm (später 160 mm) stark. Zwei Stirnwand-Wassereisbehälter sind bei Bedarf durch verschiebbare Bunkertrennwände einfach einzurichten. Der durchgehende Trockeneiskanal unter dem Dach wird in der Mitte von Luftumwälzern geteilt. Durch die runden Eisladeluken an den Stirnwänden kann Wasser- oder Trockeneis gebunkert werden. Die zweiflügeligen Laderaumtüren sind ebenfalls abgerundet und somit besser abdichtbar.

Von 1953 bis 1955 kamen 260 Tehs 50 in den Verkehr, davon waren 30 für eine Höchstge-

schwindigkeit von 120 km/h geeignet. Ab 1956 wurden weitere 250 ansonsten baugleiche Wagen mit anderen Tragfedern als Tmehs 50 mit erhöhter Tragfähigkeit von 20 t geliefert. Die Fahrzeuge trugen Nummern zwischen 308 200 und 308 709.

Ab 1961 erfolgten mehrere Umbauten. Zunächst wurden 31 Tmehs 50 auf ausschließliche Trockeneiskühlung umgerüstet und als Tgmehs 50 bezeichnet. Ende 1962 bis 1968 wurden alle Tehs 50 und Tmehs 50 mit anderen Tragfedern für eine Tragfähigkeit von 24 t ausgerüstet, 9 wurden zu Tgmmehs 50, die übrigen zu Tmmehs 50. Ab 1967 wurden im AW Oldenburg schließlich 60 Tmmehs 50 mit Schwenkschiebetüren und neuer Inneneinrichtung zu Tgmmehs 407 umgebaut.

Im Jahre 1968 wurden die Wagen wie folgt umgezeichnet:

25 Tehs 50 in Ichqrs 369 mit Nummern ab 806 2 000,
8 Tmehs in Ichqrs 376 Nummern ab 806 2 174,
378 Tmmehs in Ichqrs 377 Nummern ab 806 2 313,
30 Tmmehss in Ichqrss 377 Nummern ab 806 3 000,
30 Tgmmehs in Ibhlpqrs 407 Nummern ab 805 1 100,
3 Tgmehs in Ibhlqrs 408 und
37 Tgmehs in Ibhlqrs 409 mit Nummern ab 805 1 000.

Noch 1968 wurden die letzten 33 Ichqrs 369 und 376 zu Ichqrs 377 umgebaut, 1970 waren 411 dieser Fahrzeuge im Einsatz, deren letzte Exemplare überwiegend als Ihs 377 (ohne Heizleitungen und Fleischhaken) im Jahre 1985 aus dem Betriebsdienst ausschieden.

Modell

Zum Pflichtprogramm beinahe jedes Modelleisenbahnher-

stellers gehört der Tehs 50 – weil er so schöne glatte Flächen für Phantasie-Werbeaufschriften hat. Darüber wird jedoch ganz vernachlässigt, daß dieser UIC-Standard-Kühlwagen in den fünfziger und sechziger Jahren zu den wichtigsten Kühlwagen zählte, diese Variante als Tehs 50 der DB hat leider kein Hersteller im Angebot.

Wie gut sind nun die verschiedenen Modelle und was läßt sich aus ihnen machen?

Fleischmann-Modell

Schon vor einigen Jahren hat Fleischmann ganz still und heimlich seinen alten 1:82-Kühlwagen durch ein maßstäbliches Modell des Tehs 50 ersetzt. Der Wagen ist gut detailliert, wenn auch die Schweißnähte an den Seitenwänden und auf dem Dach optisch etwas zu auffällig wirken. Sehr gut gelungen sind

Ursprungsausführung des Universalkühlwagens UIC-Typ 2 mit Handbremse als Tehs 50 308 347 am 16.6.1961 in Braunschweig.

Der am 4. 2. 1966 in Helmstedt fotografierte Tehs 50 308 399 hat eine Bremsanlage für eine Höchstgeschwindigkeit von 120 km/h (siehe Lastgrenzraster), die später wegen des Unterhaltungsaufwands durch die Standardbremse ersetzt wurde.

Ein Vertreter der zweiten Serie des DB-Universalkühlwagens als Tmmehs 50 mit der Nummer 308 607, am 2. 12. 1958 am Abzweig Forsthaus(straße) in Frankfurt.

hingegen die äußerst feinen Aufstiegsleitern zu den Stirnwandeisluken, die z.T. auch für den Umbau der anderen Wagen herangezogen wurden. Der abgebildete Wagen wurde mit eingesetzten Griffstangen und Türstoppern, Signal- und Zettelhaltern sowie Seilösen, Federpuffern und Rangierertritten von Weinert, Bremsschläuchen und Elektrokupplungen von Roco weiter verbessert. Die Epoche III-Anschriften des kieselgrau gestrichenen Wagens stammen von Gaßner.

Märklin-Modell

Während die neue Ausführung des Märklin-Tehs 50 verkürzt ist, um auf das verwendete Einheitsfahrgestell zu passen, sind die alten, heute leider nicht mehr erhältlichen Märklin-Wagen maßstäblich, so daß mit einigen Zurüstteilen anderer Wagen hieraus Modelle entstehen können, die hinter den Wagen der Konkurrenz nicht zurückzustehen brauchen. So hat der abgebildete Märklin-Wagen neue Lüfter vom Trix-Modell und Aufstiegsbühnen vom Roco-

Ibbhs 398, sowie die üblichen Weinert-Zurüstteile wie Federpuffer, Rangierertritte etc. bekommen.

Trix-Modell

Der dritte im Bunde ist der Tehs 50 von Trix. Dieser Wagen ist ebenfalls sehr gut gelungen, so daß sich der Aufwand, der zur Perfektionierung des Modells getrieben wurde, lohnt. Schon fast Standard und nicht mehr der Erwähnung bedürftig sind: neue Griffstangen, Signalhalter, Pufferbohlen mit Federpuffern,

Bremsschläuchen, Originalkupplungen, Rangierergriffen und -tritten. Daneben hat der abgebildete Wagen aber auch noch neue, in der Ebene der Radlaufflächen liegende Bremsklötze, eingesetzte Türstopper (aus 0,4 mm-Messingdraht), an den richtigen Stellen sitzende Flettner-Rotoren (hierzu wurde das Dach glatt geschmirgelt und an den passenden Stellen neue Löcher gebohrt) sowie die zierlicheren Aufstiegsbühnen des Fleischmann-Wagens bekommen.

Das kieselgrau lackierte und geringfügig überarbeitete Fleischmann-Modell des Tmehs 50.

Der Trix-Tehs 50 mit neuen Griffstangen, Pufferbohlen und Signalhaltern von Weinert sowie Bühnen vom Fleischmann-Wagen.

Das alte Märklin-Modell des Tehs 50 mit neuen Pufferbohlen, Griffstangen etc. als Transthermos-Wagen.

Tgmmehs 407
Ibhlp(qr)s 407
Ibdlps 407

	Ibhlps / Ibhlpqrs
Erstes Umbaujahr	1967
Letztes Einsatzjahr	1988
Länge über Puffer	11740 mm
Achsstand	6600 mm
Ladelänge	10160 mm
Ladebreite	2550 mm
Ladefläche	25,9 m²
Laderaum	53,7 (58,8) m³
Lastgrenze A	18,5/19,0 t
B	22,5/23,0 t
C, S max.	26,5/27,0 t
Eigengewicht	13500/13000 kg
Achslager	Rollenlager
Höchstgeschwindigkeit	100 km/h
Bremsbauart	Hik-GP oder KE-GP
Federgehänge	Doppelschaken
Federblattanz./-länge	9/1400 mm
Pufferlänge	620 mm
Puffertellerdurchmesser	370 mm
Raddurchmesser	1000 mm
Ladetürbreite/-höhe	2700/1900 mm

Ausstattung: 2 Trockeneisbehälter mit Stirnwandladeluken, starke Isolierung, 4 äolische Luftumwälzer

Zwischen 1967 und 1970 erfolgten Umbauten weiterer 60 Fahrzeuge der Bauart T(mm)ehs 50 zu Tgmmehs 407

Ein aus dem Tehs umgebauter ehemaliger Ibhlps 407 der DB als Ibls 0835 029 der Transthermos im Jahr 1970 mit neuem Anstrich in Hamburg Altona Kai (vgl. auch mit der Zeichnung auf Seite 115). Die Aufnahme zeigt deutlich die große Türbreite und den kurzen Abstand zwischen den Bühnen zweier gekuppelter Kühlwagen.

bzw. Iblpqrs 407. Wie bei der Bauart Ibhlqrs 409 wurden die Bunkertrennwände ausgebaut, der neu gestaltete Laderaum mit aufgeschäumter Isolierung von nur 100 mm ist jetzt 17 % größer. Die Laderaumtüren wurden durch 80 % breitere Schwenkschiebetüren ersetzt. Infolge ge-

ringeren Eigengewichts konnten die Lastgrenzen um 2 t heraufgesetzt werden.

Die Fahrzeuge erhielten Nummern ab 805 1 100. Im Jahre 1973 wurden an einigen Wagen die Heizleitungen entfernt, als Ibhlps 407 bekamen sie Nummern ab 805 2 100, die 1980 in

805 4 100 ff. abgeändert wurden. Ab 1980 werden 30 Wagen ausschließlich im Seefischverkehr als Ibdlps 407 mit Nummern ab 802 5 400 eingesetzt. 1988 wurden die letzten Wagen, die zum Schluß unter der Regie der Transthermos eingesetzt waren, ausgemustert.

Tgm(me)hs 50
Ibhl(qr)s 408/409

	m. Hbr. / o. Hbr.
Erstes Umbaujahr	1961 (1962)
Letztes Einsatzjahr	1968 (1987)
Länge über Puffer	11740 mm
Achsstand	6600 mm
Ladelänge	9870 mm
Ladebreite	2297 mm
Ladefläche	22,6 (22,8) m²
Laderaum	43,0 (43,7) m³
Lastgrenze A	16,6 (16,0) t
B	20,6 (20,0) t
C	20,6 (24,0) t
S max.	16,0 bzw. 20,0 (20,0) t
Eigengewicht	15300/15100 kg
Achslager	Rollenlager
Höchstgeschwindigkeit	100 km/h
Bremsbauart	KE-GP
Federgehänge	Doppelschaken
Federblattanz./-länge	8 (9)/1400 mm
Pufferlänge	620 mm
Puffertellerdurchmesser	370 mm
Raddurchmesser	1000 mm
Ladetürbreite/-höhe	1500/1800 mm

Ausstattung: 4 Flettner-Luftumwälzer, 2 Trockeneisbehälter mit Stirnwandladeluken. Werte in Klammern gelten für Ibhlqrs 409.

Im Jahre 1962 wurden bei 40 Wagen der Bauart Tmehs 50 die Wassereisbunker-Trennwände ausgebaut. Die Fahrzeuge dienten nunmehr als Tgmhs 50 ausschließlich dem Gefriergguttransport. Bis 1968 wurden alle Wagen mit anderen Tragfedern be-

stückt und als Tgmmehs 50 bezeichnet.

Bei der Umzeichnung im Jahre 1968 wurden die Wagen zu Ibhlqrs 409 mit Nummern ab 805 1 000. Für 3 Wagen der Bauart Tgmehs 50 war noch die Be-

zeichnung Ibhlqrs 408 mit gleichem Nummernbereich vorgesehen. Die letzten Einsätze erfolgten im Jahre 1985. – 1973 wurden die Heizleitungen entfernt; die Fahrzeuge liefen seitdem als Ibhls 409 mit Nummern ab 805 200.

Gefriergut-Kühlwagen Tgmmehs 50 308 519 (später Ibhlps 409) vom Heimatbahnhof Bremerhaven Kaiserhafen um 1965.

Museums-Bananenwagen Tnomhs 59   328 900 im Mai 1989 in Glückstadt; als Beschriftungsvorlage ist der Wagen jedoch ungeeignet: Der Schriftzug „Kühlwagen" zeigt eine falsche Schrifttype und ist zu klein; die Ziffern der Bauartbezeichnung und Wagennummer sind statt in Mittel- in Engschrift ausgeführt; der Bindestrich in der Bauartbezeichnung ist überflüssig, und die Form der Bremsecken stimmt auch nicht so ganz (vergleiche mittlere Abbildung auf der nächsten Seite).

Tno(meh)s 59   Ibblps 393/395

	Ibblps 393 / Ibblps 395
Erstes Umbaujahr	1955/1957
Letztes Einsatzjahr	1977/1980
Länge über Puffer	12500 mm
Achsstand	6800 mm
Ladelänge	11000 mm
Ladebreite	2500 mm
Ladefläche	27,5/26,5 ... 27,5 m²
Laderaum	53,6/43,8 ... 53,5 m³
Lastgrenze A	17,5 t
B/C	17,5/21,0 t
S max.	17,5/21,0 t
Eigengewicht	14200 kg

Achslager	Rollenlager
Höchstgeschwindigkeit	100 km/h
Bremsbauart	KE-GP
Federgehänge	Doppelschaken
Federblattanz./-länge	7 / 8 /1400 mm
Pufferlänge	620 mm
Puffertellerdurchmesser	370 mm
Raddurchmesser	1000 mm
Ladetürbreite/-höhe	1400/1700 mm

Ausstattung: Ofenaufhänge-Vorrichtungen, zusätzliche Schiebetüren (2x2 m)

Auf Vorschlag der „Transthermos" baute die DB ab 1955 gedeckte Güterwagen der Bauart Glmehs 50 zu Wärmeschutzwagen um. Im AW Oldenburg wurden bis 1958 insgesamt 651 Fahrzeuge als Bananenwagen hergerichtet.

Alle Innenflächen sind 100 mm stark mit Styropor isoliert, Wände und Dach mit Hartfaserplatten sowie Fußboden mit Kiefernholzbrettern abgedeckt. Hinter den Schiebetüren liegen zusätzliche zweiflügelige isolierte Drehtüren. Die Lade- und Lüftungseinrichtungen sind festgelegt und durch die Isolation verkleidet, in jeder Seitenwand befindet sich eine von innen verschließbare Lüftungsöffnung. Neben den Türen befinden sich Aufhängevorrichtungen für Preßkohleöfen, später wurden Propangasöfen installiert.

1 : 87-Seiten- und Stirnansicht eines Tnoms 59.

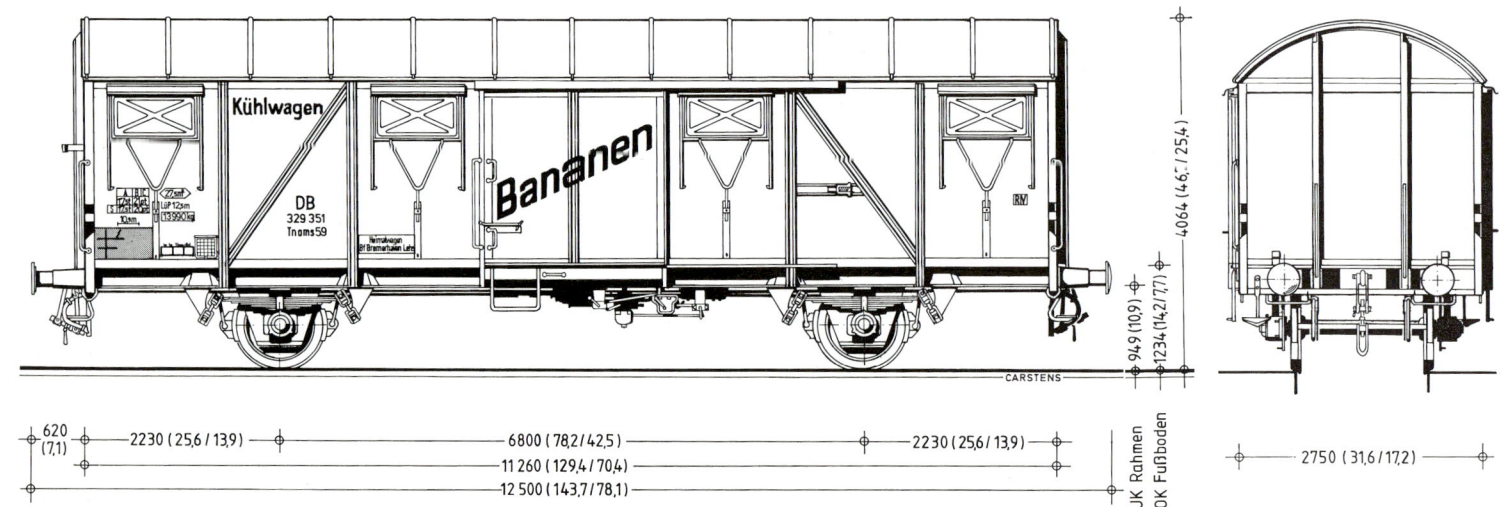

Von 1955 bis 1957 wurden 175 Tnohs 59 in Dienst gestellt, 1957 bis 1958 folgten weitere 476 Tnomhs 59, die sich nur in der Tragfederblattanzahl und der Bremshebel-Übersetzung unterscheiden. Sie hatten Nummern zwischen 328 900 und 329 599 und im Gegensatz zu den übrigen Kühlwagen braune Farbgebung. Ein Teil der Wagen hatte elektrische Hauptheizleitungen, die wie die Dampfheizleitungen generell bis 1969 abgebaut wurden. Die Fahrzeuge waren in Hamburg oder Bremerhaven beheimatet.

Bei der Umzeichnung 1968 wurden 174 Tnos 59 zu Ibblps 393 und 471 Tnoms 59 zu Ibblps 395 mit Nummern ab 805 8000 bzw. 805 8176, sie blieben bis 1977 bzw. 1980 im Betriebsdienst.

Modell

Das Modell des Tnoms 59 entsteht aus einem (leider mit Maßstabsfehlern behafteten) Märklin-Glmhs 50.

Vom Wagenkasten werden die Griffstangen abgeschnitten. Anschließend werden die Stirnwandgriffe, Signalhalter und Zettelhalter abgeschliffen. Danach bekommt der Wagenkasten 3 neue Griffstangen aus 0,4 mm-Messingdraht an den Wagenekken, 2 Signalhalter (an der Stirnwand, an der die beiden Griffstangen sind) und Zettelhalter von Weinert. Außerdem kann man Elektrokupplungen von Roco an den Stirnwänden anbringen.

Das Untergestell wird mit drei neuen Rangierertritten, neuen Puffern und Bremsumstellhebeln von Weinert, sowie Rangierergriffen aus 0,4 mm Draht komplettiert, nachdem die alten Teile abgetrennt sind.

Anschließend folgt die Lackierung. Während das Untergestell nach Anbau aller Teile mattschwarz gespritzt wird, werden die neuen Teile am Wagenkasten am besten mit einem Pinsel lackiert. Anschließend bekommen die Lüftungsschieber einen aluminiumfarbenen, das Feld für die Kreideanschriften einen schwarzen und die Ecksäulen im unteren Bereich (als Kennzeichnung für die Elektrokupplung) einen gelben Anstrich. Nachdem dieser getrocknet ist, wird der Wagen mit Schiebebildern von Gaßner beschriftet, wobei es übrigens sinnvoll ist, den Schriftzug „Bananen" in der Mitte (auf dem Türprofil) zu trennen, damit die Proportionen des „a" erhalten bleiben.

Tnomehs 59 als Privatwagen 568 541 auf einem Culemeyer-Straßenroller am 20. 5. 1959 in München.

Tnoms 59   329 366 mit (funktionslosen) dunkelfarbigen Lüfterschiebern und nur noch zwei Rangierergriffen an den Eckrungen am 27. 4. 1966 in Bremen Rbf.

Das Modell dieses Bananenwagens entstand auf der Basis des Glmhs 50 von Märklin.

Ursprungsausführung des zweiten neuentwickelten Kühlwagentyps der DB als Ibbhs 396 826 6 051 am 5. 2. 1989 im Hamburger Hafen. Unten die Seiten- und Stirnansicht eines Ibbhs 396 im Maßstab 1 : 87.

Tmmos
Ibbhs 396

	m. Hbr. / o. Hbr.
Erstes Baujahr	1967
Länge über Puffer	14570/14020 mm
Achsstand	8000 mm
Ladelänge bei Wasser-/	11052 mm
... Trockeneiskühlung	12060 mm
Ladebreite	2600 mm
Ladefläche	28,7 bzw. 31,3 m²
Laderaum	55,5 (62,4) bzw. 60,5 (67,4) m³
Lastgrenze A	17,5 t
B	21,5 t
C	25,5 t
S max.	21,5 t
Eigengewicht	14680/14380 kg

Achslager	Rollenlager
Höchstgeschwindigkeit	100 km/h
Bremsbauart	KE-GP
Federgehänge	Doppelschaken
Federblattanz./-länge	9/1400 mm
Pufferlänge	620 mm
Puffertellerdurchmesser	370 mm
Raddurchmesser	1000 mm
Ladetürbreite/-höhe	2700/1845 mm

Ausstattung: 4 äolische Luftumwälzer, 2 Wasser- und 2 Trockeneisbehälter mit Stirnwandladeluken

Die Universalkühlwagen der Bauarten 396 bis 400 sowie die durch Umbauten hieraus entstandenen Bauarten 401, 410 und 411 stellen die zweite komplette Neuentwicklung der DB dar.

Wesentliche Unterschiede zwischen den Fahrzeugen der verschiedenen Bauartnummern betreffen bei gleichem Aufbau Radsatz- oder Pufferbauart, Türabmessungen, Bremsanlage und Sickenform der Außenwände.

Als erste Bauart wurde ab 1967 der Ibbhs 396 mit 250 Exemplaren beschafft, er hat das gleiche Untergestell wie der Gbs 252. Die breiten Schwenkschiebetüren erlauben eine bequeme Beladung mit Gabelstaplern, die große Ladefläche faßt bis zu 36 Paletten.

Seiten- und Stirnwandelemente sind vorgefertigte Sandwichbauteile aus Hartschaum mit Au-

ßenverkleidung aus gesicktem Stahlblech und Innendeckschicht aus glasfaserverstärkten Kunststoffplatten. Der Fußbodenaufbau ist mit dem des Ibblps 379 identisch. Er ist mit Kunststoffbelag gegen Feuchtigkeit geschützt und mit an den Seitenwänden befestigten, klappbaren Fußbodenrosten belegt. Diese können mit Staplerradlasten bis 1,2 t befahren werden. Die Wände sind 110 mm, der Boden 118,5 mm und das Dach im Mittel 240 mm stark mit wasserabweisendem Kunststoff isoliert.

An beiden Stirnwänden kann mittels einer verschiebbaren Trennwand je ein Wassereisbehälter hergerichtet werden.

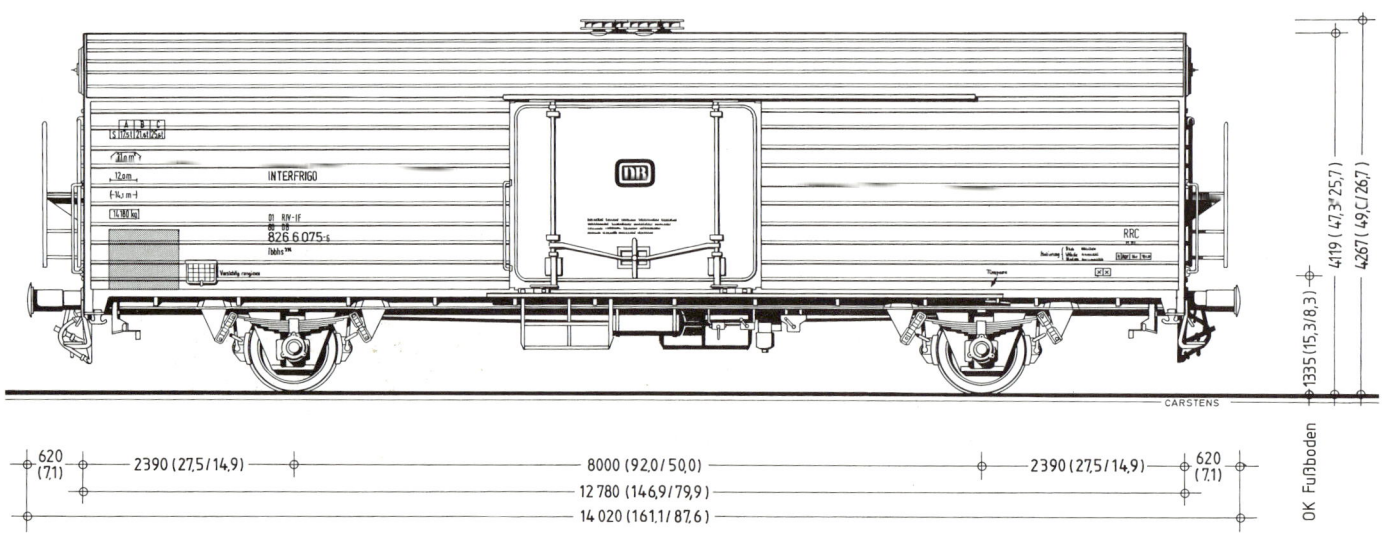

Ibbhs 397 826 6 116, ebenfalls am 5. 2. 1989, im Rbf. Maschen, mit kleineren Rädern und größeren Eisbehältern als die der Bauart 396.

Zwei Trockeneisbehälter mit Stirnwand-Ladeluken befinden sich unter dem Dach. Vier äolisch angetriebene Luftumwälzer sorgen für stetigen Luftumlauf im Wageninnern. Eisbunkertrennwände, Eiskanal und Bodenroste sind aus Aluminium.

Die Fahrzeuge, zunächst noch als Tmmos 396 bezeichnet, sind für alle Kühl- und Gefriergüter außer Frischfisch geeignet und erhielten Nummern ab 815 9 000. Im Jahre 1973 wurden die 150 Wagen mit kleineren Rädern zu Ibbhs 397 umgezeichnet. Von den verbliebenen 100 Ibbhs 396 waren Ende 1988 noch 97 mit Nummern ab 826 6 000 im Einsatz.

Ibbhs 396
Ibb(d)hs 397

	m. Hbr. / o. Hbr.
Erstes Baujahr	1968
Länge über Puffer	14570/14020 mm
Achsstand	8000 mm
Ladelänge bei Wasser-/	11052 mm
... Trockeneiskühlung	12060 mm
Ladebreite	2600 mm
Ladefläche	28,7 bzw. 31,3 m²
Laderaum	55,5 (60,5) bzw. 62,4 (67,4) m³
Lastgrenze A	16,5/17,0 t
B	20,5/21,0 t

Lastgrenze C	24,5/25,0 t
S max.	20,5/21,0 t
Eigengewicht	15070/14745 kg
Achslager	Rollenlager
Höchstgeschwindigkeit	100 km/h
Bremsbauart	KE-GP
Federgehänge	Doppelschaken
Federblattanz./-länge	9/1400 mm
Pufferlänge	620 mm
Puffertellerdurchmesser	370 mm
Raddurchmesser	920 mm
Ladetürbreite/-höhe	2700/1845 mm

Ausstattung: 4 äolische Luftumwälzer, 2 Wasser- und 2 Trockeneisbehälter mit Stirnwandladeluken, ab 1984 z. T. für Seefische-Transporte

Die 150 Kühlwagen der Bauart Ibbhs 397 wurden 1973 aus Ibbhs 396 unter Beibehaltung der Wagennummern umgezeichnet. Sie haben andere Radsätze mit einem Durchmesser von 920 mm und andere Tragfederbauteile. Infolge höheren Eigengewichts sanken die Lastgrenzen um 0,5 t.

Seit 1980 tragen die Wagen Nummern ab 826 6 100, und seit 1984 sind 8 Fahrzeuge zu Seefischkühlwagen Ibbdhs 397 umgerüstet mit Nummern ab 822 2 200 im Einsatz.

Der handgebremste Ibbhs 397 826 6 189, aufgenommen am 18. 5. 1989 im Rbf. Maschen, besitzt eine Bremserbühne und zur Zugänglichkeit der Bremskurbel eine klappbare Stufe unter der Eisluke.

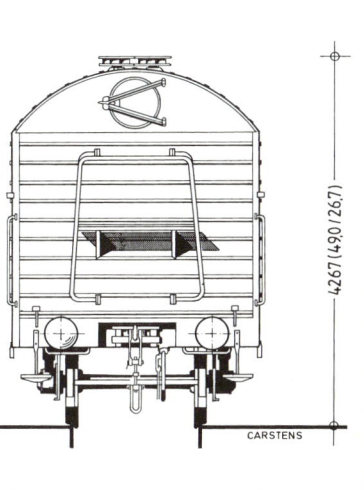

2850 (328/17,8)

CARSTENS

4267 (49,0/26,7)

Ibbhs 398 826 6 393 im Sommer 1988 im Hamburger Hafen; rechts im Bild ein Ibbhs 398.1, zu erkennen am geringeren Abstand der Flachsicken in den Seitenwänden.

Ibbhs 398   Ibb(d)hs 398

Ibbhs 398

	m. Hbr. / o. Hbr.
Erstes Baujahr	1971
Länge über Puffer	14570/14020 mm
Achsstand	8000 mm
Ladelänge bei Wasser-/	11052 mm
... Trockeneiskühlung	12060 mm
Ladebreite	2600 mm
Ladefläche	28,7 bzw. 31,3 m²
Laderaum	55,5 (63,4) bzw. 60,5 (69,1) m³
Lastgrenze A	16,5/16,8 t
B	20,5/20,8 t
C, S max.	24,5/24,8 t
Eigengewicht	15460/15160 kg
Achslager	Rollenlager
Höchstgeschwindigkeit	100 (120) km/h
Bremsbauart	KE-GP-A
Federgehänge	Doppelschaken
Federblattanz./-länge	9/1400 mm

Pufferlänge	620 mm
Puffertellerdurchmesser	370 mm

Ibbhs 398.1

Erstes Baujahr	1973
Ladelänge bei Wasser-/	11040 mm
... Trockeneiskühlung	12064 mm
Ladefläche	28,7 bzw. 31,4 m²
Laderaum	55,5 (64,0) bzw. 60,6 (70,0) m³
Puffertellerdurchmesser	450 mm

Zwischen 1971 und 1973 beschaffte die DB Kühlwagen der Bauart Ibbhs 398. Sie entsprechen in allen wesentlichen Teilen der zuvor beschafften Bauart 396, haben allerdings eine modifizierte Bremsbauart und stufenlos selbsttätige pneumatische Lastabbremsung mit Wiegeven-

tilen. Ein Teil der Wagen war für eine Höchstgeschwindigkeit von 120 km/h vorgesehen. Die Serie der letzten 30 Wagen weist geringfügig geänderte Maße und Lasten auf. Temperaturgrenzen zwischen 10 und 16 °C können bei Außentemperaturen von −15 bis +30 °C ohne Kühlung oder Heizung bis zu 22 Stunden eingehalten werden, wenn das Kühlgut beim Umschlag eine Temperatur von ca. 13 °C aufweist.

Die ab 1973 beschaffte Variante 398.1 hat eine geteilte Zugeinrichtung, größere Pufferteller sowie Einfahrschrägen an den Türen und weist veränderte Flach-

sicken in der Außenverkleidung auf.

Die insgesamt 499 Wagen erhielten Nummern ab 815 9 300, sie wurden zwischen 1980 und 1985 in 826 6 300 ff. umgenummert, Haupteinsatzgebiet war der Bananentransport.

Im Jahre 1981 wurden 30 Wagen zu Ibbhlps-tz 410 umgebaut, und 1983 wurde ein Wagen zu einem „Bananen-Isothermenwagen" ohne Wassereiskühlung umgerüstet.

Seit März 1988 werden die Wagen zu Ibbhlps 401 umgebaut, voraussichtlich April 1990 wird der Umbau der kompletten Serie abgeschlossen sein.

1:87-Seiten- und Stirnansicht eines Ibbhs 398 mit Handbremse.

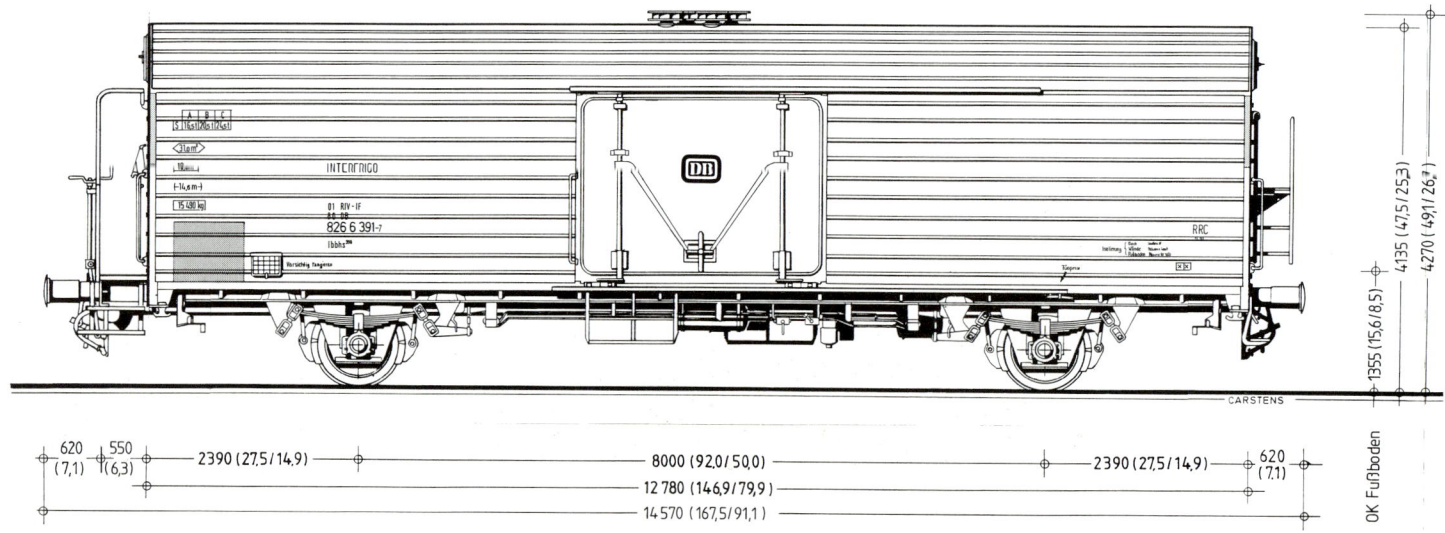

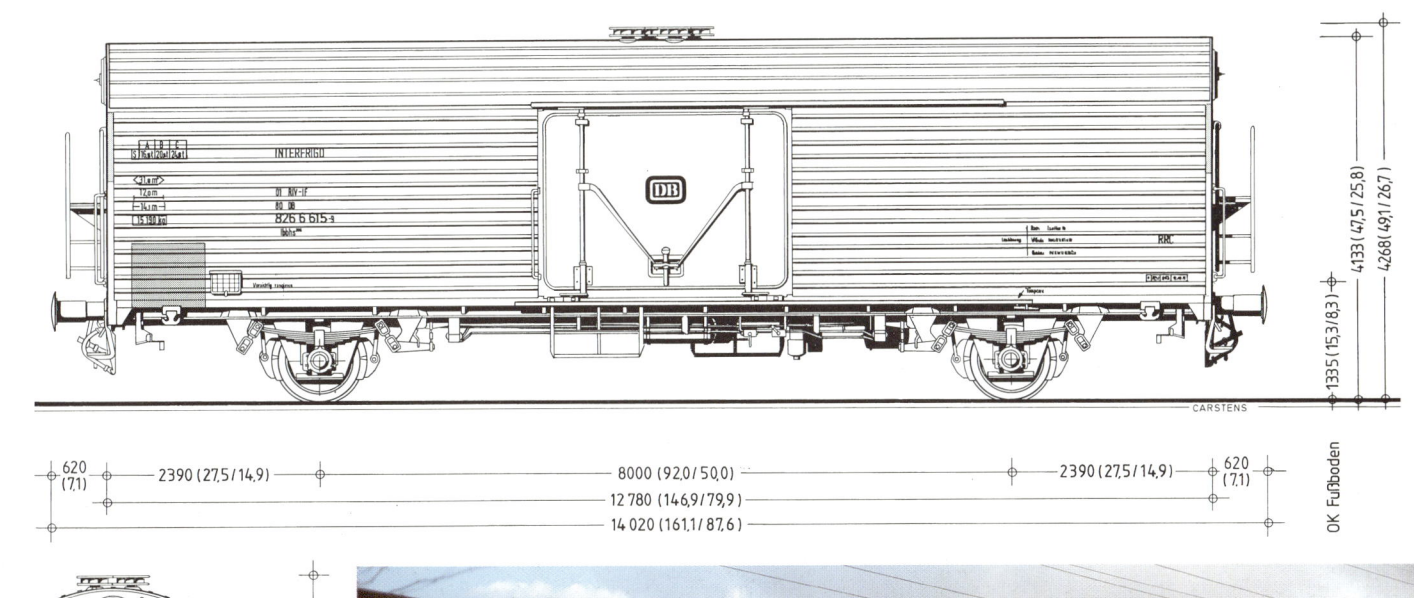

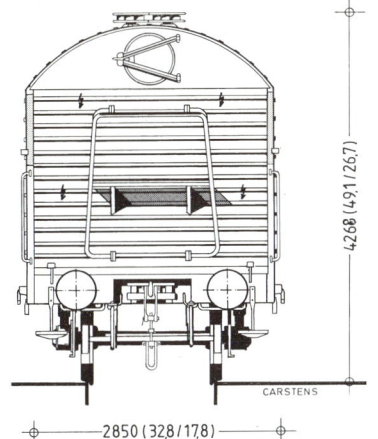

1:87-Seiten- und Stirnansicht eines Ibbhs 398.1 mit abweichender Form der Flachsicken und Richtung Radlager versetzten Seilankern.

Deutlich ist auf diesem Bild des Ibbhs 398.1 826 6 615, aufgenommen im Hamburger Hafen am 5. 2. 1989, der geringere Abstand der Seitenwand-Flachsicken gegenüber einem Ibbhs 398 der ersten Bauausführung (links) zu erkennen.

Modell

Solange es im Modell keine gefederten Hochleistungspuffer ("Elefantenfüße") gibt, läßt sich an diesem sehr gut gelungenen Roco-Modell nur wenig verbessern. Die Hauptarbeit besteht in dem Entfernen aller Spritzgrate an z.B. an den Puffern, Griffstangen und Lüftern. Daneben können z.B. noch neue Griffstangen aus Draht und Bremsschläuche angebracht werden.

Außerdem sollte auch der Umbau zum Ibbhs 396 oder 397 nicht allzu schwierig sein, da hierfür nur geringfügige Änderungen in der Bremsanlage erforderlich sind; die unterschiedlichen Laufkreisdurchmesser der Räder können im Modell getrost vernachlässigt werden.

Das Roco-Modell des Ibbhs 398 ist, bis auf die farbliche Nachbehandlung, kaum zu verbessern.

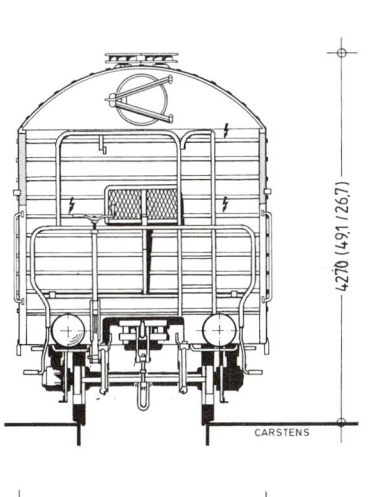

Tnoms 379
Ibbl(p)s 379

Erstes Umbaujahr	1966
Länge über Puffer	14020 mm
Achsstand	8000 mm
Ladelänge	12600 mm
Ladebreite	2600 mm
Ladefläche	33,0 m²
Laderaum	71,9 m³
Lastgrenze A	15,3 t
B	19,3 t
C, S max.	23,3 t
Eigengewicht	16710 kg
Achslager	Rollenlager
Höchstgeschwindigkeit	100 km/h
Bremsbauart	KE-GP
Federgehänge	Doppelschaken
Federblattanz./-länge	9/1400 mm
Pufferlänge	620 mm
Puffertellerdurchmesser	450 mm
Raddurchmesser	1000 mm
Ladetürbreite/-höhe	2400/2060 mm

Ausstattung: z.T. ein Trockeneisbehälter mit einer Stirnwandladeluke, zusätzliche Schiebetüren

Der ehemalige DB Ibblps 379 als Privatwagen 083 4 730 der Transthermos am 29. 9. 1970 in Mannheim.

Kühlwagen der Bauart Ibblps 379 entstanden ab 1966 im AW Oldenburg aus Glmms 61 (Gbs 254) durch Einbau einer Isolierung. Sie waren vorwiegend für Güter bestimmt, die gegen Wärme zu schützen sind und wurden wegen ihres Einsatzes von Eisenbahnern scherzhaft „Schokoladenwagen" genannt. Bis 1968 wurden die ersten 5 Wagen vorläufig als Tnoms 379 bezeichnet.

Die Seitenwände sind außen mit Polyurethan-Hartschaum isoliert und mit Stahlblechplatten verkleidet. Die Stirnwand-Isolierung gleichen Typs ist von innen aufgeschäumt und mit Sperrholz abgedeckt. Die Bodenelemente aus Stahlblech, Hartschaumisolierung und Sperrholz mit glasfaserverstärktem Polyesterbelag sind miteinander verklebt und bilden einen selbsttragenden Fußboden, das Dach besitzt Weichisolierung.

Zusätzlich sind isolierte Drehtüren und 24 Transportschutz-Platten der Bauart „Hamburg" installiert. Einige Wagen sind mit einem Trockeneiskanal ausgestattet, der durch eine Stirnwandluke beschickt werden kann.

Die DB stellte von 1966 bis 1973 insgesamt 90 Ibbl(p)s 379 in Dienst, die bereits ab 1966 die neuen Nummern 805 8 900 bis 805 8 989 erhielten und 1984 in 826 6 000 ff. umgenummert wurden.

Ende 1988 waren alle 69 noch vorhandenen Wagen an Transthermos oder an die Union Deutsche Lebensmittelwerke vermietet und beim Bahnhof Bremen-Sebaldsbrück bzw. Mannheim-Industriehafen beheimatet.

Ibb(d)hs 399
Ibbhlps-t 399

Abweichende Daten gegenüber Ibbhs 398.1:

	m. Hbr. / o. Hbr.
Erstes Baujahr	1974
Lastgrenze A	16,6/16,8 t
B	20,6/20,8 t
C, S max.	24,6/24,8 t
Eigengewicht	15400/15200 kg
Ladetürbreite/-höhe	2700/2055 mm

Ausstattung: 4 äolische Luftumwälzer, 2 Wasser- und 2 Trockeneisbehälter mit Stirnwandladeluken, z.T. mit Transportschutzeinrichtung, ab 1984 auch für Seefische-Transporte

Ibbdhs 399 800 2 036 mit Handbremse für Seefischtransporte vom Bahnhof Bremerhaven Fischereihafen im Jahre 1975; gut erkennbar ist die gegenüber den Bauarten 396 . . . 398 höhere Tür.

Im Jahr 1974 wurden weitere 56 Universalkühlwagen als Ibbhs 399 und 24 Seefischkühlwagen als Ibbdhs 399 beschafft, die sich von der Bauart 398.1 im wesentlichen nur in der Tür mit einer um 210 mm vergrößerten lichten Höhe unterscheiden. Entsprechend neuen Bestimmungen kann sie auch von innen geöffnet werden.

Die Ibbhs 399 hatten Nummern ab 815 9 800, die Ibbdhs 399 solche ab 800 2 000. Eine Umrüstung zweier Wagen zu Ibbhs 411 erfolgte 1978, 1981 wurden weitere zu Ibbhlps-tz 410 umgebaut. 30 heute an die Transthermos vermietete Wagen mit Transportschutzplatten erhielten 1984 die Bezeichnung Ibbhlps-tz 399 mit Nummern ab 825 4 400, die 24 Seefischkühlwagen Nummern ab 822 2 000.

Ibbhlps 401

	m. Hbr. / o. Hbr.
Erstes Umbaujahr	1988
Länge über Puffer	14570/14020 mm
Achsstand	8000 mm
Ladelänge	12080 mm
Ladebreite	2600 mm
Ladefläche	31,4 m²
Laderaum	62,1 (64,2) m³
Lastgrenze A	16,7/17,1 t
B	20,7/21,1 t
C, S max.	24,7/25,1 t
Eigengewicht	15300/14900 kg
Achslager	Rollenlager
Höchstgeschwindigkeit	100 km/h
Bremsbauart	KE-GP-A
Federgehänge	Doppelschaken
Federblattanz./-länge	9/1400 mm
Pufferlänge	620 mm
Puffertellerdurchmesser	370 mm
Raddurchmesser	920 mm
Ladetürbreite/-höhe	2700/2230 mm

Ibbhlps 401.1

Puffertellerdurchmesser	450 mm

Seit März 1988 werden als Sonderarbeit im Bundesbahnausbesserungswerk Hamburg-Harburg 466 Wagen der Bauart Ibbhs 398 mit größeren Ladetüren ausgerüstet. Die lichte Höhe der Türöffnung von nunmehr 2230 mm ermöglicht eine Staplerdurchfahrt mit Palettenstapelhöhen von 2150 mm, wie sie bei Palettierautomaten im Bananenumschlag üblich sind. Die Fußbodenroste und die Wassereis-Kühleinrichtungen werden ausgebaut, womit sich der Laderaum um ca. 5 % vergrößert.

Pro Arbeitstag wird ein Fahrzeug fertiggestellt (bis Ende 1988 188 Stück). Die Wagen erhalten Nummern ab 826 4 000.

Ibbhs 411
Ibbhlps-tz 411

Zwei Prototypen der Bauart Ibbhs 411 entstanden 1976 durch Umbau aus Ibbhs 399. In allen wesentlichen Merkmalen entsprechen sie den Wagen der Bauart 410, denen sie als Versuchsträger dienten.

Der allseitig isolierte Kältemittelkanal ist mit einem Rostblech versehen, das der Auflage des Trockeneises dient. Mit Hilfe zweier vor dem Kanalende angebrachten Axiallüfter und den parallel zum Eiskanal angeordneten „Kühlluftröhren" wird abgekühlte Luft zur Wagenmitte zurückgeführt. Zur Vermeidung eines „Kälteflusses" bei stillstehenden Lüftern ist eine Kältesperre in Form eines geneigten Bleches im Kanal eingebaut.

Der Schaltkasten enthält einen Temperaturvorwahlschalter und eine Zeitvorwahl-Schaltuhr, diese begrenzt die Lüfterlaufzeit, um ein „Leerfahren" der Akkus nach vollständiger Kühlmittelverdunstung zu verhindern.

Nach Ablauf der zweijährigen Erprobungszeit erwies sich die im Vergleich zu Maschinenkühlwagen wesentlich günstigere Wirtschaftlichkeit der „Coolvent-Anlage" für die im westeuropäischen Raum üblichen Transportdauern. Die ursprünglichen Nummern der nunmehr an Transthermos vermieteten Wagen 8 159 850/851 wurden 1984 in 8 254 600/601 abgeändert.

Die modernste DB-Bauart stellt dieser handgebremste Ibbhs 400-Versuchswagen 8 159 999 dar, die Aufnahme zeigt deutlich die zusätzliche Abfederung mit Schraubenfedern.

Ibbhs 400

Baujahr	1974
Länge über Puffer	14270 mm
Achsstand	9000 mm
Ladelänge bei Wasser-/	11040 mm
... Trockeneiskühlung	12064 mm
Ladebreite	2600 mm
Ladefläche	28,7 bzw. 31,4 m²
Laderaum	55,4 (64,0) bzw. 60,6 (70,0) m³
Lastgrenze A	17,0 t
B	21,0 t
C, S max.	25,0 t
Eigengewicht	14990 kg
Achslager	Rollenlager
Höchstgeschwindigkeit	100 km/h
Bremsbauart	KE-GP-A
Federgehänge	Doppelschaken
Federblattanz./-länge	9/1200 mm
Pufferlänge	620 mm
Puffertellerdurchmesser	450 mm
Raddurchmesser	920 mm
Ladetürbreite/-höhe	2700/2055 mm

Ausstattung: 2 Wassereis- und 2 Trockeneisbehälter

Ibbdhs 400

Bei der Bauart Ibbhs 400 handelt es sich um einen Versuchswagen, der 1974 in den Verkehr kam. Dieser Prototyp hat einen Radstand von 9000 mm, andere Tragfedern geringerer Länge und Traghöhe und einen um 300 mm kürzere Bremserstand. Die durch Schraubenfedern ergänzte zweistufige Federung dient der Erhöhung der Verwindungsweichheit des Laufwerks.

Diese Fortschritte kamen offensichtlich zu spät oder haben sich nicht sehr bewährt, da es zu einer Serienbeschaffung der Fahrzeuge nicht mehr kam. Der Wagen erhielt die Nummer 8 159 999 und war am 31. 12. 1988 noch als Seefischkühlwagen Ibbdhs 400 mit der Nummer 822 2 100 im Einsatz.

Der kurz zuvor im AW Hamburg-Harburg aus einem Ibbhs 398 umgebaute Bananenwagen Ibbhlps 401 826 4 111 stand am 5. 2. 1989 im Rbf. Maschen.

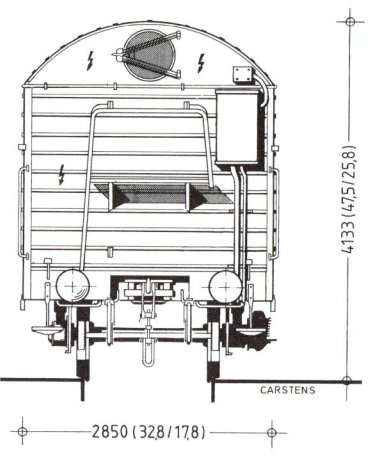

Der Ibbhlps-tz 410 825 4 547 als Mietwagen der Transthermos am 12. 10. 1985 in Bochum-Dahlhausen. Die Zeichnungen zeigen die gegenüberliegenden Wagenseiten mit dem Coolvent-Gerät, dem Achsgenerator und den Batteriekästen und der blauen (runden) Eisladeluke.

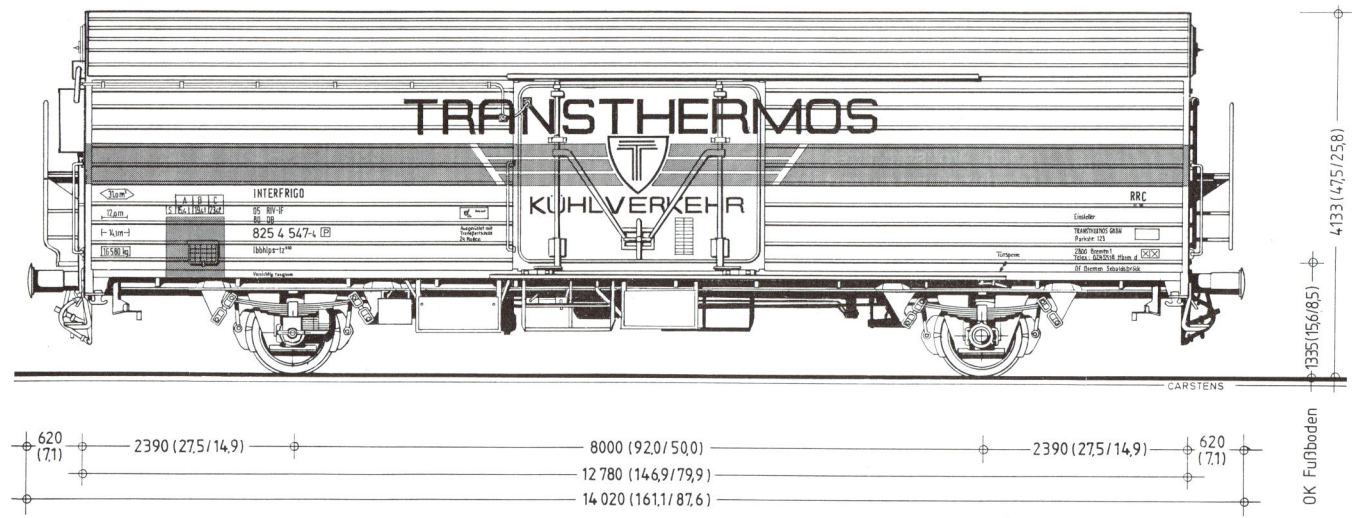

Ibbhs 410
Ibbhlps-tz 410

Abweichende Daten gegenüber Ibbhs 398/399:

	m. Hbr. / o. Hbr.
Erstes Umbaujahr	1981
Ladelänge	12120 mm
Ladefläche	31,5 m²
Laderaum	66,6 m³
Lastgrenze A	15,1/16,1 t
B	19,1/19,4 t
C, S max.	23,1/23,4 t
Eigengewicht	16900/16600 kg

Ausstattung: Transportschutzeinrichtung, „Coolvent"-Temperaturregel-Gerät, Axiallüfter mit Akku-Speisung, Achslagergenerator, 2 Trockeneisbehälter

Insgesamt 51 Wagen der Bauart Ibbhs 410 wurden 1981 aus Ibbhs 398 und Ibbhs 399 umgebaut. Sie entstanden in Anlehnung an die Ibbhs 411 und sind für die Beförderung von Gütern bestimmt, die eine strenge Einhaltung bestimmter Temperaturbereiche erfordern. Die Innenraumtemperaturen können zwischen –20 °C und +15 °C in engen Toleranzen geregelt werden. Die Fahrzeuge sind mit einer modifizierten Transportschutzeinrichtung der Bauart „Daberkow" ausgerüstet.

Der Innenraumtemperierung dienen ein „Coolvent-Gerät" und eine Heizeinrichtung, die raumsparend unter dem Dach eingebaut sind. Die Regelanlage besteht aus einem Kältemittelbehälter, zwei Axiallüftern, Heizregister, Thermostat, Türzeitschalter und Temperaturfernanzeige. Eine Bedienungsschalttafel befindet sich in einem Kasten neben der blauen Eisladeluke an der Wagenstirnwand. Der Energieversorgung dient ein Achslagergenerator mit Akkumulator und Ladegerät.

Bei Temperaturanstieg über den gewählten Wert setzt der Thermostat die Lüfter in Betrieb. Diese fördern die Umluft über Trockeneis im Kältemittelraum wieder dem Laderaum zu. Analog erfolgt die Temperaturregelung bei Unterschreitung einer gewählten Temperatur durch Erwärmung der Luft.

Die Wagen werden überwiegend für tiefgefrorene Lebensmittel und Fertiggerichte sowie im oberen Temperaturbereich für Konserven, Milchprodukte, Wurst, Margarine, Schokolade und Getränke eingesetzt. Sie erhielten Nummern ab 825 4 500 und waren Ende 1988 alle an Transthermos vermietet.

Das Transthermos-Werbemodell des gleichen Wagentyps basiert auf dem Roco Ibbhs 398.

Verladung einer Schafherde in einen Verschlagwagen der Austauschbauart im Jahr 1952. Interessant ist auch die Anschrift DB Hamburg 80 230 V, die es theoretisch nie gegeben haben dürfte, da bei der Gründung der DB die Gattungsbezirke aufgelöst wurden und die Wagen Gattungsnummern (in diesem Fall: V 23) erhielten.

Verschlagwagen

Verwendung

Die Verschlagwagen dienen vorwiegend der Beförderung von Kleinvieh wie z.B. Schweinen, Schafen und Geflügel. Um zu diesem Zweck den Laderaum besser ausnutzen zu können, sind die Wagen in der Höhe unterteilt und besitzen ca. 1 m über dem Fußboden einen Zwischenboden (speziell für den Gänsetransport gebaute Wagen besaßen sogar drei Zwischenböden). Oben und unten können durch Flügeltüren einzelne Verschläge abgeteilt werden.

Der Kastenaufbau der Verschlagwagen entspricht weitgehend dem G-Wagen. Damit eine ausreichende Frischluftzufuhr gewährleistet ist, sind die Wandbretter nicht auf der ganzen Höhe mit Nut und Feder aneinandergefügt, sondern haben im oberen Bereich der Etagen breite Zwischenräume. Zusätzlich sind in den Längswänden (z.T.

auch in den Schiebetüren) Lüftungsklappen vorhanden, die aufgeklappt je zwei Lüftungsschlitze freigeben.

Da durch die Lüftungsschlitze eine ausreichende Kühlung der Ladung gewährleistet ist, wurden die Wagen früher auch für den Obst- und Gemüse-Transport eingesetzt.

Entwicklung

Für den Transport von Kleinvieh wurden Ende des vorigen Jahrhunderts von den Preußischen Staatsbahnen zwei verschiedene Wagentypen beschafft. Während die Viehwagen nach Musterblatt II c 1 a (bei der DB als Vwh 04 bezeichnet) auf dem gleichen Untergestell aufgebaut waren wie die Gw Magdeburg und eine Ladelänge von 7,15 m hatten, besaßen die Wagen nach Musterblatt II c 1 b (Vwh 03 der DB) nur 5,75 m Ladelänge.

Beide Wagen waren nach den gleichen Konstruktionsprinzipien gebaut. Gemeinsame Merkmale der Wagen waren das flach gewölbte Dach (mit dem erhöht angeordneten Bremserhaus), Seitenwandtüren ohne Lüftungsklappen, zweiflügelige Stirnwandtüren, ein zusätzliches Kleinviehabteil unter dem Wagenboden zwischen den Achsen und Fachwerkachshalter.

Die Innenraumaufteilung der Wagen war jedoch unterschiedlich. Während die ab 1897 beschafften kurzen Wagen zusätzlich zu dem fest eingebauten Zwischenboden in der Regel zwei Einlegeböden für den Geflügeltransport besaßen und in der Länge nicht unterteilt werden konnten, galt dies nur für die ab 1894 gebauten langen Wagen. Ab dem Baujahr 1899 erhielten die meisten längeren Wagen Flügeltüren, um die Ladefläche oben und unten in je-

weils drei Abteile aufteilen zu können.

Anfang dieses Jahrhunderts wurde die Konstruktion der preußischen Verschlagwagen überarbeitet, wobei sie äußerlich nahezu unverändert blieben. Die Wagen wurden verstärkt (u.a. bekamen sie Preßblechachshalter), und das Ladegewicht konnte von 10 t auf 15 t heraufgesetzt werden.

Von diesen Wagen nach Musterblatt II d 10 (den späteren Vh 04) wurden zwischen 1902 und 1912 insgesamt 1313 Stück gebaut, wobei einige der letzten Wagen bereits mit einer Kkg-Bremse abgeliefert wurden.

Die Nachfolge der Länderbahnwagen trat der Verschlagwagen nach der Verbandsbauartzeichnung A 8 an (V 14 der DB), der erstmals 1913 gebaut wurde. Im Gegensatz zu den Länderbahnwagen, die das Untergestell der Gw Magdeburg besaßen, wurde

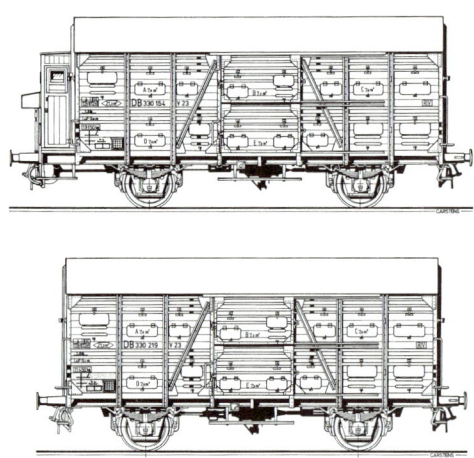

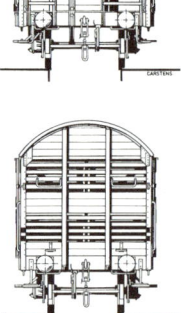

Länderbahn-Verschlagwagen nach Musterblatt II c 1 b (Vwh 03, oben) und II d 10 (Vh 04, darunter) im Maßstab 1 : 160.

V 23 mit und ohne Handbremse im Maßstab 1 : 160.

für die V 14 ein eigenes Untergestell mit einer Länge über Puffer von 8550 mm bzw. 8250 mm entwickelt. Dadurch war die Ladelänge der V 14 25 cm kürzer als bei den Länderbahnwagen.

Äußere Unterscheidungsmerkmale der Verbandsbauartwagen gegenüber den Länderbahnwagen waren u.a. der generelle Verzicht auf das Kleinviehabteil zwischen den Achsen, der Fortfall der Stirnwandtüren, die zusätzlichen Lüftungsklappen in den Seitenwandtüren und die Form des Bremserhauses mit dem für die Verbandsbauartwagen typischen Dachfirst. Bis 1927 wurden insgesamt 2134 Verbandsbauart-Verschlagwagen gebaut.

Im gleichen Jahr begann die Fertigung der Austauschbau-Verschlagwagen, der späteren V 23, die sich auffällig von ihren Vorgängerbauarten unterschieden. Zwar wurde das Ladegewicht von 15 t beibehalten und auch die Ausführung der Wände entsprach weitgehend den Verbandsbauartwagen, aber damit erschöpften sich die Gemeinsamkeiten.

Der V 23 bekam das Untergestell des gedeckten Austauschbauwagens (Gr 20). Die Ladelänge konnte dadurch auf 7,75 m vergrößert werden, und auch die Konstruktion des Wagenkastens entsprach dem gedeckten Wagen. Mit ihm gemein hatte er das Tonnendach, das direkt auf dem Untergestell angeordnete Bremserhaus, die hängend angeordneten Seitenwandtüren und die Diagonalstreben in den Seitenwandfeldern neben den Türen.

Allerdings entsprachen die ersten V 23 noch nicht den Austauschbaugrundsätzen. Ähnlich wie bei anderen Gattungen gab es Wagen, die bereits die Abmessungen der Austauschbauwagen besaßen aber noch nicht in allen Bauteilen den Serienwagen entsprachen. Erkennbar sind diese Wagen an den stehenden Türen, der abweichenden Anordnung der Bremsanlage und anderen Knotenblechen.

Zwischen 1927 und 1935 wurden insgesamt 654 Austauschbau-Verschlagwagen gebaut, von denen die Hälfte eine Handbremse besaß. Ähnlich wie die

Glt-Wagen der Austauschbauart (Glt 23) erhielten die letzten V 23 bis zur Rahmenunterkante reichende Seitenwanddiagonalen.

In den Jahren 1936/37 wurde als letzte neu gebaute Verschlagwagenbauart eine kleine Serie von 27 geschweißten Wagen beschafft. Diese von der DB als V 33 bezeichneten Wagen besaßen die gleichen Hauptabmessungen wie die V 23, im Gegensatz zu diesen wurden aber nur Wagen ohne Handbremse gebaut. Auffallend ist, daß man nicht (wie bei den gedeckten Wagen des gleichen Beschaffungszeitraums) den Achsstand verlängerte, sondern sich mit einem weicher abgefederten Laufwerk begnügte. Ähnliches gilt für die Bremsanlage: Während die gedeckten Wagen bereits eine Hildebrand-Knorr-Bremse bekamen, wurde bei dem V 33 die Kunze-Knorr-Bremsanlage beibehalten.

In der zweiten Hälfte der dreißiger Jahre wurden die Verschlagwagen der Länder- und Verbandsbauart (analog zu den gedeckten Wagen) durch halbhohe, eingeschweißte Diagonalen in den Seitenwandendfeldern verstärkt, wobei im Bereich der Diagonalstreben die Lüftungsklappen ausgebaut und die Schlitze hinter den Klappen geschlossen wurden.

Im Jahr 1953 umfaßte der Bestand insgesamt 894 Verschlagwagen (193 Vwh 03 und V 04, 564 V 14, 88 V 23 und 49 sonstige

Vorkriegsbauarten). Aufgrund des hohen Alters der Verschlagwagen (die meisten Wagen waren älter als 35 Jahre) entschloß sich die DB Ende der fünfziger Jahre, die vorhandenen Wagen umzubauen. Nach einem Anfang 1959 fertiggestellten Versuchswagen wurden in den Jahren 1960/61 die meisten Wagen zerlegt und die Teile für den Bau 650 moderner Verschlagwagen verwendet.

Der auf diese Weise entstandene Vlmms 63 besitzt das Untergestell des Glmehs 50. Die Seiten- und Stirnwände sind Lattenwände mit 40 bzw. 60 mm breiten Luftspalten, deren Größe mit insgesamt 58 Lüftungsklappen verändert werden kann. Ebenso wie die Ursprungswagen besitzt er zwei Böden. Wegen der größeren Ladelänge hat er jedoch insgesamt zehn innere Drehtürpaare und jeweils vier Seitenwandtüren. Die Wagen sind Schnelläufer mit Doppelschakenlaufwerken und KE-P-Bremsen.

Nach Abschluß des Umbauprogramms waren noch rund 190 Verschlagwagen alter Bauart vorhanden, die zum größten Teil zum G-Wagen-Umbauprogramm herangezogen wurden. Die letzten alten Wagen wurden bis 1966 ausgemustert. Heute existieren noch 13 in Buchloe beheimatete Vlmms 63 mit der UIC-Bauartbezeichnung Hes 358, bei denen die Bretterwände z.T. durch Blechplatten ersetzt wurden.

Verbandsbauart-Verschlagwagen mit (als Vh Hamburg im Zustand der frühen fünfziger Jahre) und ohne Handbremse (als V 14 der DB).

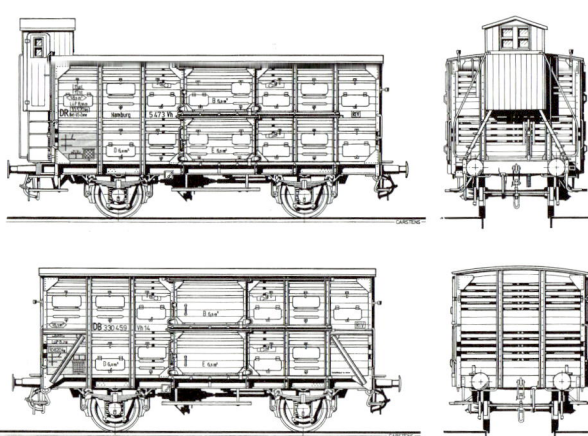

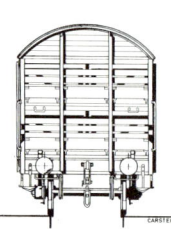

Der Umbau-Verschlagwagen Vlmms 63.

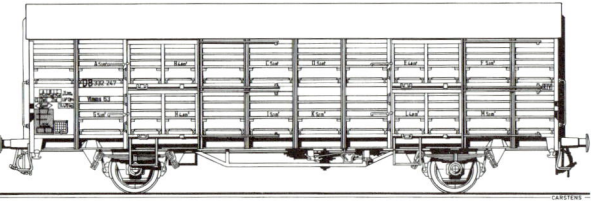

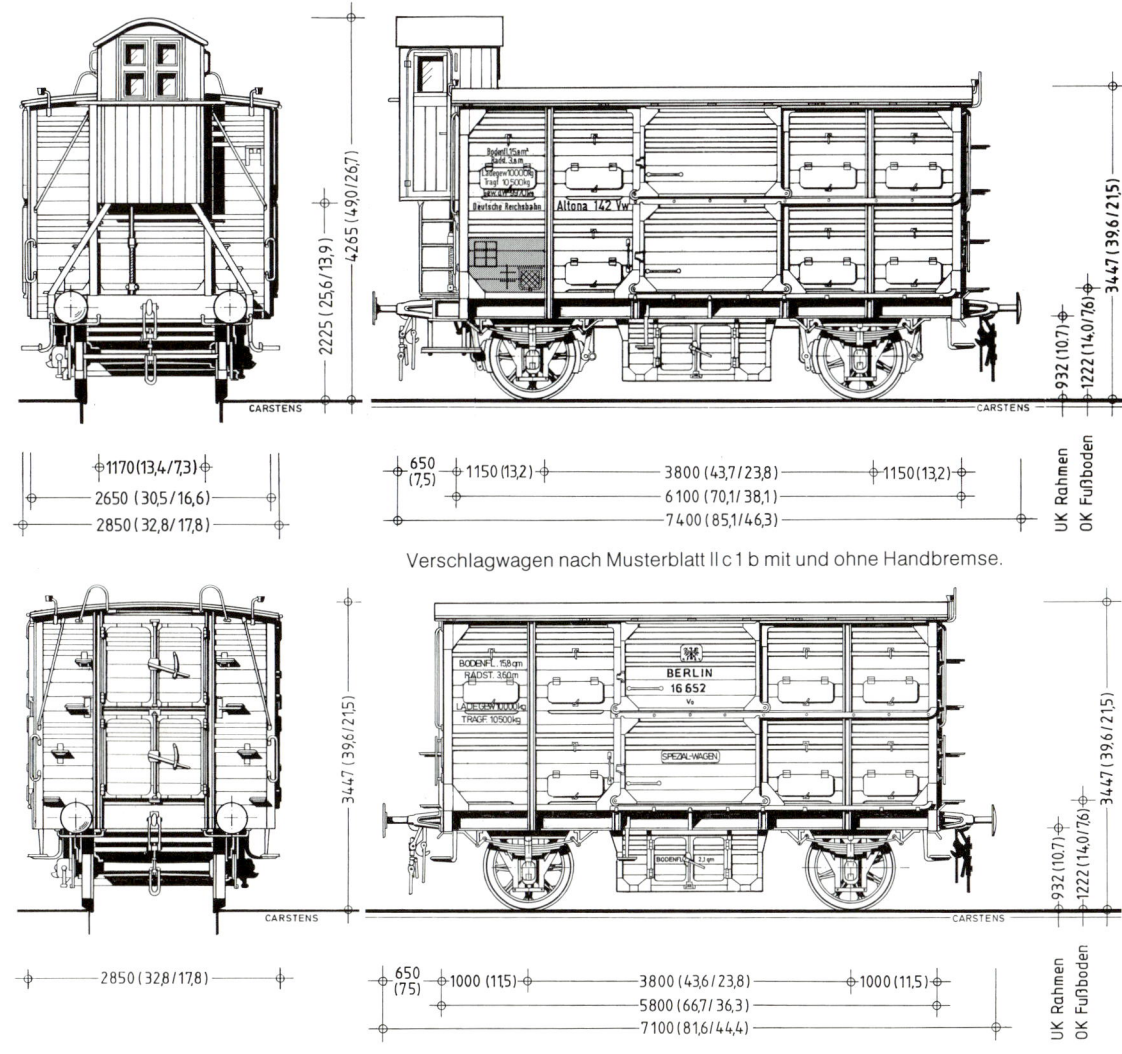

Kohlverladung in einen Vwh (03) im Bf. Krempe im Jahr 1942: Weißkohl oben, Rotkohl unten.

Vwh Altona
Vwh Hamburg
Vwh 03

	m. Hbr. / o. Hbr.
Erstes Baujahr	1897
Letztes Einsatzjahr	vor 1960
Länge über Puffer	7400/7100 mm
Achsstand	3800 mm
Ladelänge	5750 mm
Ladebreite	2600 mm
Ladefläche	2 x 14,9 m²
Ladegewicht	10,0 t
Tragfähigkeit	10,5 t
Eigengewicht	10000/9500 kg
Achslager	Gleitlager
Höchstgeschwindigkeit	65 km/h
Bremsbauart	–
Federgehänge	Laschen
Federblattanz./-länge	8/1100 mm
Pufferlänge	650 mm
Puffertellerdurchmesser	370 mm

Ab 1897 beschafften die Preußischen Staatsbahnen eine Reihe kurzer Verschlagwagen. Die Wagen, die bei der Reichsbahn mit niedrigen Wagennummern in den Gattungsbezirk Altona (später: Hamburg) eingereiht wurden, besaßen keine beweglichen Trennwände zur Unterteilung der Ladefläche. Einige Wagen kamen noch zur DB und erhielten dort die Gattungsbezeichnung Vwh 03, wurden aber bereits in den fünfziger Jahren ausgemustert.

Verschlagwagen nach Musterblatt II c 1 b mit und ohne Handbremse.

Ebenfalls mit dem Eigentumsmerkmal DB und Gattungsbezirk: Der Vh Hamburg 570, 1951/52 fotografiert, besaß noch das Viehabteil unter dem Wagenboden.

V(w)h Altona   V(w)h Hamburg   V(w)h 04

Vh 04	m.Hbr. / o.Hbr.
Erstes Baujahr	1902
Letztes Einsatzjahr	1966
Länge über Puffer	8800/8500 mm
Achsstand	4000 mm
Ladelänge	7150 mm
Ladebreite	2600 mm
Ladefläche	2 x 18,6 m²
Ladegewicht	15,0 t
Tragfähigkeit	15,75 t

Lastgrenze A/B/C	15,5 t
Eigengewicht	11000/10600 kg
Achslager	Gleitlager
Höchstgeschwindigkeit	65 km/h
Bremsbauart	Kkg*
Federgehänge	Laschen
Federblattanz./-länge	10/1100 mm
Pufferlänge	650 mm
Puffertellerdurchmesser	370 mm

* Laut Merkbuch für Schienenfahrzeuge

der DB, Ausgabe 1952, jedoch für keinen Wagen nachgewiesen

Abweichende Daten: Vwh 04

Erstes Baujahr	1897
Letztes Einsatzjahr	vor 1962
Ladegewicht	10,0 t
Tragfähigkeit	10,5 t
Bremsbauart	–
Federblattanz./-länge	9/1100 mm

Zwischen 1894 und 1912 wurde für die preußischen Staatsbahnen eine Reihe von ähnlichen Verschlagwagen mit gleichen Hauptabmessungen gebaut. Gemeinsames Merkmal dieser Wagen waren das Flachdach, die zweiflügeligen Stirntüren und das zusätzliche Kleinviehabteil unter dem Wagenbo-

Seiten- und Stirnansicht eines Vh 04 mit Bremserhaus im Maßstab 1:87.

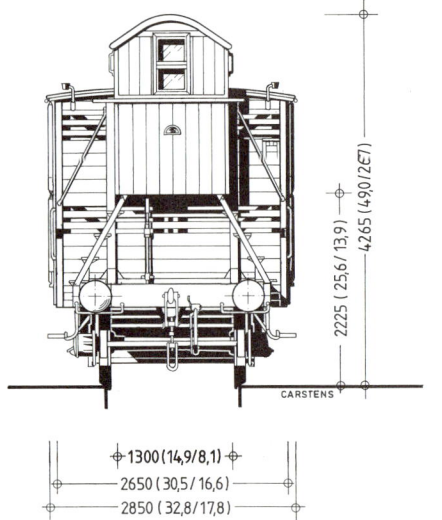

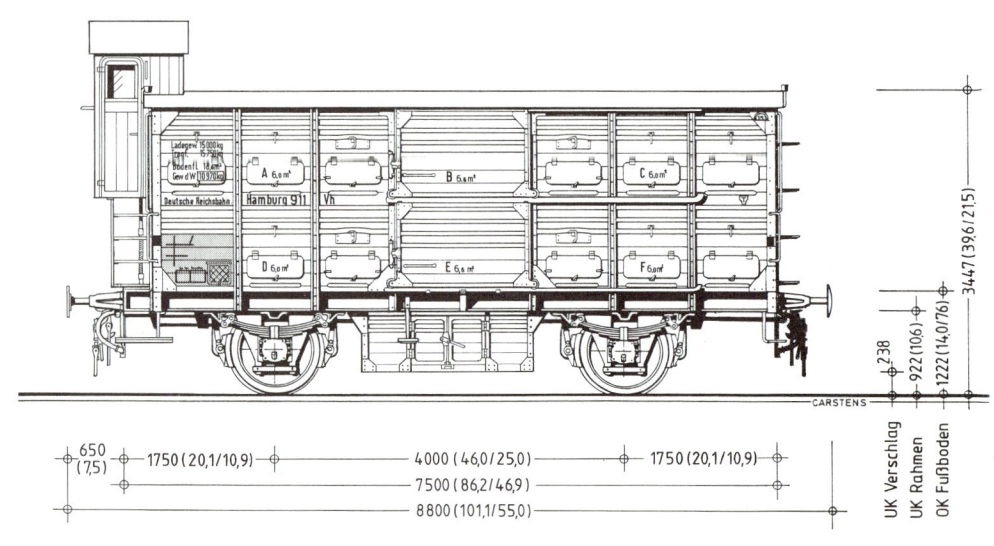

Stirn- und Seitenansicht eines Vwh 04 (oben) und eines Vh 04 (darunter). Die Wagen unterschieden sich in der Ausführung der Achshalter, während die Diagonalstreben an dem Vh eine spätere Zutat sind.

den (das allerdings bei vielen Wagen später wieder ausgebaut wurde). Die Wagen unterschieden sich aber in der Innenraumaufteilung.

Während die ab 1894 nach Musterblatt II c 1 a gebauten Wagen keine beweglichen Trennwände, dafür aber zusätzliche Einlegeböden für den Geflügeltransport besaßen, entfielen bei den ab 1899 (nach der zweiten Auflage der o.g. Zeichnung) gebauten Wagen die Einlegeböden; die Wagen bekamen dafür bewegliche Trennwände. Daneben wurden Wagen mit zusätzlichen Einlegeböden nach Musterblatt II c 1 beschafft.

Anfang dieses Jahrhunderts wurde die Konstruktion der preußischen Verschlagwagen verstärkt, so daß die Tragfähigkeit von 10,5 t auf 15,75 t heraufgesetzt werden konnte (das Ladegewicht stieg von 10 t auf 15 t). Zwischen 1902 und 1912 wurden insgesamt 1313 verstärkte Wagen nach Musterblatt II d 10 gebaut. Diese unterschieden sich äußerlich in etlichen Details von den älteren Bauarten. Anstelle der bis dahin verwendeten Fachwerk-Achshalter erhielten die Wagen solche aus Preßblech. Das Bremserhaus wurde

von 1170 mm auf 1300 mm verbreitert und bekam ein Stirnfenster ohne Fensterkreuz. In der letzten Ausführung erhielt es anstelle des an der Stirnwand angeschraubten Winkelprofils – das verhindern sollte, daß die Türen zu weit aufschlugen – zusätzliche Griffstangen an den Aufstiegsleitern und ähnelte damit bereits dem der Verbandsbauart.

Einige Wagen der letzten Lieferung erhielten bereits werkseitig eine Knorr-Bremsanlage und besaßen daher kein Viehabteil zwischen den Achsen. Ob weitere Wagen nachträglich eine Druckluftbremsanlage bekommen haben, konnte bislang nicht nachgewiesen werden; dies hätte auf jeden Fall den Ausbau des Kleinviehabteils unter dem Wagenboden erfordert.

Ende der dreißiger Jahre wurden die Verschlagwagen der Länderbauart, ebenso wie die Verbandsbauartwagen, durch eingeschweißte Diagonalstreben in den Endfeldern verstärkt.

Die Wagen bekamen bei der Deutschen Reichsbahn die Gattungsbezeichnung Vwh, Vwgh oder Vh Altona bzw. ab 1937 Hamburg. Bei der DB erhielten die Wagen die Bezeichnung Vwh 04 (Wagen nach Musterblatt II c 1 a), Vwgh 04 (II c 1) bzw. Vh 04 (II d 10). Während die Wagen mit 10 t Ladegewicht bereits in den fünfziger Jahren ausgemustert wurden, blieb der letzte Vh 04 (trotz des Umbauprogramms zu Vlmms 63 in den Jahren 1960/61) bis 1966 im Einsatz.

Der Vh 04 330 298 am 4.5.1959 in Hanau. Der Wagen besaß bereits keine Bremsanlage und kein Viehabteil unter dem Wagenboden mehr.

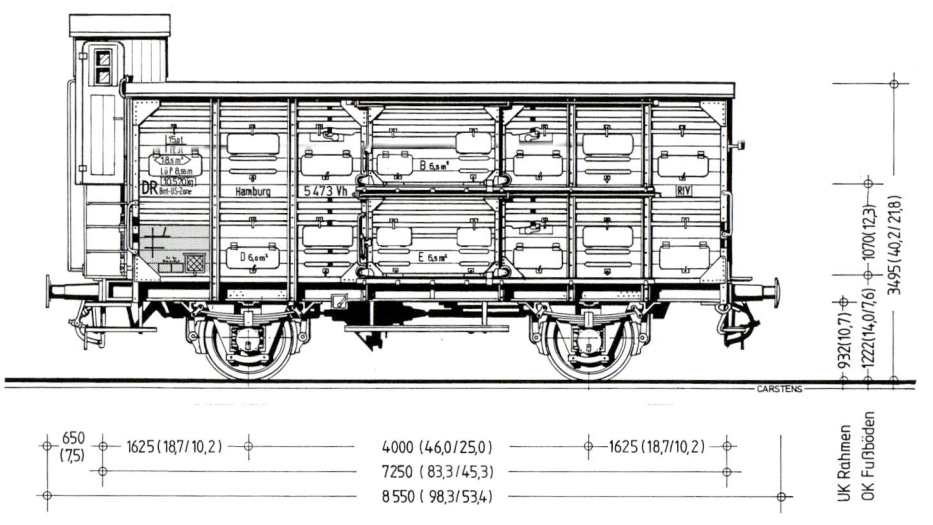

Der Vh 14 330 260 besaß 1952 Endfeldverstärkungen, ein gekürztes Bremserhaus (ähnlich wie viele G 10) und keine Lüftungsklappen in den Türen mehr. Interessant ist, daß die Endfeldverstärkungen so hoch gezogen wurden, daß auch die oberen Lüftungsklappen entfielen (vgl. mit dem Wagen rechts).

V(h) Altona   V(h) Hamburg   V(h) 14

	m. Hbr. / o. Hbr.
Erstes Baujahr	1913
Letztes Einsatzjahr	1965
Länge über Puffer	8550/8250 mm
Achsstand	4000 mm
Ladelänge	6900 mm
Ladebreite	2684 mm
Ladefläche	2 x 18,5 m²
Ladegewicht	15,0 t
Tragfähigkeit	17,5 t

Lastgrenze A/B/C	17,5 t
Eigengewicht	12000/11200 kg
Achslager	Gleitlager
Höchstgeschwindigkeit	65 km/h
Bremsbauart	Kkg
Federgehänge	Laschen
Federblattanz./-länge	10/1100 mm
Pufferlänge	650 mm
Puffertellerdurchmesser	370 mm

1913 wurde der erste Verschlagwagen der Verbandsbauart gebaut, dem bis 1927 noch 2133 Wagen folgten, die zum Teil mit einer Handbremse ausgerüstet waren. Der Verbandsbauartwagen war damit der mit Abstand häufigste Verschlagwagen.

Die Wagen bekamen bei der Deutschen Reichsbahn die Gattungsbezeichnung V Altona bzw. ab 1937 V Hamburg; bei der DB erhielten die Wagen die Bezeichnung V 14 und wie alle anderen V-Wagen Nummern zwischen 330 000 und 339 999.

Ab Ende der dreißiger Jahre wurden die Verschlagwagen

1:87-Zeichnung eines Verschlagwagens der Verbandsbauart mit Bremserhaus im Zustand Ende der vierziger Jahre (noch ohne Endfeldverstärkungen).

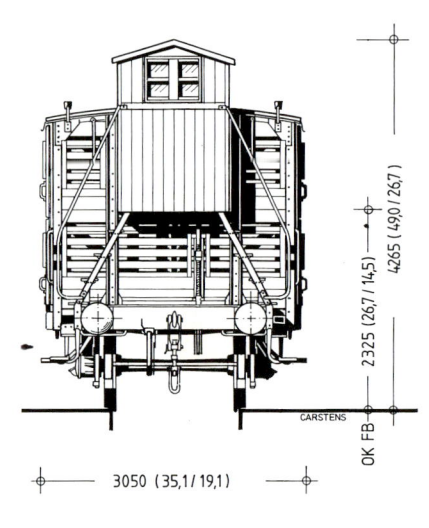

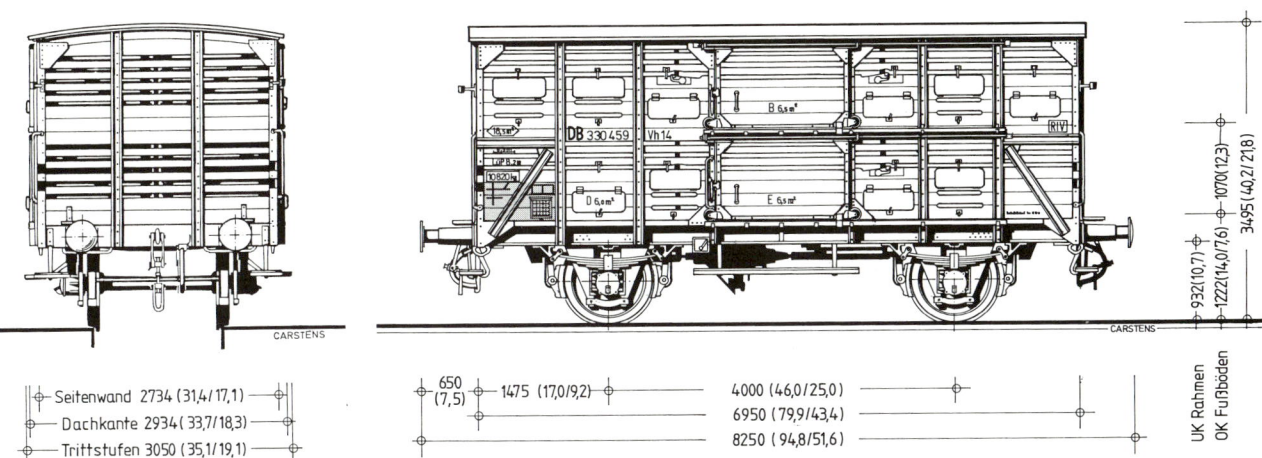

Seitenwand 2734 (31,4/17,1)
Dachkante 2934 (33,7/18,3)
Trittstufen 3050 (35,1/19,1)

650 (7,5)   1475 (17,0/9,2)   4000 (46,0/25,0)
6950 (79,9/43,4)
8250 (94,8/51,6)

UK Rahmen
OK Fußboden

Stirn- und Seitenansicht eines V 14 ohne Handbremse im Zustand der fünfziger Jahre mit Endfeldverstärkungen und ohne Lüftungsklappen in den Türen.

der Verbandsbauart durch ein-geschweißte Diagonalstreben in den Endfeldern verstärkt. Au-ßerdem wurde bei den Hand-bremswagen nach dem Zweiten Weltkrieg, ähnlich wie bei den gedeckten Wagen (G 10), das erhöht angeordnete Bremser-haus so weit gekürzt, daß es nicht mehr über das Dach ragte, und die Bremskurbel nur mit einem Kurbelkasten aus Blech geschützt. Der Grund hierfür wa-ren Probleme mit der Dachdich-tung im Bereich der Bremser-hausanschlüsse. Schließlich er-hielt ein Teil der Wagen anstelle der mit Kunstharz getränkten Gewebedachdecke ein Blech-dach.

Obwohl fast alle V 14, ebenso wie alle älteren Verschlagwagen, 1960/61 zu dem Umbaupro-gramm zu Vlmms 63 herangezo-gen wurden, waren 1962 noch sechs Wagen im Bestand. Der letzte V 14 blieb bis 1965 im Ein-satz.

Modell

Bislang gibt es von dem Ver-bandsbauart-Verschlagwagen leider nur ein sehr betagtes Zinkdruckgußmodell von Trix.

Trotz seines hohen Alters ist das Modell aber recht maßstäblich und auch in den Proportionen stimmig.

Wie die beiden unten abge-bildeten Modelle zeigen, kön-nen die Wagen, nachdem sie optisch „aufgemöbelt" sind, durchaus neben Fahrzeugen

neuerer Fertigung bestehen. Da die Wagen nicht mehr im Han-del sind, sollen hier nur die wichtigsten Arbeiten erwähnt werden:

Die Wagen haben Roco-Fahr-gestelle mit neuen Trittstufen und einer Kkg-Bremsanlage. An den Wagenkästen wurden die Blech-Türlaufschienen entfernt

und durch eingeklebte Drähte ersetzt sowie die Türen fest ein-geklebt. Außerdem haben die Wagen neue Griffstangen, Si-gnalhalter (und Endfeldverstär-kungen) bekommen. Schließ-lich wurden die erhabenen Be-schriftungen abgeschliffen und durch Gaßner-Schiebebilder er-setzt.

Der Vh 14 330 455, aufgenommen am 4. 5. 1959 in Hanau, entspricht bis auf das Blechdach dem oben gezeichneten Wagen.

Der alte Zinkdruckguß-Verschlagwagen von Trix läßt sich mit einigem Aufwand und einem Roco-Fahrgestell in einen V 14 verwandeln, der sich durchaus neben Wagen heutiger Fertigung sehen lassen kann, wie die beiden Bilder, die den Wagen in der Ausführung mit Handbremse als Wagen der Deutschen Reichsbahn bzw. ohne Handbremse als DB-Wagen zeigen, beweisen.

DB 331044 Vr23
RIV

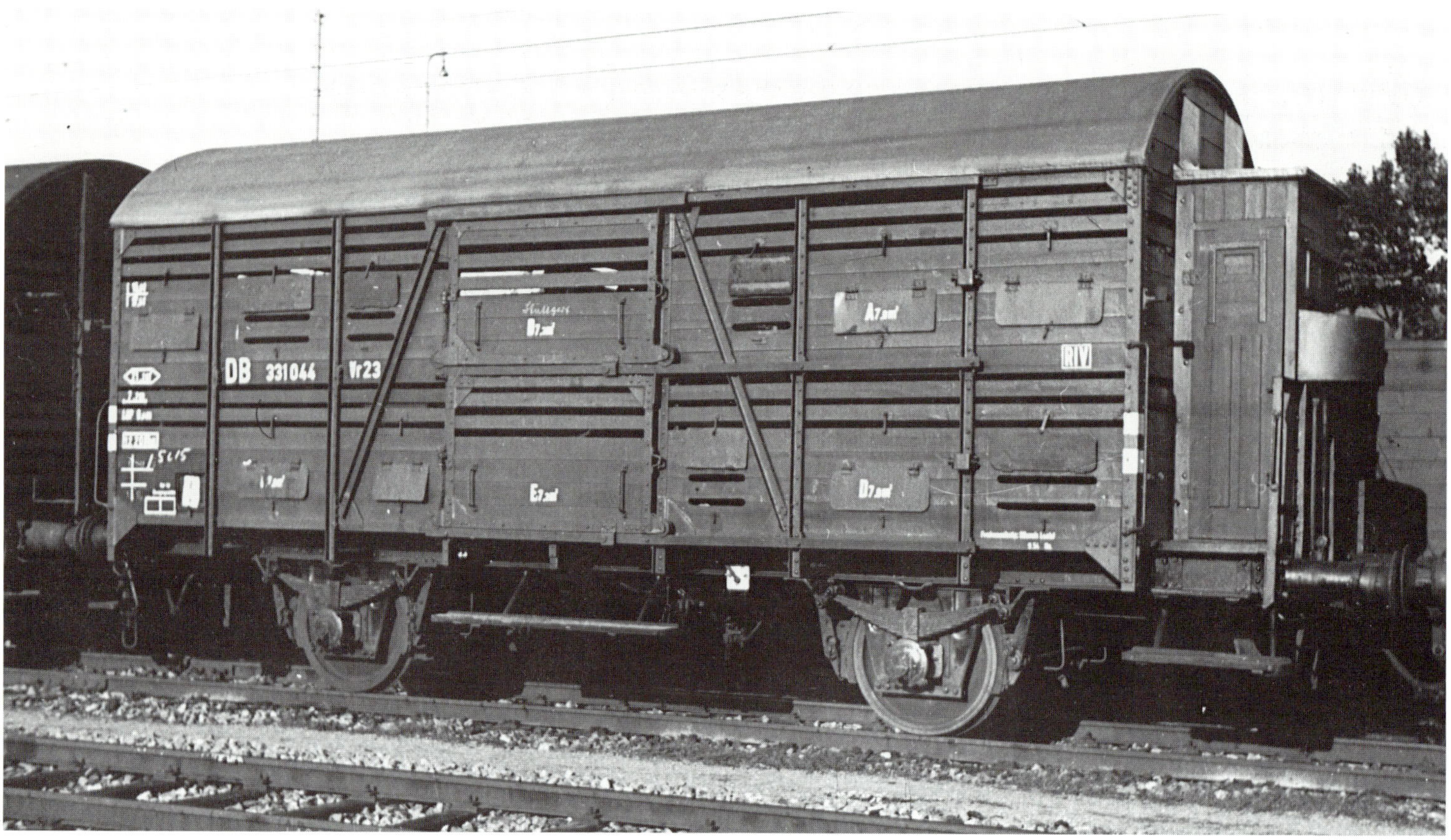

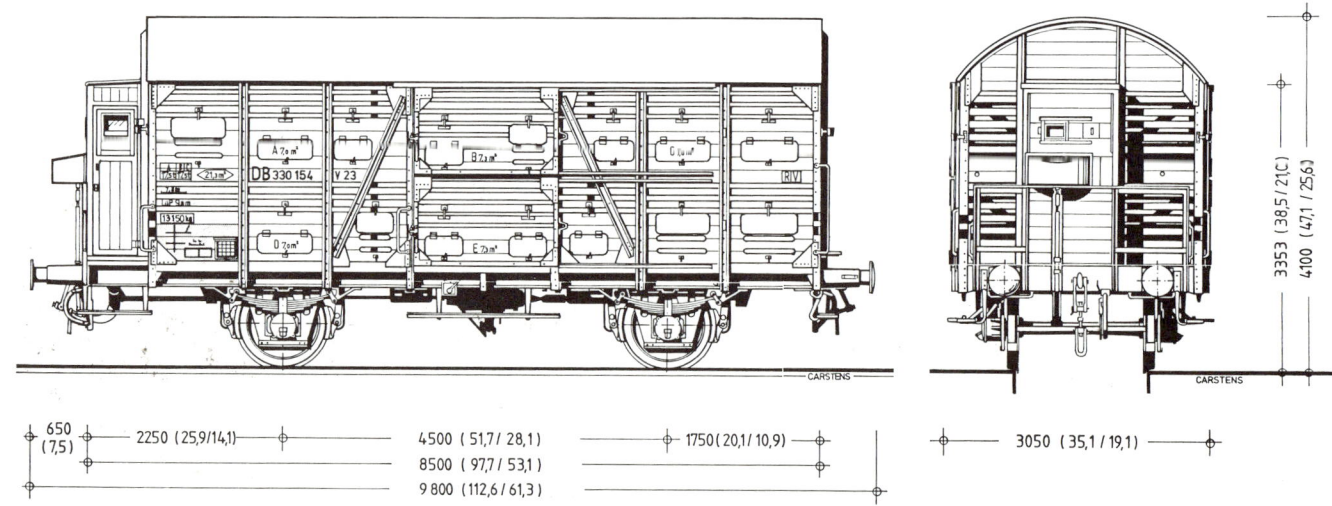

Der Vr23 331 044 ist noch kein Austauschbauwagen, obwohl er auf den ersten Blick so aussieht. Unterscheidungsmerkmale gegenüber der 1:87-Zeichnung unten sind die stehenden Türen ohne Lüftungsklappen, die Ausführung der Knotenbleche und das dichter am Bremserhaus sitzende Steuerventil der Bremsanlage.

V Altona V Hamburg V 23

	m. Hbr. / o. Hbr.
Erstes Baujahr	1927
Letztes Einsatzjahr	1965
Länge über Puffer	9800/9100 mm
Achsstand	4500 mm
Ladelänge	7750 mm
Ladebreite	2750 mm
Ladefläche	2 x 21,3 m²
Ladegewicht	15,0 t
Tragfähigkeit	17,5 t
Lastgrenze A/B/C	17,5 t
Eigengewicht	13200/12500 kg
Achslager	Gleitlager
Höchstgeschwindigkeit	65 km/h

Bremsbauart	Kkg
Federgehänge	Laschen
Federblattanz./-länge	11/1100 mm
Pufferlänge	650 mm
Puffertellerdurchmesser	370 mm

Zwischen 1927 und 1935 wurden insgesamt 654 Verschlagwagen der Austauschbauart gebaut. Im Gegensatz zu den Verschlagwagen der Länderbahn- und Verbandsbauarten wurde bei den Austauschbauwagen das Untergestell der gedeckten Wagen übernommen. Hierdurch konnte die Ladelänge gegenüber den Vorgängerbauarten um 60 cm bzw. 85 cm verlängert werden.

Weitere konstruktive Unterschiede gegenüber den älteren Wagen waren: Die Einführung des direkt auf den Rahmen gesetzten Bremserhauses bei den Handbremswagen sowie des gewölbten Tonnendaches anstelle des Flachdachs. Außerdem erhielten die Wagen - analog zu den gedeckten Austauschbauwagen - hängend angebrachte Türen und aussteifende Diagonalstreben in den Seitenwandfeldern neben den Türen, wobei bei den Wagen der letzten Lieferung der untere Anschluß der Diagonalstrebe unter Fußbodenniveau verlegt wurde.

DB 330 154 V 23
RIV
CARSTENS
650 (7,5)
2250 (25,9/14,1)
4500 (51,7/ 28,1)
1750 (20,1/ 10,9)
8500 (97,7/ 53,1)
9 800 (112,6/ 61,3)

3353 (38,5/ 21,C)
4100 (47,1 / 25,6)
CARSTENS
3050 (35,1 / 19,1)

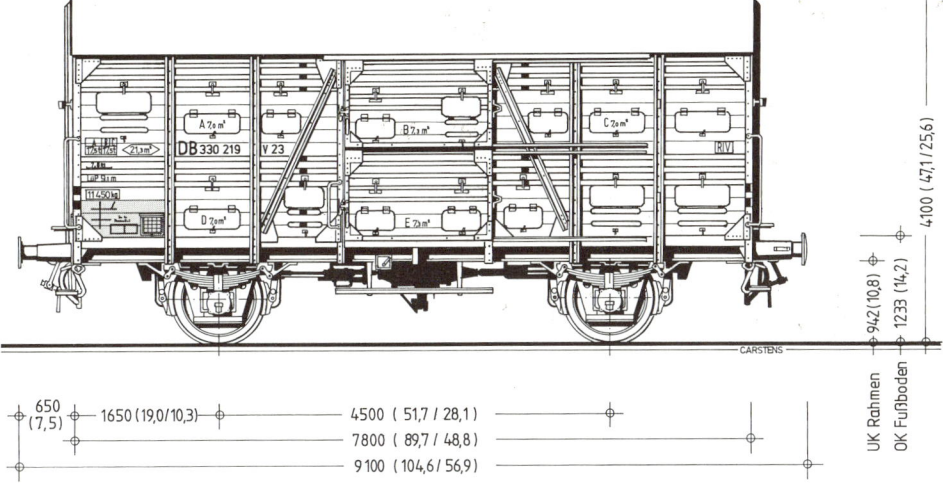

3050 (35,1 / 19,1)

650 (7,5)   1650 (19,0/10,3)   4500 (51,7 / 28,1)
7800 (89,7 / 48,8)
9 100 (104,6 / 56,9)

4100 (47,1 / 25,6)
94,2 (10,8)   1233 (14,2)
UK Rahmen   OK Fußboden

Stirn- und Seitenansicht eines V 23 ohne Handbremse im Maßstab 1:87.

Die Wagen, die z.T. mit Umsetzeinrichtungen für russische Breitspur ausgerüstet waren, erhielten bei der Deutschen Reichsbahn die Gattungsbezeichnung V Altona (ab 1937 V Hamburg) und wurden in den Nummernkreis 80 001 ff. eingereiht.

Nach dem Zweiten Weltkrieg wurde bei einem Teil der Wagen die mit einer Kunstharzlösung getränkte Gewebedachdecke durch eine Blecheindeckung ersetzt, eine Maßnahme, die bei vielen älteren Wagen vorgenommen wurde.

Bei der DB erhielten die Wagen die Gattungsbezeichnung V 23 und wurden, wie alle Verschlagwagen (mit Ausnahme der ehemals polnischen Bauarten), in den Nummernkreis 330 000 – 339 999 eingereiht. Auffällig ist jedoch, daß viele Verschlagwagen Anfang der fünfziger Jahre zwar bereits das

Ein weiterer Verschlagwagen, der am 4. 5. 1959 in Hanau stand (vgl. mit den Vorseiten), war dieser V 23 330 214, der bis auf die fehlenden Signalhalter an dem einen Wagenende der Zeichnung entspricht.

neue Eigentumsmerkmal (DB) bekamen, aber noch die alte Gattungsbezeichnung (V Hamburg) behielten, eine Kombination, die laut Umzeichnungsplan nicht vorgesehen war.

In den Jahren 1960/61 wurden bis auf wenige Ausnahmen alle noch vorhandenen V 23 zum Umbau zu Vlmms 63 herangezogen. Einige wenige Wagen wurden hierbei jedoch nicht erfaßt und bis 1965 ausgemustert.

Modell

Als Modell gibt bzw. gab es den V 23 von vier verschiedenen Herstellern. Während das Piko-Modell, das auch mit Bremserhaus gefertigt wurde, und das Röwa-Modell heute nicht mehr erhältlich sind, sind die Modelle von Fleischmann und Trix (fälschlich als V 33 bezeichnet) noch im Handel. In den Hauptabmessungen stimmen alle Modelle mit dem Vorbild überein, und auch die Detaillierung ist bei allen Wagen gut bis sehr gut, wobei das Trix-Modell hier die Spitzenstellung ein-

Zwei weitere V 23-Varianten: Der (DB-) V Hamburg 80 019 besaß Anfang der fünfziger Jahre ein Blechdach. Außerdem fehlten die Lüftungsklappen in der unteren Tür.

Ebenfalls ein Blechdach besaß der V Hamburg 80 301. Der Wagen entsprach der letzten Bauausführung mit heruntergezogenen Diagonalstreben.

Der ehemalige Röwa-V 23 auf einem mit neuen Pufferbohlen, Federpuffern, Trittstufen und einem Kkg-Steuerventil ausgerüsteten Roco-Fahrwerk.

Ähnlich verbessert: der Fleischmann-V 23, der zusätzlich die fehlenden Lüftungsschlitze und -klappen bekommen hat.

nimmt. Unverständlich ist, daß beim Fleischmann-Wagen ein Teil der Lüftungsschlitze sowie eine Lüftungsklappe fehlt.

Das Untergestell des Trix-Wagens ist, bis auf die nicht in der Ebene der Radlaufflächen liegenden Bremsbacken, hervorragend detailliert. Die anderen drei Kandidaten können hier leider nicht mithalten; störend wirken bei ihnen die Nachbildung von Federschaken anstelle von Federlaschen, die zu schlanken Federpakete und die etwas zu kleinen Achshalterbleche.

Die Verbesserungen, die an den Modellen vorgenommen werden können, sind bei allen Wagen nahezu gleich. Hierzu zählen – nachdem zuvor die vorhandenen Pufferbohlen plan gefeilt worden sind (hierbei muß etwa 0,5 mm Material weggenommen werden) – das Ankleben einer geätzten Pufferbohle, mit Federpuffern von Weinert und Bremsschläuchen (Roco, Weinert oder Bemo). Gleichzeitig bekommen die Wagen neue Rangierertritte (Weinert), die bei den Wagen mit vier Signalhaltern an allen Wagenecken anzubringen sind, während Wagen mit zwei Signalhaltern nur drei Trittstufen bekommen.

Da im Vergleich zu den Rangierertritten die vorhandenen Trittstufen unter den Türen zu klobig wirken, sollten hierfür neue aus Furnierholz- oder Messingstreifen (ca. 3 x 0,5 mm) und Messingdraht angefertigt werden.

Schließlich werden an dem Untergestell eine komplette neue Kkg-Bremsanlage mit Bremsklötzen von Weinert oder zumindest ein Bremszylinder mit Steuerventil vom Roco-Dresden sowie geätzte Umstellschilder für die Bremsanlage angebracht.

Am Wagenkasten werden die angespritzten Griffstangen an den Wagenecken und an den Stirnwänden abgeschliffen und, ebenso wie die Griffstange neben der Tür, durch eingesetzte Griffstangen aus 0,4 mm-Messingdraht ersetzt (letztere brauchen nicht erst abgeschliffen zu werden, da die zierliche Gravur ohnehin hinter den neuen Griffstangen verschwindet). Außerdem können die Wagen noch Seilösen sowie Signalhalter von Weinert bekommen.

Wer zusätzlich zu den genannten Arbeiten beim Fleischmann-Wagen noch die fehlende Lüftungsklappe anbringen will,

sollte diese aus einem Stück Papier zurechtschneiden und im geöffneten Zustand ankleben; wird die Klappe in geschlossenenm Zustand aufgeklebt, ist der Unterschied (fehlende Scharniere etc.) zu auffällig. Zuvor müssen jedoch die Schlitze mit feinsten Sägeblättern und Schlüsselfeilen herausgearbeitet werden.

Schließlich kann beim Fleischmann-Wagen zur Nachbildung eines Daches mit Gewebedachdecke das Dach noch glatt geschliffen werden, da die Quernähte für ein Blechdach zu zierlich sind; obendrein sind es zu wenig.

Die fertigen Wagen bekommen einen kompletten Neuanstrich und werden mit Schiebebildern von Gaßner beschriftet.

Der Trix-V 23 mit neuen Pufferbohlen (mit Originalkupplungen, Bremsschläuchen, Rangierertritten und Federpuffern), einer vollständig neuen Bremsanlage, Signalhaltern (alle Bauteile von Weinert) und Griffstangen. Die Beschriftung des Wagens stammt wie bei fast allen abgebildeten Modellen von Gaßner.

Der V 33 330 409 Anfang der fünfziger Jahre.

Abfederung. Im Gegensatz zu den gedeckten Wagen, die Mitte der dreißiger Jahre gebaut wurden, verzichtete man jedoch auf die Verlängerung des Achsstandes (obwohl die Verwendung des Untergestells und Fahrwerks des Ghs Oppeln naheliegend gewesen wäre), und auch in der Bremsausrüstung beschritt man herkömmliche Wege. Während die ab 1933 gebauten G-Wagen bereits eine Hildebrand-Knorr-Bremsanlage bekamen, begnügte man sich bei den Verschlagwagen weiterhin mit der Kunze-Knorr-Bremsanlage.

Im Wagenkasten unterschieden sich die geschweißten Verschlagwagen von den genieteten Austauschbauwagen durch den Fortfall der Knotenbleche und den anderen Anschluß der Seitenwandrungen an das Untergestell. Während bei den genieteten Wagen die Seitenwandrungen an Kastenstützen angenietet sind, die bis unter die Langträgerunterkante herabreichen, enden bei den geschweißten Wagen die Seitenwandrungen dicht unterhalb der Bodenrahmenwinkel.

Bei der Deutschen Bundesbahn bekamen die Wagen die Gattungsbezeichnung V 33 und wurden bis spätestens Anfang der sechziger Jahre ausgemustert.

V Altona

Erstes Baujahr	1936
Letztes Einsatzjahr	vor 1962
Länge über Puffer	9100 mm
Achsstand	4500 mm
Ladelänge	7750 mm
Ladebreite	2750 mm
Ladefläche	2 x 21,3 m²
Ladegewicht	15,0 t
Tragfähigkeit	17,5 t

V Hamburg

Lastgrenze A/B/C	17,5 t
Eigengewicht	12000 kg
Achslager	Gleitlager
Höchstgeschwindigkeit	65 km/h
Bremsbauart	Kkg
Federgehänge	Rollenschaken
Federblattanz./-länge	9/1650 mm
Pufferlänge	650 mm
Puffertellerdurchmesser	370 mm

V 33

Als Nachfolgebauart der Austauschbau-Verschlagwagen wurden 1936/37 insgesamt 27 geschweißte Verschlagwagen gebaut, die als V Hamburg 6201 ff. eingereiht wurden.

Diese Wagen erhielten Laufwerke mit einer relativ weichen

V Hamburg (Ö)
V 18

Nach dem Zweiten Weltkrieg kam eine Reihe ehemals österreichischer Verschlagwagen in den Bestand der DB. Die Wagen, die die Gattungsbezeichnung V 18 erhielten, waren mit einer Ladelänge von 10,9 m über 3 m länger als die Wagen deutschen Ursprungs und unterschieden sich von diesen durch jeweils vier Schiebetüren/Wagenseite. Daneben gab es auch 9,08 m lange Wagen mit einer Ladelänge von 7,7 m, die in ihren Baugrundsätzen den Austauschbauwagen entsprachen. Äußerlich unterschieden sie sich jedoch durch die großen, anders angeordneten Lüftungsklappen und die viel schmaleren Laderaumtüren von den V 23. Der letzte V 18 wurde 1965 ausgemustert.

Viele ausländische Verschlagwagen waren länger als die deutschen Typen, wie dieser V 18 330 612.

Der V 90 399 686 am 18. 3. 1959 bei Fulda. Deutlich ist auf diesem Foto die Westinghouse-Bremsanlage mit dem typischen, großen Umstellschild zu erkennen. Interessant auch: Beim Anbau der Entfeldverstärkungen machte man sich nicht erst die Mühe, die darunter liegenden Lüftungsklappen auszubauen.

V Hamburg (Pl)

Nach dem Zweiten Weltkrieg verblieben viele ausländische Güterwagen in Deutschland, unter ihnen auch etliche Verschlagwagen. Die ehemals polnischen Verschlagwagen, deren gemeinsames Merkmal ein Flachdach und eine Westinghouse-Bremsanlage waren, entsprachen in der Konstruktion weitgehend den Verbandsbauartwagen. Sie waren jedoch auf Fahrgestellen gedeckter Wagen aufgebaut und somit länger als die V 14. Die Wagen mit Handbremse besaßen, im Gegensatz zu den Verschlagwagen deutschen Ursprungs, kein erhöht angeordnetes, sondern ein direkt auf den Rahmen gestelltes Bremserhaus.

Daneben gab es auch einen noch längeren Typ, der weitge-

V 90

hend nach den gleichen Baugrundsätzen entstanden war. Anders als die kürzeren Wagen besaß er jedoch ein Sprengwerk und grundsätzlich keine Lüftungsklappen. Obwohl nahezu alle V 90 beim Umbauprogramm zu Vlmms 63 herangezogen wurden, blieben einige Wagen bis Mitte der sechziger Jahre im Einsatz (der letzte V 90 wurde 1966 ausgemustert).

Eingeordnet waren die Wagen ab 1939 zunächst – wie alle Verschlagwagen – in den Gattungsbezirk Hamburg. Hier belegten sie zusammen mit den ehemals österreichischen Verschlagwagen die Nummern 90 000 ff. Ab 1951 erhielten die Wagen die Gattungsbezeichnung V 90 und wurden in den Nummernkreis 399 600 – 399 799 eingereiht.

Modell

Als Ausgangsbasis für den Nachbau eines V 90-Modells dient das für einen Vh 04 zu lang geratene Fleischmann-Modell. Allerdings sind an dem Wagen etliche Detailverbesserungen erforderlich, die im folgenden geschildert werden sollen:

Nach der Demontage wird zuerst das Fahrwerk bearbeitet. Die zu klobigen Rangierertritte werden ebenso wie die Puffer abgeschnitten. Anschließend werden die Trittstufen unter den Türen bis auf je einen Einzeltritt zurückgeschnitten und geschliffen (dabei sollten die Stufe und

Der V 90 399 643, aufgenommen 1956/57, entsprach weitgehend dem oben abgebildeten Wagen, besaß im Gegensatz zu diesem jedoch ein auf dem Untergestell stehendes Bremserhaus.

das Halteprofil mit einem feinen Kreissägeblatt dünner geschnitten werden). Außerdem bekommt der Wagen Federpuffer, neue Rangierertritte, Rangierergriffe und aus einem Kunststoffstück zurechtgeschnittene Bremsumstellschilder. Leider gibt es keine passende Bremsanlage; bei meinem Modell habe ich daher den Luftbehälter und Bremsanlagenteile eines ausgeschlachteten Roco-Kesselwagens untergebaut.

Sofern nicht die Kupplung noch ausgetauscht werden soll, sind damit die Arbeiten am Fahrwerk abgeschlossen, und wir können uns dem Wagenkasten zuwenden. Die angespritzten Griffstangen und Signalhalter werden abgeschabt und durch eingesetzte Griffstangen und Weinert-Signalhalter ersetzt. Außerdem erhält der Wagen Zettelhalter und Seilösen aus dem Weinert-Ätzblech. Zur optischen Verbesserung sollten außerdem die Schiebetüren auseinander geschnitten, die oberen Türlaufschienen entfernt und die Einzeltüren mit neuen Laufschienen aus 0,4 mm-Draht sowie einem 1 x 1 mm-Winkelprofil als oberer Abschluß eingeklebt werden.

Anschließend kann der Wagen Endfeldverstärkungen aus Messing-U-Profilen (1 x 0,5 mm oder besser 1,5 x 0,8 mm) bekommen, die auf kleine „Papierbleche" „geschweißt" werden. Wie das Foto links oben beweist, hat man auch beim Vorbild nicht davor zurückgeschreckt, diese Endfeldverstärkungen über die Klappen zu schweißen.

Nachdem der Wagen abschließend neu lackiert, mit Gaßner-Schiebebildern beschriftet (bei dem abgebildeten Wagen ist die Beschriftung noch zusammengestückelt, dies ist inzwischen jedoch nicht mehr nötig) und verschmutzt ist, steht einem Einsatz nichts mehr im Wege.

Oben: Der V 90 399 618 war baugleich mit dem links unten abgebildeten Wagen, besaß jedoch am 24. 10. 1959 (bei Frankfurt/M. Abzweig Fo) keine Lüftungsklappen mehr. Die Schlitze waren zum größten Teil verschlossen.

Mitte: Zum Vergleich dazu ein langer V 90 – der V Hamburg 91 600 im Jahr 1954/55, der ebenfalls keine Lüftungsklappen besitzt.

Das Modell des V 90 entstand aus dem zu langen Fleischmann Vh 04 (und ist noch unlackiert bereits in „Güterwagen, Band 1" abgebildet).

Der mit Schweinen beladene Hbes-63 Vlmms 332 308, am 13. 10. 1961 in Heidelberg fotografiert, besaß eine Handbremsbühne. Die Lüftungsklappen waren zum Zeitpunkt der Aufnahme alle hochgeklappt.

Vlmm(h)s 63   # Hbes 358   # Hes 358

	m. Hbr. / o. Hbr.		
Erstes Baujahr	1960	Lastgrenze S max.	21,0 t
Länge über Puffer	13000/12500 mm	Eigengewicht	15000/14500 kg
Achsstand	6800 mm	Achslager	Rollenlager
Ladelänge	11200 mm	Höchstgeschwindigkeit	100 km/h
Ladebreite	2692 mm	Bremsbauart	KE-GP
Ladefläche	2 x 30,2 m²	Federgehänge	Doppelschaken
Lastgrenze A	17,0 t	Federblattanz./-länge	8/1400 mm
B	21,0 t	Pufferlänge	620 mm
C	25,0 t	Puffertellerdurchmesser	370 mm

Um Erfahrungen für den Umbau der alten Verschlagwagen zu sammeln, wurde 1959 ein Vlmhs 63-Versuchswagen gebaut, der im Gegensatz zu den Serienwagen noch kein Sprengwerk besaß.

1960/61 wurden die meisten alten Verschlagwagen zerlegt und

die Teile für den Bau 650 moderner Wagen verwendet. Die so entstandenen Vlmms 63 entsprechen in den Hauptabmessungen und im Untergestell den Glmehs 50. Die Seiten- und Stirnwände sind Lattenwände mit 40 bzw. 60 mm breiten Luftspalten, deren Größe mit insgesamt 58 Lüftungsklappen verändert werden kann. Die Wagen besitzen zwei Böden und haben jeweils vier Seitenwandtüren sowie insgesamt zehn innere Drehtürpaare.

Die Vlmm(h)s 63, von denen 270 eine Dampfheizleitung und 190 eine Handbremse besaßen, hatten die Nummern 332 000 ff. 1968 wurden alle Wagen zu Hbes 358 bzw. Hbers 358 (Wagen mit Dampfheizleitung) umgezeichnet und bekamen die Nummern 2 113 000 – 2 113 651 (Hbes) bzw. 2 114 000 – 2 114 270 (Hbers). In den Folgejahren nahm der Bestand ständig ab, wobei jedoch ein Teil der Wagen zu Gbs/Gos 245 umgebaut wurde. 1980 wurde die Bauartbezeichnung in Hes 358 geändert. Die zu diesem Zeitpunkt noch vorhandenen 40 Wagen besaßen alle keine Dampfheizleitung mehr und erhielten die Nummern 2 100 400 ff. Heute sind noch 13 Wagen im Einsatz.

Der Vlmhs 63-Versuchswagen am 13.2.1959 beim BZA Minden. Von der Serienausführung unterscheidet sich der Wagen durch das fehlende Sprengwerk und die schmaleren Lüftungsschlitze im mittleren Bereich der Seitenwände.

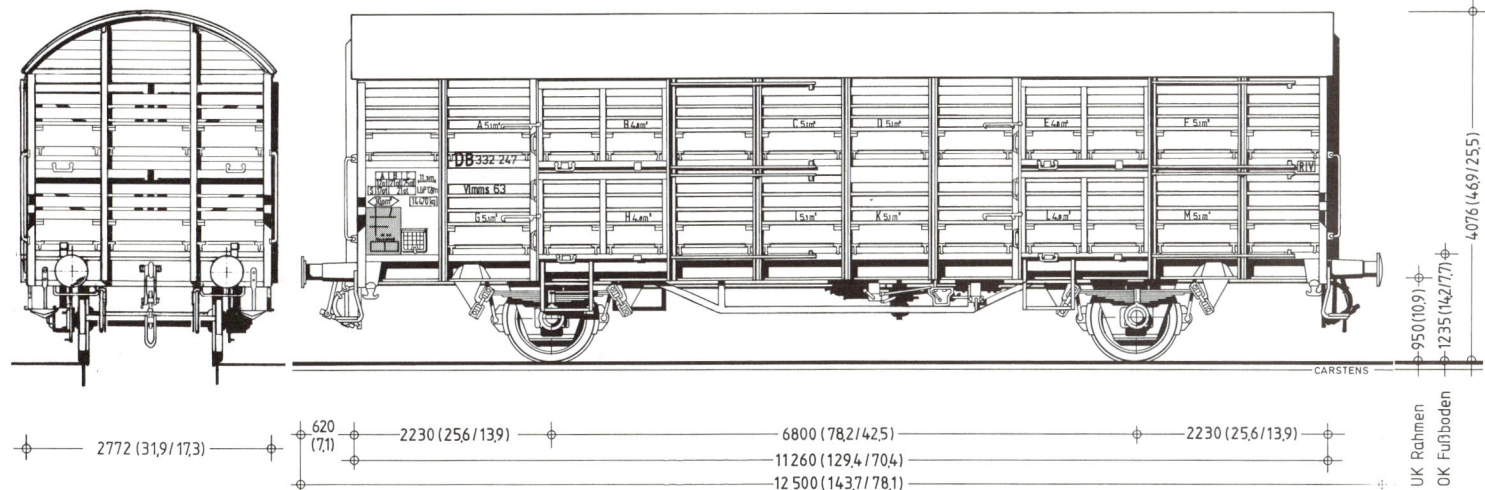

Stirn- und Seitenansicht eines Vlmms 63 im Maßstab 1 : 87.

Das Märklin-Modell mit den im Haupttext beschriebenen Verbesserungen.

Modell

Nachbildungen des Vlmms 63 gibt oder gab es von Roco und Märklin. Während der Roco-Wagen wegen seiner starken Verkürzung weniger geeignet ist, kann aus dem heute nicht mehr erhältlichen Märklin- oder Primex-Modell durchaus noch ein ansprechender Wagen gebaut werden. Bei dem abgebildeten Modell wurden die Blech-Trittstufen unter den Türen dünner gefeilt. Außerdem hat der Wagen neue Rangierertritte, Puffer und Zettelhalter von Weinert bekommen. Die Bremsanlage steuerte der Roco-Gms 54 bei, die Anschriften des Wagens stammen von Gaßner.

Bildautoren

Vorbildfotos:

Frank Bormann	87 m.u.r.
Franz Burkhardt, Slg. H. U. Diener	110 u.l.
Stefan Carstens	10 m., 23, 25, 26, 28 o., 30, 33, 35 o., 36 m., 37, 38, 40, 41, 42, 43, 44 u., 47 o., 48, 49 u., 50 u.l., 51 o., 53, 59 o., 61, 62, 63 u., 64, 65, 66, 78, 79 o., 81, 83 o., 87 m.o., 87 m.u.l., 87 u., 102, 114, 120, 121, 123, 125 u.
Joachim Claus	10 o., 10 u.l., 13, 14 m., 17 o., 27 o., 28 u., 60, 63 o., 72, 74, 82 o., 88 o., 99 o., 104 u., 105 o., 106, 109 o., 110 u.r., 112 o., 116, 119 o., 124 u., 131, 133, 135 m., 138 o., 139 o., 140 o.
DB, BZA Minden	8, 14 u., 24 m.l., 27 u., 59 u., 73, 76 o., 79 u., 90 o., 103 u., 140 u.
DB, BD Hamburg	19 u., 29, 34 o., 56, 83 m., 89 u., 91, 104 m., 108 o.
DB, Verkehrsarchiv	19 o., 80, 113 u., 127
Hans Ulrich Diener	36 o., 39, 46, 52, 55 u., 75 m., 82 u., 85, 86 o., 87 o., 101, 126
Werkfoto DUEWAG	55 m., 88 m.
Franz Peter Flach	90 u.
Rolf Michael Haugg	77, 122
Wolfgang Illenseer	99 m., 107 m., 115, 119 m.
R. Klitscher, Slg. H. U. Diener	95 o.
MAN-Werkfoto	95 u.l., 98 o.
Werkfoto, Slg. Märklin	17 m., 83 m.
Slg. Harry Metzdorf	129
Gerd Neumann	118
Günter Schablin	10 u.r., 32, 88 u.
Dr. G. Scheingraber, Slg. J. Claus	89 o.
Werkfoto O & K	68, 96 o.
Werkfoto Talbot	36 u., 44 o., 75 u., 76 u.
Transthermos, J. Sälter	117 o.
Werkfoto Waggon-Union	22, 24 m.r., 31 o.r., 31 u.l., 34 u., 35 u., 47 m., 49 o., 50 u.r., 51 m., 54, 55 o.
Fritz Willke (†), Slg. Klaus Heidt	9, 11, 15, 16, 17 u., 18, 24 o., 24 u., 31 o.l., 31 u.r., 50 m., 69, 71, 86 m., 95 u.r., 96 m., 96 u., 98 u., 100, 103 m., 104 o., 105 m., 107 o., 107 u., 108 m., 108 u., 109 u., 110 m., 111, 113 o., 117 u., 124 o., 125 o., 130, 132, 134, 135 u., 137, 138 u., 139 m.
Werkfoto, Slg. Klaus Heidt	67

Modellfotos:

Jan Bruns	64, 67
Stefan Carstens	8, 9, 12, 13, 23, 27, 29, 39, 70, 84, 97, 116 m.l., 119, 133 u.r., 136 o., 139, 141
Modell Wolfgang Diener, Foto sc	133 u.l.
Modell Wolfgang Ehlers, Foto sc	42
Franz Peter Flach	71
Rolf Michael Haugg (rmh)	18, 33, 50, 51, 52, 116 u., 126
Modell Werner Harmuth, Foto rmh	73
Modell Dr. Detlef Perner, Foto rmh	79
Dr. Andreas Prange	25, 30, 116 m.r., 136 u.

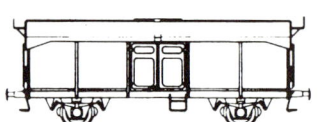

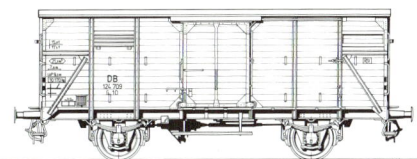

Literaturverzeichnis

1. Dienstvorschriften, Unterlagen der DRG, DB etc.

Merkbuch für die Fahrzeuge der Preußisch-Hessischen Staatseisenbahnverwaltung, Ausgabe 1915 (3. Auflage)

Merkbuch für die Fahrzeuge der Deutschen Reichsbahn, DV 939d: Wagen Regelspur, Ausgaben 1928, 1933, Berichtigungsblatt 2 (1939) und 3 (1940), Nachtrag 1 (1944): Umgespurte russische Beutewagen, Ausgabe 1948/50

Merkbuch für die Fahrzeuge der Deutschen Bundesbahn, DV 939d: Wagen Regelspur, Ausgaben 1952, 1967 mit fortlaufenden Berichtigungsblättern (seit 1976: DS 939/5: Güterwagen und Container)

Güterwagenvorschrift DV 754, Ausgaben 1938, 1952, Auszug aus der Güterwagenvorschrift (Teil) I, 1962 und 1969 (DV 753)

Bremsvorschrift – Bedienen, Prüfen und Warten der Bremsen im Betrieb – DV 915/1, Ausgabe 1975

Erweitertes Bauartverzeichnis – Güterwagen – Stand 31.12.1985, 1986, 1987 und 1988

BZA Minden, Dez 29: Kurzbeschreibungen Güterwagen (1961 ... 1964)

EZA Minden, Dez 28: Handbuch für die Umzeichnung der Güterwagen (1951)

EZA Minden: Verzeichnis der Großgüterwagen, 2-achs. Selbstentladewagen und Kübelwagen (1952)

Jahresabschluß Fahrzeuge 31.12.1962 fortlaufend bis 31.12.1984

Niederschriften des Güterwagenbauausschusses des Deutschen Staatsbahnwagen Verbands und der Deutschen Bundesbahn

Verzeichnis des Güterwagenparks der Deutschen Reichsbahn – Verein deutscher Eisenbahnverwaltungen, Berlin 1932

2. Lehrbücher und Werbeveröffentlichungen der DRG und DB

Wagenkunde, Deutsche Reichsbahn Lehrstoffhefte für die Dienstanfängerschule – Verkehrswissenschaftliche Lehrmittelgesellschaft, Leipzig 1943

Wagenkunde Eisenbahn-Lehrbücherei Band 170, 1. Auflage – Josef Keller Verlag, Starnberg 1954

Zeichen und Anschriften an Schienenfahrzeugen, Eisenbahn-Lehrbücherei Band 121 – Josef Keller Verlag, Starnberg, 1. Auflage 1961, 2. überarbeitete Auflage 1965

Die Güterwagen der Deutschen Reichsbahn, ihre Bauart, Bestellung und Verwendung und die gebräuchlichsten Lademaße, herausgegeben im Auftrag des Reichsbahnzentralamtes in Berlin, 3. Auflage – V.D.I.-Verlag, Berlin 1928

Druckschriften des DB-Werbeamtes: DB-Güterwagen (1956, 1961, 1965, ...)

Die Güterwagen im Maßstab 1 : 100, Stand 1950 – ZT Produktion, Mainz 1985

Merkblatt Technik der Kühl-Heizwagen der Bauart Ibbhlps-tz 410 – Bundesbahn-Sozialamt, Betriebliches Bildungswesen, 1981

DB-Kundenbriefe 1958 ... 1985

3. Veröffentlichungen in Buchform

S. Carstens, R. Ossig: Güterwagen – Band 1: Gedeckte Wagen – BAHN & MODELL, W. Tümmels Buchdruckerei und Verlag, Nürnberg 1989

(W. Diener): Normalien für die Betriebsmittel der Preußischen Staatsbahnen und unter Staatsverwaltung stehenden Privatbahnen, Berlin 1878 – Nachdruck Röhr-Verlag, Krefeld 1982

R. Görgen u.a.: Transportmittel in der Transportkette, DB-Fachbuch Band 6/12, – Eisenbahn-Fachverlag, Heidelberg – Mainz 1980

M. Jakobs: Historische Güterwagen – Georg Siemens Verlagsbuchhandlung, Berlin 1985

G. Köhler, H. Menzel: Güterwagenhandbuch – VEB Transpress 1. Auflage, Berlin 1900, 2. verbesserte Auflage 1974

H. Lehmann, E. Pflug: Der Fahrzeugpark der Deutschen Bundesbahn und neue, von der Industrie entwickelte Schienenfahrzeuge – Georg Siemens Verlagsbuchhandlung, Berlin (1956 und Ergänzungen 1960).

H. Lehmann: Wagenmeister, Technischer Wagendienst, 2. völlig überarbeitete und erweiterte Auflage – Carl Röhrig Verlag, Darmstadt 1957

H. J. Obermayer: Taschenbuch Deutsche Güterwagen, Deutsche Bundesbahn – Franckh-Verlag, Stuttgart 1980 (2. Auflage 1985)

F. Willke: Modellbahn-Güterwagen-Handbuch – Alba-Verlag, Düsseldorf 1978

Eisenbahnwagen in Originaldokumenten; 1910...1943, Nachdrucke aus „Organ für die Fortschritte des Eisenbahnwesens" – Steiger, Moers 1986

Elsners Taschenbuch der Eisenbahntechnik, 1979

Jahrbuch für Gleisfahrzeugtechnik – Ernst Stauf-Verlag, Düsseldorf 1922

75 Jahre Ausbesserungswerk Paderborn – AW Paderborn 1988

100 Jahre Bundesbahn-Ausbesserungswerk Hamburg-Harburg 1885...1985 – AW Harburg 1985

Einheitliche Bezeichnungen im Eisenbahnwagenbau, I Güterwagen – Sächs. Waggonfabrik Werdau

Stahl im Leichtbau von Eisenbahnfahrzeugen – Monographien über Stahlverwendung, Düsseldorf 1967

4. Veröffentlichungen in Zeitschriften

Siehe „Güterwagen – Band 1" sowie:

H. Bott: Die Staubbehälterwagen der Deutschen Bundesbahn – ETR 8/1957

Culemeyer: Die neuere Entwicklung und Verwendung der Großgüterwagen bei der Deutschen Reichsbahn – Sonderheft zu Glasers Annalen, Berlin 1927

Culemeyer: Reichsbahn-Kühlwagen und Volksernährung – Zeitschrift des VDI 6/1925

W. Diener: Kupplung – Rundschreiben für Wagenfreunde (verschiedene Ausgaben), Reinheim 1987 ... 1989

H. Flemming: Rationalisierungsmaßnahmen im Kühlverkehr – Kältetechnik 5/1951

H. König: Die zweiachsigen Selbstentladewagen für Schüttgut der Gattung Otmm und Ktmm – ETR 4/1958

Dr. M. Krause: Moderne Kühlwagen für Fleischbeförderung – Z. d. Vereins Deutscher Eisenbahnverwaltungen Nr. 20/1932

P. Krekel: Aluminium bei den Kühlwagen der Deutschen Bundesbahn – Aluminium 7/1960

R. Kuckuck: Neue Güterwagen der Deutschen Bundesbahn – Glasers Annalen 3/1958

G. Laubenheimer: Die ersten Kühlwagen der Deutschen Reichsbahn – Zeitschrift des VDI 38/1922

G. Laubenheimer: Die ersten Kühlwagen der Deutschen Reichsbahn und ihre Bedeutung für die Lebensmittelversorgung Deutschlands – Glasers Annalen, Juli 1923

A. Lilliendahl: Die Kühltransport-Technik vor neuen Aufgaben – Z. d. Vereins Mitteleuropäischer Eisenbahnverwaltungen, Nr. 44 Okt. 1941

B. Nitsch: Gefriergutbeförderung in Kühlwagen der Deutschen Reichsbahn – VDI-Z 43/44 Oktober 1942

B. Nitsch: Neue Kühlwagen der Deutschen Reichsbahn – Die Reichsbahn Nr. 12/13 1944

Dr. W. Pischel: Entwicklung und Gestaltung des europäischen Kühlverkehrs – ETR 8/1956

G. Reder: Über die neueren Fortschritte im Bau von Kühlwagen, Der Eisenbahn-Wagenbau – Verkehrstechnische Woche, Sonderausgabe, Juli 1923

Schmid: Beitrag zum heutigen Stand der Kühlwagenkonstruktion – Glasers Annalen, Dezember 1958

E. Schröder: Die neuen Kühlwagen für den europäischen Kühlverkehr – ETR 4/1957

E. Schröder: Die technische Seite des Kühlverkehrs – Die Bundesbahn 2/1953

R. Sprickmann: Maschinelle Kühlung von Eisenbahn-Kühlwagen – BBC-Nachrichten, Oktober 1963

R. Stahn u.a.: Entwicklungstendenzen im Kühlwagenbau der DB – Glasers Annalen 91 (1967) Nr. 8

Stetefeld: Kühltransporte ... – Eis und Kälteindustrie 1/1912

O. Taschinger: Kühlversuchsfahrten der Deutschen Reichsbahn-Gesellschaft im Jahre 1935 – Z. d. Vereins Mitteleuropäischer Eisenbahnverwaltungen, Nr. 8/1936

O. Taschinger: Neuzeitliche Probleme des Kühlwagenbaus – Z. d. Vereins Mitteleuropäischer Eisenbahnverwaltungen, Nr. 48/1936

E. Wilck: Ein „neuer" DB-Kühlwagen für den palettierten Bananentransport – ETR 4/1989

Dr. H. Ziller: Schnelle Güterzüge bei der Deutschen Bundesbahn – Die Bundesbahn 7/1956

o.V.: Kühlwagen mit Trockeneis – Der Waggon- und Lokomotivbau 1931 (Seite 233)

o.V.: DB-Kühlwagen mit Kühlaggregaten – ETR 10/1962

5. Zeichnungen

Siehe „Güterwagen – Band 1"

6. Sonstiges

Firmenprospekte der Firmen DUEWAG, LHB, Talbot und Waggon-Union